U0398005

土壤修复
技术与方法

田胜尼　编著

中国农业出版社
北　京

　　土壤是"生命之基，万物之母"。土壤是自然环境重要的组成部分，是人类赖以生存的、最重要的可再生自然资源和永恒的生产资料，是人类从事农业生产以达到自身生存繁衍和社会发展的重要物质基础。但是，人类广泛的生产活动，如工厂废弃化学物质的堆放、油田生产和运输过程中的事故性排放，以及农田土壤化肥和农药的大量使用，常常导致土壤污染。污染土壤中的某些化合物质的含量或浓度已经达到可直接或间接地对人类和环境产生危害的程度。常见的土壤污染有石油污染、有害或有毒化合物污染及重金属污染等。重金属及某些有毒化合物由于不易被降解，逐渐在土壤中积累下来，同时，它们经食物链传递后含量会积累，即生物放大，从而对人类造成危害。土壤环境保护事关广大人民群众"菜篮子""米袋子"和"水缸子"的安全，是重大的民生问题。根据 2014 年我国环境保护部和国土资源部发布的《全国土壤污染状况调查公报》，中国土壤环境状况总体不容乐观，全国土壤污染总点位超标率达 16.1％，在工矿业废弃地土壤环境问题突出的同时，耕地土壤环境质量更加令人担忧。面对土壤污染的严峻局面，国家立法速度明显加快。环境保护部除了在新修订的《环境保护法》中增加了土壤修复的内容，又于 2015 年 1 月对标准修订草案公开征求意见，公布了新的《土壤环境质量标准（征求意见稿）》。2016 年 5 月 28 日，国务院印发并实施了《土壤污染防治行动计划》（简称"土十条"），该文件制定的工作目标是：到 2020 年，全国土壤污染加重趋势得到初步遏制，土壤环境质量总体保持稳定，农用地和建设用地土壤环境安全得到基本保障，土壤环境风险得到基本管控；到 2030 年，全国土壤环境质量稳中向好，农用地和建设用地土壤环境安全得到有效保障，土壤环境风险得到全面管控；到 21 世纪中叶，土壤环境质量全面改善，生态系统实现良性循环。

　　除了立法，人们也认识到，要做好大气和水环境的保护工作，必须同时做好污染土壤的修复技术与方法研究，因为土壤环境质量的研究与保护将有助于整个生态环境质量的改善与提高。保护土壤环境、治理土壤污染，既要立足自主创新和科技进步，

1

又要借鉴和吸收其他国家成功的经验和好的做法。土壤修复是使遭受污染的土壤恢复正常功能的技术措施，20世纪80年代以来，世界上许多国家特别是发达国家均制定并开展了污染土壤治理与修复计划，因此也形成了一个新兴的土壤修复行业。近年来，欧美诸国已投入大量人力、财力开展土壤污染修复的研究，化学与生物相结合的土壤修复技术已成为国外研究的热点。土壤生物修复技术，包括植物修复、微生物修复、生物联合修复等技术，在进入21世纪后快速发展成为绿色环境修复技术，为生态文明建设提供支持支撑。近年来，有关生态修复类专业人才需求不断增加，实际教学工作和土壤学研究工作中急需一本既能反映环境土壤学新成果又能兼顾农林、综合、工科的参考书。因此，作者编写了《土壤修复技术与方法》一书。

本书分为8章。第一章为土壤及土壤污染，简述了土壤的性质及土壤污染的基本知识。第二章概述污染土壤修复的基本问题，主要内容包括土壤污染物的来源与检测、土壤污染的危害与预防、土壤污染物的迁移与转化、污染土壤修复技术体系与选择、污染土壤修复标准与目标制定。第三到第六章是本书的主体内容，就污染土壤的生物修复技术、物理修复技术、化学修复技术、联合修复技术进行了重点阐述。第七章研究废弃土地修复方法，涉及固体废弃物地、废弃矿区地、城市工业废弃地的修复方法。第八章针对退化土地的修复方法展开阐述，包括退化农田、退化湿地、退化草地、退化林地的修复方法。

本书在介绍土壤组成与性质和土壤主要污染物的基础上，研究了土壤污染的修复技术和方法应用，内容力求全面、新颖、富有启发性，文字通畅，图表形象直观，可读性、学术性和可操作性强，希望能以更宽泛的视角、更多元的观点、更开放的心态不断深化对土壤修复技术应用的理解和认知，使理论更好地指导实践；同时，注意吸收国内外土壤污染防治研究的新方法和研究成果，力图把知识介绍、原理阐述和实际应用案例相结合，突出重点。本书可供环境科学、生态学、环境工程、农业资源与环境等专业的学生使用，也可为土壤修复领域、环境保护领域从业人员提供指导和参考。

本书在撰写的过程中，学习和借鉴了许多同类、相关专业的专家学者的研究成果，引用了大量参考文献，在此对相关作者表示衷心的感谢！

由于作者的水平有限，书中难免存在不足之处，恳请读者批评指正。

编 者

2021年8月

目录
CONTENTS

第一章
土壤及土壤污染

　　土壤是植物赖以生存的基础，是农林业生产所必需的重要自然资源。土壤是陆地生态系统的组成部分，也是人类和动物居住的环境因子，在保护环境和维持生态平衡时，需要考虑水土保持以及防治土壤和水源污染的问题，这同样地也涉及土壤知识的运用。农作物从土壤中吸取养分、水分，从空气中吸收 CO_2，利用太阳光辐射能进行光合作用，生产各种生物产品。这些产品是人和动物的食物，而人和动物的排泄物以及植物的残留物又通过各种途径归还给土壤。由此可见，土壤是构成农业生产的主要环境条件之一，是农业生态系统不可分割的重要组成部分，而土壤的形成和发展也依赖于人类和其他生物的作用，三者相互影响，相互制约。

　　由于人类的生产活动存在不合理的方面，如破坏植被加剧水土流失和沙漠化的恶化，不合理灌溉使次生盐渍化范围不断扩大，特别是工业生产中三废的超标排放导致土壤的污染，使土壤肥力下降，增加了土壤有害物质的含量，恶化了植物生长发育的外界环境条件，这不仅降低了植物生产的量和质，而且严重影响人类和畜禽的健康，因此，土壤污染已成为一项公害。在环境科学中，土壤污染的防治已日益为人类所重视，土壤污染与防治已逐步形成一门独立学科，它是土壤学与环境科学交叉的学科，主要研究土壤污染的起源和近况、变化过程和规律，污染物对土壤性质的影响，污染物在土壤中的迁移转化，污染物对人类和畜禽健康的影响，防止和治理土壤污染的理论和措施，从而为保护和改善土壤环境提供科学依据。

第一节　土壤的概念和性质

一、土壤的概念

　　关于土壤（Soil）的概念，不同学科的专家从不同的角度给予了不同的解释。抱有地质学观点的学者把土壤看成是陆地表面由岩石风化产生的表土层；抱有化学观点的人则认为土壤是含有有机质及矿物质养料的风化层；抱有物理学观点的人认为土壤是具有一定形态、颜色及层次分明的固体、液体及气体的混合物；生物学家认为"土壤是地球表层系统中，生物多样性最丰富，生物地球化学的能量交换、物质循环（转化）最活跃的生命层"；

而环境学家认为"土壤是重要的环境要素，环境污染物的缓冲带和过滤器"；土壤学家与农学家认为"土壤是固态地球表面具有生命活动，处于生物与环境间进行物质循环和能量交换的疏松表层"；生态学家认为土壤是一个生态系统或者所有陆地生态系统的一部分。土壤的本质特征是土壤肥力，即土壤具有培育植物的能力。矿物、岩石形成的风化物经成土作用发育成土壤后，除含有植物生长所需的矿物质营养元素外，还变得疏松多孔，具有了通气透水性、保水保肥性、结构性、可塑性，能提供植物生长发育所需的水、肥、气、热等条件；土壤是植物根系生长发育的基地，即植物生长的立足之地，是植物营养物质转化的场所，也是植物营养物质不断循环的场所。

二、土壤的性质

土壤的性质可以大致分为物理性质、化学性质及生物性质，三类性质相互联系、相互影响，共同制约着土壤的水、养、气、热等肥力因子状况，并综合影响土壤的污染情况。

（一）土壤的物理性质

土壤的物理性质在很大程度上决定着土壤的其他性质，例如土壤养分的保持、土壤生物的数量等。因此，物理性质是土壤最基本的性质，它包括土壤的质地、结构、比重、容重、孔隙度、颜色、温度等。

土壤主要是由矿物质、有机物、空气、水分和土壤生物五个部分组成的，也可概括为固相、液相和气相三大相组成。固相包括矿物质、有机物和土壤生物；液相包括水分和溶解于水中的矿物质和有机质；气相包括各种气体。它们在一起共同构成一个复杂的分散体系，包括粗粒分散系和胶体分散系。土壤中分散相的主体是大大小小的矿质颗粒，它们通常占固相部分总质量的 90% 以上（有机土除外），其中有一部分颗粒的直径很小（小于 $1\sim2\mu m$），属于胶体范畴，分散相的其余部分便是有机物质，虽然通常只占固相部分总质量的百分之几，但它与矿质颗粒（特别是胶体颗粒）形成有机-无机复合体，对土壤的物理、化学性质有巨大影响。土壤中的分散介质是水和空气，它们存在于土壤颗粒之间的孔隙系统中。这个孔隙系统约占土壤总容积的 30%～65%，除了容水、容气以外，也是植物根群、土壤动物和微生物群分布和生活的地方。土壤的矿物质和有机质是植物营养的源泉，而土壤孔隙系统的质和量又支配着水和空气对植物根系的影响。土壤还吸收、传导、保持和散发热能。

1. 土壤的质地

按土壤颗粒组成进行分类，将颗粒组成相近而土壤性质相似的土壤划分为一类并给予一定名称，称为土壤质地。土壤由岩石、石砾、泥沙等风化物质和生物遗骸及其腐败生成的腐殖质构成，形成固相的重要部分为矿物质部分，它是由大至石砾，小至黏粒，形状和大小都不同的颗粒构成，按大小分为石砾、粗砂、细砂、粉粒、黏粒等。按砂粒、粉粒、黏粒的混合比例不同，可以分出许多性质不同的土壤。质地轻的土壤，因粗土粒多，单位容积的土壤土粒所占的容积较大，而孔隙所占的容积较小；无结构黏质土或紧实的黏重土壤正好相反，细土粒多，土粒所占容积不大，孔隙容积却很大。土质名称和土粒组成详见

表 1-1。

表 1-1　土粒组成和土质名称（国际分类法）

土质分类	土质名称	符号	黏粒/%	粉粒/%	砂粒/%
砂质土	砂土	S	0～5	0～15	85～100
	壤质砂土	LS	0～15	0～15	85～95
壤质土	砂壤土	SL	0～15	0～35	65～85
	壤土	L	0～15	20～45	40～65
	粉砂质壤土	SIL	0～15	45～100	0～55
黏质土	砂质黏壤土	SCL	15～25	0～20	55～85
	黏壤土	CL	15～25	20～45	30～65
	粉砂质黏壤土	SICL	15～25	45～85	0～40
重黏质土	砂质黏土	SC	25～45	0～20	55～75
	黏土	LIC	25～45	0～45	10～55
	粉砂质黏土	SIC	25～45	45～75	0～30
	重黏土	HC	45～100	0～55	0～55

注：黏粒粒径<0.002 mm；粉粒粒径 0.02～<0.002 mm；砂粒粒径为细砂粒径和粗砂粒径之和，细砂粒径 0.2～<0.02 mm，粗砂粒径 0.2～<2.0 mm。

2. 土壤孔性与结构

土壤孔性是一项重要的土壤物理性质，它关系着土壤中水、气、热的流通和贮存，以及对植物的供应是否充分和协调，同时对土壤养分也有多方面的影响。土壤孔性的变化决定于土壤相对密度和容重。

（1）土壤密度、相对密度和容重。

土壤密度是指单位容积固体土粒的质量（不包括土壤孔隙），单位为 g/cm³ 或 t/m³。

土壤相对密度是指单位容积固体土粒的质量与同容积水质量之比。

$$土壤相对密度＝\frac{固体土粒重/固体土粒容积}{水重/水容积}$$

土壤密度的大小决定于土壤矿物质颗粒的组成和腐殖质含量的多少。

土壤容重是指自然状况下，单位容积土体的重量，单位为 g/cm³ 或 t/m³。

土壤容重是一个十分重要的基本参数，用这个参数，可以判断土壤的松紧程度、计算土壤重量及土壤各组分的数量等。

（2）土壤孔隙度。

土壤是一个极其复杂的多孔系统，由固体土粒和粒间孔隙所组成。在土壤中土粒与土粒、土团与土团、土团与土粒之间相互支撑，构成形状各异的孔洞，通常把这些孔洞称为土壤孔隙。土壤孔隙度是土壤孔隙的数量、孔隙的大小及其比例，以及孔隙在土层中分布情况的综合反映。土壤孔隙度是单位土壤中孔隙容积占整个土体容积的百分数。

$$土壤孔隙度＝\frac{孔隙容积}{土壤容积}×100\%＝\frac{土壤容积－土粒容积}{土壤容积}×100\%$$

（3）土壤结构。

自然界中的土壤固体颗粒完全呈粒状存在的很少，土粒相互团聚，形成大小、形状和性质不同的团聚体，这种团聚体成为土壤结构。土壤的结构影响着土壤中水、肥、气、热状况，所以土壤的结构性是土壤的重要物理性质。土壤结构大致可分为团粒结构和单粒结构。团粒结构发达的土壤，各团粒之间和构成团粒的土粒之间都存在孔隙，而孔隙是水和空气的通道，也起着蓄水的作用。单粒结构，土粒不成群，以砂、粉粒、黏粒等单粒和分散的形态集合在一起，这种结构多为沙土。沙土通气性能良好但保水性能差。

3. 土壤黏结性与黏着力

（1）土壤的黏结性。

土壤的黏结性是指土粒与土粒之间由分子引力而相互黏结在一起的性质。测定土壤的黏结力的指标，主要是土壤比表面积和土壤的含水量。

①土壤比表面积。土壤的比表面积愈大，土壤的黏结性愈强，反之则愈小。影响土壤比表面积的因素有土壤质地、黏粒矿物的数量和种类、有机质含量、代换型阳离子组成，以及土粒团聚化程度等。

②土壤含水量。当土壤干燥时，土粒相互靠近，黏结力增强。黏重的土壤，含水量减少时，随干燥过程，其黏结性逐渐增强。在砂性土壤中，因黏粒含量少，比表面也小，黏结力很弱。

（2）土壤的黏着性。

土壤的黏着性是指土粒黏着在外物（例如农机具）上的性质。土粒与外物的吸引力是由土粒表面的水膜和外物接触而产生的。黏着力的单位为 g/cm^2。

土壤水分含量是表现土壤黏着性强弱的主要因素。当水分含量低时，水分子全被土粒所吸附，主要表现在土粒间的水膜拉力（即黏结力），此时无多余的力去黏着外物，所以干土没有黏着性。当水分含量增加水膜增厚时，黏着性才开始产生。另外，土壤的质地不同，黏着性也不同，如砂土的黏着性很小，而黏重土壤的黏着性很大；土壤腐殖质含量高，黏着力小；钠质土比钙质土的黏着力大。

4. 土壤水分性质

土壤水是土壤的重要组成部分，它是作物吸水的最主要来源，又是土壤中许多物理、化学和生物学过程的必要条件和参与者，同时土壤水也是自然界水循环的一个重要环节，处于不断的变化和运动中，直接影响到植物的生长和土壤中各种物质的转化过程。因此土壤水研究是土壤研究工作中开始最早和文献最丰富的部分。土壤水并非纯水，而是稀薄的溶液，不仅溶有各种溶质，而且还有胶体颗粒悬浮或分散于其中。在盐碱土中，土壤水所含盐分的浓度相当高。我们通常所说的土壤水实际上是指在 105℃温度下能从土壤中驱逐出来的水。

土壤水分的主要来源是大气降水与地下水，灌溉也是土壤水分的一个来源。土壤中水分的形态有固态、液态和气态，而土壤水存在的主要形态是液态水。根据土壤液态水分所受的作用力不同把土壤水分划分为三种类型，即吸附水（或束缚水）、毛管水和重力水。

（1）吸附水。

吸附水又可分为吸湿水和膜状水。

①吸湿水。将烘干的土壤放到空气中，土壤会吸附空气中的水分使质量增加，这种由干燥土粒的吸附力所吸附的气态水分，保持在土粒表面，称为吸湿水。吸湿水的含量与土壤的质地、有机质含量、空气的相对湿度和气温有关。吸湿水不能被植物吸收，属于无效水，但在土壤分析工作中，必须以烘干土作为基础参数，所以常需测定土壤的吸湿水含量。

②膜状水。土壤的吸湿水达到饱和，土粒仍具有剩余的分子吸引力，可继续吸收液态水分子，在土粒表面形成比较薄的水膜，称为膜状水。膜状水外层受力为 0.625～3MPa，有一部分可被植物吸收，属于有效水。

膜状水数量达到最大时，土壤的含水量称为最大分子持水量，它包括了吸湿水和膜状水。

（2）毛管水。

土壤含水量超过最大分子持水量以后，就不受土粒分子引力的作用，所以把这种水称为自由水。毛管水是靠毛管孔隙产生的毛管引力而保持和运动的液态水。这种引力产生于水的表面张力以及管壁对水分的引力。毛管水的运动是从毛管力小的方向朝毛管力大的方向移动。毛管力的大小可用拉普拉斯（Laplace）公式计算：

$$P = \frac{2T}{R}$$

式中　P——毛管力（dyn/cm²）；

　　　　T——表面张力（dyn/cm）；

　　　　R——毛管半径（cm）。

从这个公式可以看出，土壤质地黏，毛管半径小，毛管力就大；质地粗，毛管半径大，毛管力则小。所以，毛管水在土壤中是由粗毛管向细毛管移动。根据毛管水是否和地下水面相连，可分为毛管上升水和毛管悬着水。

①毛管上升水，是指在地下水位较浅时，地下水受毛管引力的作用上升而充满毛管孔隙中的水分。这是地下水补给土壤中水分的一种主要方式。土壤中毛管上升水的最大量称为毛管持水量，它包括吸湿水、膜状水和毛管上升水的全部。砂性土的孔隙半径大，毛管水上升高度低，但速度较快；壤质土和黏质土的孔径小，毛管水上升高度高，但速度较慢（表1-2）。

表1-2　不同土壤质地的毛管水上升高度

土壤质地	砂土	砂壤-轻壤土	砂粉轻壤土	中-重壤土	轻黏土
毛管水上升高度/m	0.5～1.0	1.5	2.0～3.0	1.2～2.0	0.8～1.0

②毛管悬着水，是指在地下水位较深时，当降雨或灌溉后，借毛管力保持在土壤上层未能下渗的水分。当毛管悬着水达到最大值时，土壤的含水量称为田间持水量。田间持水量是土壤排除重力水后，在一定深度的土层内所能保持的毛管悬着水的最大值，是土地中吸湿水、膜状水和毛管悬着水的总和。田间持水量是旱地灌溉水量的上限指标，当土壤含水量达到田间持水量时，如继续灌溉或降雨，超过的水分就会受重力作用而下渗，只能增加渗水深度不再增加上层土壤含水量。如果是在地下水位较浅的低洼地区，田间持水量则

接近于毛管持水量，因此田间持水量的概念也可以认为，是在自然条件下，使土壤孔隙充满水分，当重力水排除后，土壤所能实际保持的最大含水量。

（3）重力水。

当土壤水分超过田间持水量时，多余的水分不能被毛管所吸持，就会受重力的作用沿土壤中的大孔隙向下渗漏，这部分受重力支配的水称为重力水。重力水由于受土粒分子引力的影响小，可以直接供植物根系吸收，对作物是有效水。但由于它渗漏很快，不能持续被作物利用，且长期滞留在土壤中会妨碍土壤通气；同时，随着重力水的渗漏，土壤中可溶性养分随之流失。如果在水田中，重力水是有效水，应设法保持，防止漏水过快，而在旱作地区则是多余的水。

5. 土壤空气性质

土壤空气是土壤的气相组成，它与作物的生育和土壤中养分的转化都有密切关系。土壤空气的组成与大气有关，但土壤空气的组成与大气的组成不一样（表 1-3）。土壤空气中氧的含量较少，二氧化碳的含量却很多。氧气缺少时，有机质经嫌气分解，会使土壤中含有甲烷（沼气 CH_4）、硫化氢（H_2S）等有毒气体。此外，土壤中经常存在着水分，土壤空气常呈水汽饱和状态。

表 1-3　土壤空气成分与大气的比较

成分容积	氮气（N_2）	氧气（O_2）	二氧化碳（CO_2）
土壤空气平均成分/%	79.00	20.30	0.15~0.65
近地面空气平均成分/%	79.01	20.96	0.03

土壤通气性是泛指土壤空气与大气进行交换以及土体内部允许气体扩散和通气的能力。如果土壤没有通气性，土壤空气中的氧会在很短的时间内被消耗掉。经过测定，在 20~30℃的温度下，表土层 0~30cm 的土壤每平方米每小时的耗氧量可能高达 0.5~1.7L。按土壤的平均空气容量为 33.3%，其中氧的含量为 20%，如果土壤不通气，则会在 12~40h 内被生物活动消耗掉土壤中的全部氧气。有团粒和粒状结构的土壤，由于非毛管孔隙多，可以保证土壤的良好通气性，而无团粒结构或团粒很少的土壤，在土壤中水分稍多时，就会使土壤通气性显著降低。所以，恢复和创造土壤的粒状结构，是调节土壤水分与空气状况的重要措施。有机质疏松多孔，在土壤中能形成团粒和粒状结构，从而增加土壤的总孔隙和非毛管孔隙的数量。因此，增加土壤中有机质的数量是改善土壤通气性的有效办法。

（二）土壤的化学性质

土壤的化学性质是土壤的重要属性，以下主要介绍土壤胶体特性及吸附性、土壤酸碱性及土壤氧化性和还原性。

1. 土壤胶体特性及吸附性

（1）土壤胶体特性。

土壤胶体表面的类型，就表面位置而言可分为内表面和外表面，内表面一般指膨胀性黏土矿物的晶层表面和腐殖质分子聚集体内部的表面；外表面指黏土矿物、氧化物和腐殖质分子暴露在外的表面。一般外表面上产生的吸附反应是很迅速的，而内表面的吸附反应则往往是一个缓慢的渗入过程。土壤中的高岭石、水铝英石和铁铝氯化物等的表面以外表面为主，蒙脱石、蛭石等以内表面为主。有机胶体虽有相当多的内表面，但由于其聚合结构不稳定，难以区分内表面和外表面。

根据土壤胶体表面的结构特点，大致可将土壤胶体表面分为硅氧烷型表面、水合氧化物型表面和有机物型表面三种类型。硅氧烷型表面是由八面体铝氧片或镁氧片夹在两层硅氧四面体片中间所组成。它所暴露的基面是氧离子层紧接硅离子层所组成的硅氧烷（Si—O—Si）。水合氧化物型表面指的是由金属阳离子和氢氧基组成的表面，一般用 M—OH 表示，M 为黏粒表面的配位金属离子或硅离子，如铝醇（Al—OH）、铁醇（Fe—OH）和硅烷醇（Si—OH）等。有机物因有明显的蜂窝状特征而具有较大的表面。有机物表面上具有羧基（—COOH）、羟基（—OH）、醌基（＝O）、醛基（—CHO）、甲氧基（—OCH$_3$）和氨基（—NH$_2$）等活性基团。这些表面功能基可离解氢离子（H$^+$）或缔合氢离子（H$^+$）而使胶体表面带电荷。

上述三种类型的表面，在土壤中不是单独存在的，而往往是交错混杂、相互影响地交织在一起。例如在层状黏土矿物的表面，可以包被着一些水合氧化铁、水合氧化铝胶体或腐殖质胶体，将黏土矿物的一部分表面掩蔽，而使其显示出水合氧化物型或有机物型的表面性质。另外，常常有一些杂质混入土壤胶体，例如碳酸钙在胶体表面上沉淀，或者一些杂质或简单有机物有可能进入黏土矿物的层间，这些都会使黏土矿物的表面性质发生改变。

定量地了解土壤胶体的表面性质，需要知道土壤胶体表面积的大小，土壤胶体表面积通常以比表面来表示，它可作为评价土壤表面活性的一项指标。比表面是用一定实验技术测得的单位质量土壤（或土壤胶体）的表面积，单位为 m^2/kg 或 m^2/g。

我国几种主要土壤胶体比表面的大小与其主要黏土矿物的组成和含量有关。例如，以高岭石和三水铝石为主的砖红壤胶体，其比表面只有 $60 \sim 80 m^2/g$，并以外表面为主；以高岭石、1.4nm 过渡矿物和水云母为主的红壤胶体，其比表面为 $100 \sim 150 m^2/g$，外表面积大于内表面积；以水云母和蛭石为主的黄棕壤胶体，其比表面为 $200 \sim 300 m^2/g$，且以内表面为主。

（2）土壤吸附性。

土壤的吸附性表现为土壤对阳离子和阴离子的不同吸附性能，以下分别阐述。

①阳离子吸附作用。层状铝硅酸盐组成的土壤胶体通常都带静负电荷，在它们的表面吸附着许多阳离子，这些被吸附的阳离子不是静止的，而是运动的。胶体扩散层中的阳离子，能与土壤溶液中的其他阳离子进行交换。例如，向土壤施入氯化钾（KCl）时的交换反应式：

$$\text{土壤胶体} = Ca + 2K + 2Cl^- \Longrightarrow \text{土壤胶体}^{K^+}_{K^+} + Ca^{2+} + 2Cl^-$$

K$^+$ 从溶液中转移到胶粒上的过程，称为离子吸附过程；而原来吸附在胶粒上的 Ca^{2+} 转移到溶液中，称为离子的解吸过程。

土壤中一些常见阳离子的交换能力顺序如下：$Fe^{3+}>Al^{3+}>H^+>Ba^{2+}>Sr^{2+}>Ca^{2+}>Mg^{2+}>Cs^+>Rb^+>NH_4^+>K^+>Na^+>Li^+$。

②土壤中对阴离子起吸附作用的是带正电荷的土壤胶粒，主要是铁、铝氧化物和高岭石等。土壤阴离子吸附大致有两种方式。

一种是单纯的交换性吸附。土壤胶粒既然带正电荷，它就可以吸附阴离子，例如对 Cl^- 和 SO_4^{2-} 的吸附，这些被吸附的阴离子也存在于胶体双电层的外层（扩散层），吸附松弛，易于解吸，可以被其他阴离子所交换，但这种交换现象比起阳离子的交换作用要弱得多。阴离子交换作用与阳离子交换作用相似，受阴离子浓度、离子种类（或离子价）、互补离子浓度等的影响。

另一种方式是配合基交换性吸附，它是发生于胶体双电层的内层，与胶体表面的一定位置有关，即胶粒表面上配位的羟基，可以交换那些能取代的配合基而参加配位作用的阴离子。能够进行这种交换方式的主要是含氧酸根，包括磷酸根、硅酸根、钼酸根等。这些阴离子能以其氧桥参与胶粒表面的铁和铝离子的配位，以致能取代—OH 和—OH₂ 配合基的位置，这种结合是比较牢固的，只能与土壤溶液中的 OH^- 离子进行交换。

土壤中一些常见阴离子的交换能力顺序如下：$F^->$草酸根$>$柠檬酸$>PO_4^{3-}>AsO_4^{3-}>$硅酸根$>HCO_3^->H_2BO_3^->CH_3COO^->SCN^->SO_4^{2-}>Cl^->NO_3^-$。

（3）土壤胶体特性及吸附性的环境意义。

土壤本身就含有一定量的重金属元素，其中很多是作物生长所需要的微量营养元素，如锰（Mn）、铜（Cu）、锌（Zn）等。因此，只有当进入土壤的重金属元素积累的浓度超过了作物需要和可忍受的程度，而表现出受毒害的症状，或作物生长并未受害，但作物产品中某种重金属含量超过标准，造成对人畜的危害时，才能认为土壤被重金属污染。

在土壤污染中，重金属污染比较突出。这是因为重金属不能被微生物分解，而且能被土壤胶体所吸附，被微生物所富集，有时甚至能转化为毒性更强的物质。土壤一旦被重金属污染，就很难彻底消除。

重金属在环境中参与的化学反应有水合、水解、溶解、中和、沉淀、络合、解离、氧化、还原、有机化等；土壤胶体化学过程有离子交换、表面络合、吸附、解吸、吸收、聚合、凝聚、絮凝等；生物过程有生物摄取、生物富集、生物甲基化等；物理过程有分子扩散、湍流扩散、混合、稀释、沉积、底部推移、再悬浮等。土壤胶体吸附在很大程度上决定着土壤中重金属的分布和富集，吸附过程也是金属离子从液相转入固相的主要途径。土壤胶体对重金属的吸附分为两种。

①非专性吸附。非专性吸附又称极性吸附，这种作用的发生与土壤胶体微粒带电荷有关。因各种土壤胶体所带电荷的符号和数量不同，对重金属离子吸附的种类和吸附交换容量也不同。但是，离子浓度不同，或有络合剂存在时，吸附的顺序也有所不同。因此，对于不同的土壤类型可能有不同的吸附顺序。

应当指出，离子从溶液中转移到胶体上是离子的吸附过程，而胶体上原来吸附的离子转移到溶液中去是离子的解吸过程，吸附与解吸的结果表现为离子相互转换，即所谓的离子交换作用。在一定的环境条件下，这种离子交换作用处于动态平衡之中。

②专性吸附。重金属离子可被水合氧化物表面牢固地吸附。因为这些离子能进入氧化

物的金属原子的配位壳中，与—OH 和—OH₂ 配位基重新配位，并通过共价键或配位键结合在固体表面，这种结合称为专性吸附（亦称选择吸附）。这种吸附不一定发生在带电表面上，亦可发生在中性表面上，甚至在与吸附离子带同号电荷的表面上进行。其吸附量的大小并非决定于表面电荷的多少和强弱，这是专性吸附与非专性吸附的根本区别之处。被专性吸附的重金属离子是非交换态的（如铁、锰氧化物结合态），通常不被氢氧化钠或醋酸钙（或醋酸铵）等中性盐所置换，只能被亲和力更强和性质相似的元素所解吸或部分解吸，也可在较低 pH 条件下解吸。

此外，在多种重金属离子中，以铅（Pb）、铜（Cu）和锌（Zn）的专性吸附亲和力最强。这些金属离子在土壤溶液中的浓度，在很大程度上受专性吸附所控制。专性吸附使土壤对某些重金属离子有较大的富集能力，从而影响到它们在土壤中的移动和在植物中的累积。专性吸附对土壤溶液中重金属离子浓度的调节、控制甚至强于受溶度积原理的控制。

2. 土壤酸碱性

土壤是一种复杂的混合物，是一个庞大的物理、化学、生物反应系统，因土壤的地域不同，其所表现出的酸碱性也有所不同。土壤酸碱性是土壤胶体的固相性质和土壤液相性质的综合表现，因此研究土壤溶液的酸碱反应，必须与土壤胶体和离子交换吸收作用相联系，才能全面地说明土壤的酸碱情况和其发生、变化的规律。土壤的酸碱度分级如下（表1-4）。

表 1-4　土壤酸碱度分级

分级	pH	分级	pH
极强酸性	<4.5	弱碱性	7.0~7.5
强酸性	4.5~5.5	碱性	7.5~8.5
酸性	5.5~6.0	强碱性	8.5~9.5
弱酸性	6.0~6.5	极强碱性	>9.5
中性	6.5~7.0		

（1）土壤酸度。

土壤中的酸度（H^+）主要有以下几种来源。

①土壤中有机物的分解和植物根系、微生物的呼吸作用，产生大量 CO_2，因 CO_2 溶于水形成 H_2CO_3，解离出 H^+。

$$H_2CO_3 \rightleftharpoons H^+ + HCO_3^-$$

②土壤有机质及腐殖酸分解时产生的各种有机酸（如醋酸、草酸、柠檬酸等）都可解离出 H^+。

$$有机酸 \longrightarrow H^+ + R—COO^-$$

③施入土壤中的一些生理酸性肥料，如 $(NH_4)_2SO_4$、KCl、NH_4Cl 等水解产生的 H^+。

④酸性污水灌溉、酸雨等也可增加土壤的酸性。近年来随着燃煤、燃油、冶矿等工业化程度加大，向大气排放的 SO_2 和 NO_x 化合物不断增加，大大加剧了酸雨的进程。20 世

纪 80 年代以来，酸雨被认为是威胁全球的大气污染问题，我国酸雨的酸性强度、区域分布及降酸雨的频率均在不断增强和扩展。大气中的酸性物质最终都进入土壤，成为土壤氢离子的重要来源之一。

⑤水的解离。水的解离常数虽然很小，但由于 H^+ 被土壤吸附而使其解离平衡受到破坏，H^+ 被释放出来。

$$H_2O \rightleftharpoons H^+ + OH^-$$

土壤的酸性类型又分为活性酸和潜在酸。活性酸是指土壤溶液中氢离子的浓度直接表现出的酸度，通常用 pH 表示，pH 是氢离子浓度的负对数值。潜在酸是指土壤胶体上吸附的 H^+、Al^{3+} 离子所引起的酸性。它们只有通过离子交换作用进入土壤溶液时，才显示出酸性，是土壤酸性的潜在来源，故称为潜在酸。

（2）土壤碱度。

土壤中的碱度（OH^-）主要有以下几种来源。

①气候因素。在干旱、半干旱地区，由于降雨少，淋溶作用弱，使岩石矿物和母质风化释放出的碱金属和碱土金属的各种盐类（碳酸钙、碳酸钠等），不能彻底淋出土体，在土壤中大量积累，这些盐类水解可产生 OH^-，使土壤呈碱性。

②生物因素。由于高等植物的选择性吸收，富集了钾、钠、钙、镁等盐基离子，不同植被类型的选择性吸收对碱土的形成有着不同的影响。荒漠草原和荒漠植被对碱土的形成起着重要作用。

③母质的影响。母质是碱性物质的来源，如基性岩和超基性岩富含钙、镁等碱性物质，风化体含较多的碱性成分。此外，土壤不同质地和不同质地在剖面中的排列也影响土壤水分的运动和盐分的迁移，从而影响土壤碱化程度。

土壤的碱性反应除常用 pH 表示以外，总碱度和碱化度是另外两个反映碱性强弱的指标。总碱度是指土壤溶液或灌溉水中碳酸根和重碳酸根的总量，即：

$$总碱度（cmol/L）= CO_3^{2-} + HCO_3^-$$

碱化度是指土壤胶体吸附的交换性钠离子占阳离子交换量的百分率，也叫做土地钠饱和度、钠碱化度、钠化率或交换性钠百分率。

$$碱化度（\%）= \frac{交换性钠}{阳离子交换量} \times 100\%$$

（3）土壤的酸碱缓冲性能。

土壤的酸碱缓冲性能是指土壤具有缓和其酸碱度发生激烈变化的能力，它可以保持土壤反应的相对稳定，为植物生长和土壤生物的活动创造比较稳定的生活环境，所以土壤的缓冲性能是土壤的重要性质之一。土壤溶液中含有碳酸、硅酸、磷酸、腐殖酸和其他有机酸等弱酸及其盐类，构成一个良好的缓冲体系，对土壤酸碱度具有缓冲作用；土壤胶体吸附有各种阳离子，其中盐基离子和氢离子能分别对酸和碱起缓冲作用。

3. 土壤氧化性和还原性

土壤氧化还原反应是发生在土壤溶液中的一个重要的化学性质。氧化还原反应始终存在于岩石风化和母质成土的整个土壤形成发育过程中，给养分的生物有效性、污染物质的缓冲性和植物生长发育等带来深刻影响。土壤中的主要氧化剂有：土壤中氧气（O_2）、

NO_3^- 离子和高价金属离子，如 Fe^{3+}、Mn^{4+}、V^{5+}、Ti^{6+} 等。土壤中的主要还原剂有：有机质和低价金属离子。此外，土壤中植物的根系和土壤生物也是土壤发生氧化还原反应的重要参与者。表 1-5 列出了主要的几种土壤氧化还原反应体系。

表 1-5　土壤主要氧化还原反应体系

氧化还原反应体系	氧化态	还原态	E_0/V
氧体系	O	H_2O	1.23
氢体系	H	H_2	0.00
碳体系	CO_2	CO 或 C	−0.12
氮体系	NO_3^-	NO_2^-	0.94
		N_2O	
		N_2	
		NH_3	
硫体系	SO_4^{2-}	SO_3^{2-}	0.17
	SO_3^{2-}	H_2S	0.61
磷体系	PO_4^{3-}	PO_3^{3-}	−0.28
铁体系	Fe（Ⅲ）	Fe（Ⅱ）	−0.12
锰体系	Mn（Ⅳ）	Mn（Ⅱ）	1.23
铜体系	Cu（Ⅱ）	Cu（Ⅰ）	0.17

土壤是一个氧化物质与还原物质并存的体系，土壤溶液中氧化物质和还原物质的相对比例，决定着土壤的氧化还原状况。随着土壤中氧化还原反应的不断进行，氧化物质和还原物质的浓度也在随时调整变化，进而使溶液电位也相应地改变。这种由于溶液氧化态物质和还原态物质的浓度关系而产生的电位称为氧化还原电位，土壤氧化还原能力的大小可以用土壤的氧化还原电位（E_h）来衡量，单位为 mV，其值是以氧化态物质与还原态物质的相对浓度比为依据的。由于土壤中氧化态物质与还原态物质的组成十分复杂，因此计算土壤的实际 E_h 很困难。主要以实际测量的 E_h 来衡量土壤的氧化还原性。一般旱地土壤的 E_h 为 +400~+700mV；水田的 E_h 为 −200~+300mV。根据土壤的 E_h 可以确定土壤中有机物和无机物可能发生的氧化还原反应和环境行为。

（三）土壤的生物性质

土壤中存在着一个复杂的生物体系，其中包括微生物、微动物和动物，是土壤环境的重要组成成分和物质能量转化的重要因素。土壤生物是土壤形成、养分转化、物质迁移以及污染物的降解、转化、固定的重要参与者，主宰着土壤环境物理化学和生物化学过程、特征和结果。土壤的生物性质主要有以下几种。

1. 土壤酶特性

酶是有机体细胞及组织产生的特殊蛋白质，是有机体代谢的动力，具有生物催化作用。土壤微生物产生的各种酶，有些存在于细胞内，另一些则释放进入土壤，催化各种生物化学反应，对土壤有机质的转化过程起着不同的作用。酶的活性不仅影响到土壤中各种重要物质的转化，也直接影响土壤有机胶体的质量和数量，从而对土壤污染的调节能力产生十分重要的影响。据统计，土壤中能监测到的活性酶有 60 多种，它们参与土壤系统的生物化学反应，对改善土壤结构、分解土壤中的有害物质起到非常重要的作用。

2. 土壤微生物特性

土壤是微生物生活的良好环境。在土壤中生活着种类繁多的微生物，主要包括细菌、放线菌、真菌、藻类和原生动物等。细菌是土壤中种类和数量均占多数的微生物类群，每克土壤中约含几亿至几十亿个细菌；放线菌在每克土壤中的数量约为细菌的十分之一；而真菌的数量最少，每克土壤中只有几十万至百余万个。表 1-6 为土壤中常见的微生物类群。

表 1-6　土壤中常见的微生物类群

养分来源	类群	微生物
主要自养	藻类	蓝藻、绿藻、裸藻、褐藻、硅藻
异养	真菌	酵母菌、霉菌、蕈菌
	放线菌	链霉菌等
异养和自养	细菌	好气细菌、厌气细菌
	蓝细菌	蓝细菌

3. 土壤动物特性

每公顷土壤中约含有几百千克的各类动物，其中占优势的类群是蚯蚓、线虫、昆虫等，这些动物以其他动物的排泄物、植物以及无生命的物质作为食料，在土壤中打洞挖槽搬运大量的土壤物质，改善了土壤的通气、排水和结构状况。与此同时，还将作物残茬和森林枝叶浸软嚼碎，并以一种较易为土壤微生物利用的形态排出体外。随着这些土壤动物的活动，浸软的残落物连同一些微生物一起被传递到土体的各个角落中去。表 1-7 为土壤中常见的动物类群。

表 1-7　土壤中常见的动物类群

动物体型	食性	分类	动物
大型动物	主要食草和食腐	脊椎动物	田鼠
		节肢动物	白蚁、甲虫及幼虫、千足虫
		环节动物	蚯蚓
		软体动物	蛞蝓、蜗牛
	主要捕食	脊椎动物	鼹鼠、蛇
		节肢动物	蜘蛛
中型动物	主要食腐	节肢动物	螨、弹尾虫
		环节动物	线蚓
微型动物	食腐、捕食、食真菌、食细菌	线虫	线虫
		原生动物	变形虫、纤毛虫、跟足类、鞭毛类

第二节　土壤污染概述

一、土壤污染的概念

在《中华人民共和国土壤污染防治法》中对土壤污染的解释是：因人为因素导致某种物质进入陆地表层土壤，引起土壤化学、物理、生物等方面特性的改变，影响土壤功能和有效利用，危害公众健康或者破坏生态环境的现象。商务印书馆出版的《现代汉语词典》（7版）也对土壤污染进行了定义，即：工业废水、生活污水、农药、化肥和大气沉降物等进入土壤并逐渐积累所造成的污染，土壤污染使土质恶化，有毒物质通过食物链危害人畜健康。本书中我们给出的较为全面的定义是：因为人类不合理的生产生活活动，产生了大量的污染物质，这些污染物质进入土壤并累积到一定程度，影响或超过了土壤的自净能力，使土壤的物理、化学性质发生变异，引起土壤质量下降、性质恶化的现象。

二、土壤污染的特点

土壤系统是一种复杂的三相共存体系，其自身因其体系庞大，具有自我调节能力，因此土壤污染不容易被人们所发现，往往等到人们监测出来时，土壤的污染程度已经到了难以恢复的地步，其治理所需要投入的人力、物力无法计量，给当下的我们及子孙后代正常的生产生活造成不可磨灭的损失。当土壤将积累的有害物质输送给农作物，再通过食物链在人畜体内富集，就会威胁到人畜的健康，而这些都隐藏在人类正常生产生活中，难以被发现。所以，发现、鉴定土壤污染是并不是一件容易的事情，需要我们防微杜渐，时刻保持警惕。具体而言，土壤污染具有以下几个特点。

（一）隐蔽性和滞后性

大气污染、水污染和废弃物污染等问题一般都比较直观，人类通过感官就能发现，例如水体发臭、发黑和水华现象，以及大气雾霾现象等，我们通过视觉、嗅觉就能感受得到。而土壤污染则不同，它往往要通过对土壤样品进行分析化验和农作物的残留检测，甚至通过研究对人畜健康状况的影响才能确定。并且土壤的污染往往受大气污染、水污染和废弃物污染等产生的滞后性污染影响，例如水质污染给土壤带来的影响，使土质重金属污染物超标、土壤板结、盐渍化、酸化，导致大片农田减产，农作物重金属含量超标；又如农药和化肥的过量施用，使得农作物农药残留超标。有调查显示，全国农药化肥污染面积达 906.67 万 hm^2，对人们的健康造成极大威胁。

（二）积累性

由于土壤胶体的吸附性，土壤和沉积物中的锰（Mn）、铁（Fe）、铝（Al）、硅（Si）

等的氧化物及其水合物对多种重金属离子起富集作用，当污水中的重金属进入土壤时，易被土壤中的氧化物、水合物等胶体专性吸附所固定，一方面对水体中的重金属污染起到一定的净化作用，并对这些金属离子从土壤溶液向植物体内迁移和累积起一定的缓冲和调节作用；另一方面，专性吸附作用也给土壤造成了重金属的积累。这种积累不仅作用于土壤，随着生态链的延伸，重金属转移，还会迁移到植物、动物，从农作物积累到牲畜，人类一旦食用了重金属超标的农产品，将会受到重金属污染物毒害，导致人类出现急性、慢性的致癌、致畸和致突变等症状，造成无法挽回的后果。

例如，20 世纪 50 年代日本出现的镉污染事件，镉污染的废水造成了当地饮水和土壤的污染，并在人体中逐渐积累中毒，早期症状是在劳累后人体会感到腰、手、足疼痛，随后出现咽部干燥、鼻炎、视觉衰退，腰背痛加剧，后期人体骨质软化、骨骼变形，容易折断，骨痛难以忍受。这种重金属毒性的积累，需要持续较长的时间，几年到几十年不等，这一典型案例说明土壤污染的隐蔽性、滞后性和积累性。

（三）难治理性

首先，我国对土壤环境的管理机制还比较薄弱。我国于 2005—2013 年相继开展了全国范围的土壤污染状况调查，其中还包括土地利用现状调查、耕地地球化学调查、农产品产地土壤重金属污染调查等，但是改革开放后，随着我国工业和经济的加速发展，调查的进度和水平无法与工业发展对土地的污染与损耗的速度匹敌，调查报告无法满足现代土壤污染防治工作的需要，在管理方针的制定、条例的出台上都略显滞后。

其次，我国的土壤环境立法工作也相对滞后。目前，世界上有二十多个国家和地区都制定了土壤污染防治的专门法律法规，我国于 2019 年才开始施行《中华人民共和国土壤污染防治法》，从标准制定和监测、预防和保护、风险管控和修复等诸多方面，建设具有中国特色的土壤污染防治机制，加强土壤污染防治监测和管理能力，保护土壤环境。但我国目前土壤污染的总体形势是严峻的，土壤污染治理工作任重而道远。

第三，解决土壤污染治理存在的诸多问题，需要较多的时间和资金来支持。例如，农药和化肥的污染是土地的污染源之一，原因是缺乏对土地的环境保护意识和科学种植意识，往往只求眼前的经济利益，为了增加产量，过量使用农药和化肥。这就需要普及和提升科学种植和生态环境意识。又如，目前对于土壤污染的治理技术，由于难度较大，对研究经费的投入和对土壤治理物质成本的投入都需要巨大的资金支持。因此，我们一方面要加强经济建设，储备更多的资金去治理土壤污染，一方面又要防止经济建设影响土壤，防止土壤污染进一步恶化，我们需要更多的时间、精力和资金支持来对土壤污染治理进行监测、科研和创新。

三、土壤污染的类型

土壤污染物按其成分的性质不同可以分为化学污染物、物理污染物、生物污染物、放射性污染物四种类型。

（1）化学污染物。

化学污染物包括无机污染物和有机污染物。其中无机污染物有重金属污染，农药、化肥污染等；有机污染物有石油污染、有毒有机物污染等。以下进行具体阐述。

①重金属污染。在土壤污染中，重金属的污染问题较为突出，因为重金属不能被微生物分解，而且能被土壤胶体所吸附，被微生物所富集。有时甚至能转化为毒性更强的物质。土壤一旦被重金属污染，就很难彻底消除。土壤污染的重金属是指对生物有显著毒性的金属元素，如汞（Hg）、镉（Cd）、铅（Pb）、锌（Zn）、铜（Cu）、钴（Co）、镍（Ni）、钡（Ba）、锡（Sn）、锑（Sb）等，从毒性角度通常把砷（As）、锂（Li）、铍（Be）、硒（Se）、硼（B）、铝（Al）等也包括在内。所以重金属污染所指的范围较广。采矿、冶炼等工业污水是重金属污染的主要来源。

重金属污染物往往形态多变，通过土壤可以迁移至动植物，较低的浓度却往往具有较高的毒性，具有积累性、隐蔽性，不容易被降解和消除。

目前，人们对重金属污染的控制，只满足于控制浓度的"排放标准"，这显然是很不全面的。归根到底，对于重金属污染，首要的是对污染源采取对策；其次要对排出的重金属进行总量控制，而不只是控制排放浓度；再次是研究和开发重金属的回收再利用技术，这一点不仅对消除污染是有效的，而且对充分利用重金属资源也是必要的。

②农药、化肥污染。施入田间的各种农药大部分落入土壤中，仅有一部分附着于植物体上，附着于植物体上的那部分农药，还会因为风吹雨淋落入土壤。有关数据显示，附着于作物上的粉剂不超过 10%，液剂为 20%～30%，而药剂的 40%～60% 最后都会进入土壤，造成土壤污染。施用化学肥料是提高农作物产量的重要措施，随着耕地面积的扩大，复种指数提高，农民不考虑具体土壤、气候条件以及农作物营养特点，长期过量施肥，造成土壤的污染。

进入土壤中的农药一般均通过蒸发、流失、氧化、水解以及微生物和酶的降解作用被分解和消失，但其中有机氯农药（OCPs）、重金属乳剂因性质稳定，分解极为缓慢，易在土壤中积累，并且土壤对农药残留的分解能力是有上限的，其转化、分解农药残留的性质受其本身物理化学性质和环境因素的影响。例如，有机氯类农药在土壤中的残留期一般数年之久；含铅（Pb）、砷（As）、铜（Cu）、汞（Hg）的农药甚至在土壤中的半衰期达 $10\sim30$ 年，对人畜的健康造成严重威胁。

化肥在土壤中的残留物主要是未被农作物和微生物吸收和利用的残留的氮（N）、磷（P）、钾（K）等元素。过量的铵态氮通过硝化作用会释放出氢离子，导致土壤酸化，而反硝化作用会使残留的 30% 的氮经过一系列转化，以氮气和氧化氮释放到空气中，与臭氧作用生成一氧化氮（NO），使臭氧层遭到破坏；未被作物吸收的磷酸会与土壤中的钙（Ca）或三氧化物结合，形成溶解度较低的磷酸盐留存于土壤当中，导致土壤结构发生变化，土质下降。目前，人们已经意识到农药、化肥残留对土壤的污染和农作物的危害，随着科学施肥和栽培技术的改进，合理施肥和维护土地的生产效率，减少化学物质对土壤和人类带来的危害工作也取得了较好的成效。

③石油污染。石油污染泛指原油和石油初加工产品（包括汽油、煤油、柴油、重油、润滑油等）及各类油的分解产物所引起的污染。石油对土壤的污染主要是在勘探、开采、

运输以及储存过程中引起的。油田周围大面积的土壤一般都受到严重的污染，石油对土壤的污染多集中于深度 20cm 左右的表层。石油对土壤的污染使农作物遭受两方面的危害：其一，石油黏着在植物的根表面，形成黏膜，阻碍根系的呼吸与吸收作用，引起根系腐烂，造成植物的死亡；其二，由于对土壤的污染，会导致石油的某些成分在作物中形成积累，影响农产品质量，并进入食物链，进而危害人类健康。

④有毒有机物。有毒有机物包括酚污染、苯并［a］芘、多氯联苯（PCBs）、多环芳烃（PAHs）、二噁英等。随着城市化和工业化进程的加快，城市和工业区附近的土壤有机物污染日益加剧。调查结果表明，工业区附近的农田土壤污染程度远远高于远离工业区的农田土壤，如多氯联苯、多环芳烃、塑料增塑剂、除草剂、丁草胺等，这些高致癌的有机物质可以很容易在工业区周围的土壤中被检测到，而且超过国家标准多倍。例如，对天津市区和郊区土壤中的 10 种多环芳烃的调查结果表明，市区是土壤多环芳烃含量超标最严重的地区，其中二环萘的超标程度最严重；苯并［a］芘的超标情况也不容乐观。

（2）物理污染物。

这里主要介绍的物理污染物包括大气沉降物和固体废弃物等。

①大气沉降物主要是大气的酸性沉降，大气酸性沉降包括干、湿两种沉降。一般把降水 pH＜5.6 的降雨、降雪称为"湿沉降"（酸雨）；而各种污染物质按其物理与化学特征和本身表面性质的不同，以不同速率与下方的物质表面碰撞而被吸附沉降下来的全过程称为"干沉降"。大气中的致酸污染物质主要是氮氧化合物、氧化硫、硫化氢等气体。尽管自然界存在着致酸物质的排放，但大气酸沉降现象是近 30 年来日益严重的污染现象，因而它无疑与人类经济发展活动有密切的关系。影响大气沉降的主要工业活动有燃煤、燃油、矿冶等。大气沉降对土壤的影响使吸收性阳离子被从土壤中淋洗出来，特别是钙、镁、铁等阳离子迅速损失，会使土壤的营养状况降低，妨碍植物的生长和发育，并最终将改变植物群落的组成。土壤溶液酸度的增加，将降低枯枝落叶层和腐殖质的分解矿化速度。生态系统中营养元素的循环也将受到阻碍，直至达到新的较低层次的平衡。

大气沉降物还影响土壤中微生物的繁衍，抑制土壤微生物的氨化、硝化、固氮作用，降低土壤中的氮含量。大气沉降物对土壤的影响是有积累性的，因为土壤的缓冲能力以致往往土壤表现出酸化现象是在多年以后，且对土壤结构的改变是不可逆的。

②固体废弃物。固体废弃污染物来源于社会活动中生产、流通、消费等活动，固体废弃物种类繁多，成分复杂，性质各异，表 1-8 按固体废弃物的来源进行了整理并列出。

表 1-8　固体废弃物的分类、来源和主要组成

废物来源	分类	主要成分
矿冶废物	矿石	废矿石、尾矿、金属、废木、砖瓦灰石等
工业废物	冶金、交通、机械等工业	金属、矿渣、砂石、涂料、橡胶、黏结剂等
	煤炭	煤矸石、木料、金属等
	食品加工	肉类、谷物、果类、蔬菜、烟草等

（续）

废物来源	分类	主要成分
工业废物	橡胶、皮革、塑料等工业	橡胶、皮革、塑料、布、纤维、染料、金属等
	石油化工	化学药剂、金属、塑料、橡胶、沥青、石棉等
	造纸、木材、印刷等工业	刨花、锯末、碎木、化学药剂、金属填料、塑料、木质素等
	电器、仪器仪表等工业	金属、玻璃、木材、橡胶、塑料、化学药剂等
	纺织服装业	布头、纤维、橡胶、塑料、金属等
	建筑材料	金属、水泥、黏土、陶瓷、石膏等
	电力工业	炉渣、粉煤灰、烟尘等
城市垃圾	居民生活	食物垃圾、废旧生活用品、塑料、碎砖瓦等
	商业、机关	管道、废电器、废汽车、建筑废弃物等
农业废物	农林	稻草、秸秆、蔬菜、水果、果树枝条、糠秕、落叶、废塑料薄膜等
	水产	腥臭死禽畜、腐烂鱼、虾、贝壳、水产加工污水、污泥等

（3）生物污染物。

土壤环境中除了许多天然存在的土壤微生物、土壤动物以外，还有大量来自人、畜排泄物中的微生物。人粪中的微生物主要是细菌，而动物粪便内除细菌外，还有大量的放线菌和真菌。此外，人畜粪便中可能含有大量的寄生虫卵。因此，造成土壤生物污染的主要来源是：人畜粪便未经彻底无害化处理而施入农田；生活污水、工业废水、医院污水，以及含有病原体的废弃物、城市垃圾等，未经处理而进行农田灌溉或利用底泥、垃圾施肥；病畜尸体处理不当，或未经深埋而引起的土壤环境污染都属于生物污染物。

（4）放射性污染物。

放射性污染是土壤污染的一个极为重要的类型，随着原子能工业的发展，核电站、核反应堆不断增加，放射性同位素在工业、农业、医学和科研等方面得到应用，核武器试验仍在继续，因此，控制和防止放射性物质对土壤的污染显得愈来愈重要。放射性物质进入土壤以后，随着时间的推移，可逐渐衰减，半衰期短的元素在土壤中的积累量少，而半衰期长的元素则易在土壤中积累。由于土壤的放射性污染，而使植物体内积累了放射性物质。此外，土壤的放射性污染，还可直接通过皮肤接触而进入人体；也可通过迁移至大气和水体，由呼吸道、皮肤、伤口或饮水而进入人体。当一定剂量的放射性物质进入人体后，可引起很多病变——疲劳、虚弱、恶心、眼痛、毛发脱落、斑疹性皮炎、肿瘤，以及不育和早衰等。

第三节　土壤环境背景值与土壤环境容量

一、土壤环境背景值

1924年美国学者 F.W·克拉克研究了地壳平均化学成分，是为岩石圈背景值研究。后来，苏联学者 A.П·维诺格拉多夫等人研究了岩石、土壤和生命物质中的元素丰度，是为生物圈背景值研究。随着环境科学的发展，为了监测环境污染，需要首先确定各环境要素中化学元素的正常值范围，人类从 1975 年起正式大规模开展环境背景值研究，其中主要工作就是土壤环境背景值研究。土壤环境背景值研究是环境科学的一项基础工作，是环境质量的评价和预测、污染物在环境中迁移转化规律研究和土壤环境标准制定的主要依据，对于地方病和环境病的研究也具有重要参考价值。

（一）土壤环境背景值的概念

自然状况或相对不受直接污染情况下环境要素——土壤的基本化学组成。一般应在远离污染源的地方采集土壤样品，测定化学元素含量，并运用数理统计等方法检验分析结果，然后取分析数据的平均值或数值范围作为背景值。土壤环境背景值反映了在未受人为污染的条件下，土壤化学元素的自然含量水平。

（二）土壤环境背景值的影响因素

我国土地面积广阔，不同地域成土原因复杂，在研究土壤环境背景值时我们必须根据当地的实际情况进行测算，影响土壤环境背景值的因素主要有六大类，包括气候、成土母质与母岩、生物有机体、地形、时间和人类活动等。

1. 气候

土壤和大气之间经常进行着水分和热量的交换。气候要素中的温度和降水直接影响土壤的水热状况，影响着岩石矿物的风化及其产物的迁移过程，并且通过生物因素影响成土过程。另外，大风和暴雨往往破坏土壤的成土过程。所以，气候是直接或间接影响土壤形成过程的方向和强度的基本因素。

2. 成土母质与母岩

母质是形成土壤的物质基础，母质中的某些性质往往被土壤继承下来，因此，母质对土壤形成过程影响很大。首先，母质的机械组成直接影响到土壤的机械组成，母质的机械组成不同，土壤中物质的存在状态、物质转化和迁移状况便不同，从而影响到土壤中水、肥、气、热的关系，对土壤的性状和肥力也产生巨大影响。特别是非均质母质的影响较均质母质更为复杂，它不仅直接影响土体的机械组成和化学组成，更会影响水分在土体中的运行，从而也影响着土体中物质的迁移，如淋溶和淀积。其次，母质的化学组成对土壤的形成、性状和肥力也有显著的影响，母岩、母质和土壤的化学组成并不完全相同，但它们之间存在发展上的联系。母岩的化学组成是成土物质的主要来源，对风化和成土过程的初级阶段有显著的影响，可以加速或延缓土壤的形成过程。

3. 生物有机体

生物有机体是影响土壤形成变化的主导因素，生物起到成土作用。微生物在地球上存在了数十亿年，它们对成土的影响是多方面且复杂的。植物利用土壤母质汲取养分，其残叶落入母质土壤后，丰富了母质土壤的肥力，经过土壤中的微生物的作用使土壤母质发生物理、化学变化；植物根系能调节土壤中微生物的组成和数量。在一定的气候条件下，植物和微生物的特定交互作用决定了土壤结构和养分的构成，产生相应的土壤类型。土壤动物的存在及它们的土下生存方式丰富了土壤的有机质，也影响了土壤的物理结构。土壤中的微生物、植物和动物使土壤形成其特定的生态系统。

4. 地形

地形在土壤的形成中，影响地表水、热条件的再分配，支配着地表径流，影响了不同地区土壤的地表所能接收到的辐射能源和水分状况。例如，高低起伏的山地，一般气温随高度的增加而降低，雨量随高度增加而增加。水热条件的变化，使植被也随着变化，表现出气候和植被的垂直变化特点，也是土壤类型形成垂直分布的原因。

5. 时间

土壤是在长时间气候作用、母质发生物理化学改变、生物作用等诸多因素作用下的复杂产物，随着时间的增长，这种综合作用效果也不断改变。在自然条件下，形成 2.54cm 厚的土壤所需要的时间在 300～1000 年，由此可见土壤的形成需要时间的积淀，也是来之不易的。因此，我们必须善于利用和珍爱每一寸土地，维护土壤环境。

6. 人类活动

当人类开始通过农耕来获取食物，土壤成为人类生存不可或缺的生产资料，人类活动对土壤产生了深刻的影响。现代社会的人类活动对土壤产生了相当大的破坏，滥垦滥伐、过度使用农药化肥、污染灌溉等，都加速了土壤的恶化，如肥力衰竭、土壤污染和沙漠化。人类活动作为一个影响土壤环境背景值的因素，与其他自然环境因素的影响截然不同，这主要是因为人类活动具有目的性和社会性。不同的社会制度和科学技术水平，对改变和改造土壤的发展方向和程度有很大的不同。人们只有在正确认识土壤及其发展规律的基础上，才能合理利用土壤和有效地培育、改良土壤，治理土壤污染。

（三）土壤环境背景值的应用

土壤环境背景值是指自然状况或相对不受到直接污染的土壤成分含量，因此，它就可以作为衡量该地土壤是否污染的参比标准；同时，土壤环境背景值与岩石、生物相应成分具有相关性，还可能是环境生态状况是否恶化的一种象征。根据土壤环境背景值水平，可以发现污染物，追踪污染源；分析土壤环境背景值，还可以发现一定区域的地方病因；对土壤环境背景值的定时监测更是预估环境污染发展速度和发展进程不可缺少的根据，以下是一些应用举例。

1. 土壤环境背景值是土壤污染质量评价的基础

测定当地的土壤环境背景值，将高于背景值范围的土壤判定为污染，是土壤污染质量评价的根据。将土壤环境背景值设定为一个具有代表性的平均范围值，用 X 表示，用 S 表示其标准差，X+3S 为当地土壤背景值的上限，该数值意味着 99% 的置信区域的可靠性。不过这种判定方法仅限于浓度分布的统计概念，与实际污染很可能不完全一致，因为污染是以生物的生理生态反应为指标的。

2. 土壤环境背景值与环境因素的相关性可以反映生态平衡状态

在非污染的生态系统中，岩石（土壤母质）、土壤与植物之间是紧密联系的，它们之间的相关性良好，土壤与植物的元素含量呈极显著正相关，则说明当地的生态环境良好。如果当地土壤环境受到污染，土壤和植物中的元素含量就会升高，而母岩收到的影响则很小，那么岩石与土壤中的污染物含量的相关性就会改变，甚至出现负相关性，这就意味着当地生态平衡已经被破坏，甚至处于失调状态。

3. 土壤环境背景值可作为污染途径追踪的依据

当发现土壤中的植物或动物受到了污染，或是某些成分异常时，不能够直接归咎于土壤污染。例如汞（Hg）在生物体中的浓度增高，很多情况下不一定是由于土壤汞浓度的影响。追踪的办法是首先掌握土壤汞的背景值，及其浓度分布与植物汞浓度的关系。有研究发现，植物体的汞浓度分布与其从土壤中吸收的汞在植株中的浓度分布规律不一致。来自土壤中的汞，其株体分布为根＞茎＞叶；而来自大气的汞，株体分布为叶＞茎＞根。有了土壤汞背景浓度及土壤汞与植物汞分布的相关性，再加上株体汞的分布状况分析，足以判断汞的污染来源与迁移渠道。

除汞之外，还有许多金属、挥发性化合物，都有可能通过空气传播迁移到农田与植株上，只有应用此法才能判断污染物的来源，从而正确研究对策措施。

二、土壤环境容量

土壤环境容量是针对土壤中的有害物质而言的。即，土壤的有害物质含量从土壤环境背景值起到达污染水平值之间的浓度范围就是土壤的环境容量。土壤环境容量是一个数量概念，一般将土壤允许容纳污染物质的最大数量，称为土壤环境容量。其计算公式如下：

$$Q = (CK - B) \times 2250$$

式中　Q——土壤环境容量（g/hm^2）；

　　　CK——土壤环境标准值（g/t）；

　　　B——区域土壤环境背景值（g/t）；

　　　2250——单位土地的表土计算质量（t/hm^2）。

从上式可见，在一定区域的土壤特性和环境条件下，B 的数值是一定的，而 Q 的大小取决于 CK 的大小，土壤环境标准值越大，土壤环境容量也越大，因此制定准确的区域性土壤环境标准也很重要。

（一）土壤环境容量研究程序和模型

想要在土壤环境容量研究过程中获得严谨的实验结果，就要严格按照科学的程序和方法来进行测定和计算。首先，要进行土壤基础性的研究工作，包括土壤环境背景值的调查和测定、物质平衡数据的测定和收集、测定和计算各种污染物的土壤临界值、研究土壤的净化作用。经过前期的资料收集建立数学模型，确定土壤环境容量。

研究土壤环境容量，构造数学模型是重要的研究方法，其中包括物质平衡线性模型和土壤系统结构模型。

（1）物质平衡线性模型。

物质平衡线性模型假定土壤污染物的输出量与土壤物之间呈线性相关，一定环境区域的污染物量的变化符合物质平衡方程，即：

当前污染物积累量＝之前污染物积累量＋输入量－输出量

经过逐年递推的方法，得到：

$$C_{st} = C_{s0} K^t + B K^t + QK \frac{1-K^t}{1-K} - Z \frac{K-K^t}{1-K}$$

式中 Q——污染物总输入量；

       K——污染物的残留量（常量）；

       C_{st}——t 时刻的土壤污染物含量；

       C_{s0}——土壤污染物初始值；

       B——土壤背景值；

       Z——常数。

物质平衡线性模型描述的是土壤中污染物的积累过程。

（2）土壤系统结构模型。

土壤系统结构模型是用图论工具建立的一类模型。构成土壤生态系统的组分较多，这些组分相互间关系复杂，因此采用此模型进行测算时，应根据研究目的、土壤类型、作物品种、污染物等少数几个因素来进行分析。常用的五种土壤因素有：土壤中的污染物含量（A）；农作物产量（B）；土壤中的微生物含量（C）；土壤中的动物数量（D）；土壤肥力（E）。

上述五种因素之间的关系如图 1-1 所示。

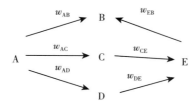

图 1-1　土壤生态系统结构模型

把图 1-1 中组分之间的影响作为弧，把影响程度作为权。这个权图响应模型记作 D_1，其基本的土壤系统结构模型的权阵如下（该模型的时间间隔以年为单位）：

$$D_1 = \begin{pmatrix} 0 & w_{AB} & w_{AC} & w_{AD} & 0 \\ 0 & 0 & 0 & 0 & 0 \\ 0 & 0 & 0 & 0 & w_{CE} \\ 0 & 0 & 0 & 0 & w_{DE} \\ 0 & w_{EB} & 0 & 0 & 0 \end{pmatrix}$$

（二）土壤环境容量的影响因素

土壤环境容量受诸多因素影响，主要包括：

①土壤类型，其中包括物理结构、有机质含量、矿物质含量、pH 等；

②化学元素和化合物的形态，包括其物理、化学性质；

③该地方的自然环境条件，如气候、植被、地形、水文水系等；

④土壤环境中的生物种类及其特征；

⑤人类活动对土壤环境的影响特点。

土壤的分布类型、理化性质以及生产力等特征，具有显著的区域性。不同地区的土壤，其形成的自然条件和社会历史条件均不相同，其土壤结构、腐殖质组成、质地、酸碱度、有机质含量等要素指标都不尽相同，这些都会直接影响土壤对不同化学成分的环境容量。对某种元素而言，也存在着环境容量的区域分异。如镉在酸性环境中的活性强，其容量大小依次为：草甸褐土＞草甸棕壤＞红壤性水稻土；砷在碱性环境中活性强，其容量大小依次为红壤性水稻土＞草甸棕壤＞草甸褐土，等等。通过对这些特征的研究，人类可以了解土壤环境背景值，并以此去评价土壤环境容量的大小。

（三）土壤环境容量的应用

1. 通过土壤环境容量制定工农业生产标准

全面评估环境的生态效应、化学效应、生物净化效应，以生态环境平衡为基础，经过基础测算制定土壤环境质量标准，为工业和农业的标准化生产提供参考，在促进工农业发展的同时，以期达到对环境保护的最优化。

2. 指导农业用水

农业的发展离不开水源灌溉，随着工业的发展，污水的排放灌溉一直是控制的环节，通过测定土壤环境容量制定出污水的排放标准和农田灌溉用水的水质标准，是科学灌溉、节约用水的重要措施。

3. 进行土壤环境质量评价及风险评估

土壤环境质量评价包括对土壤污染物当前状况的评价和对未来土壤的预测评价。例如，对土壤中重金属含量进行评价，即通过土壤环境容量的测算，可以获得重金属在土壤当中的临界值，以此为基准评价土壤中的重金属含量是否超标。

土壤环境容量是土壤污染物预测模型中的一项重要指标，通过实验和测算土壤中有害污染物的残留量，来预测土壤污染，是土壤污染防治和保护的重要途径。

4. 控制土壤污染物的总量

土壤环境容量的测算是以区域环境为基础的，充分表现了当地区域的环境质量和特征，是环境部门实时监测土壤状况，进行污染物总量控制的重要依据。通过对污染物总量的控制可以合理利用土壤的净化能力，有利于当地进行经济规划和污染治理。

第二章
污染土壤修复概述

土壤自身具有一定的自净能力，在土壤矿物质、有机质和土壤微生物作用下，进入土壤的重金属通过吸附、沉淀、配位和氧化还原等作用可转变为难溶性化合物，使其暂缓生物循环，减少了在食物链中的传递；有机污染物进入土壤后，经过化学、生物等降解作用使其活性降低，在一定条件下转变为无毒或低毒物质，重金属和有机污染物在上述过程中得到净化。污染物通过植物吸收、土壤固定或其他方式从土壤中消失或降低其生物有效性和毒性的过程称为土壤自净化。但是，土壤自净化能力和速率通常满足不了污染给环境造成的压力，于是，土壤污染治理和修复技术逐渐被重视。2016 年，我国就发布了《土壤污染防治行动计划》（简称"土十条"），由于修复资金紧缺，"土十条"提出"预防为主、保护优先、风险管控，分类管控"的思路，更加强调了风险防控技术。之后，土壤修复技术发展方向悄然发生变化。污染土壤修复工作的第一步就是要建立一套具有针对性的土壤质量标准，本章将结合国内外已有的土壤和地下水相关质量标准，探讨污染土壤修复目标值制订方案，为污染土壤修复工作提供参考。

第一节　土壤污染物的来源与检测

一、土壤污染物的来源

从生态学的概念出发，任何物质都可能成为有毒、有害物质，只要它的量超过了系统所能承受的量。人们通常根据不同物质的危害大小，将一些较小量即可导致严重危害的物质叫作有毒、有害或污染物质。大的环境概念是以人为主体的外界条件，土壤环境只是人类环境中的一部分，所以，其最终的主体生物也是人，所以，衡量土壤是否受到污染，也主要考察土壤为人类提供的服务功能有没有受到影响。土壤的化学组成极其复杂，而且不同土壤类型之间、同一土壤在不同地区之间土壤物质组成变化很大，因此土壤污染很难用化学组成的变动来衡量。要确定某种物质是否对土壤产生污染必须了解其毒性效应，以及其在土壤中的迁移、转化和富集等方面的特性。进入土壤中并影响土壤正常功能，改变土壤的成分、降低农作物的数量或质量，有害于人体健康的那些物质，即土壤污染物质。按污染物性质大致分为：有机污染物、重金属、放射性物质、垃圾等废弃物以及病原微生物等。事实上可引起土壤污染的物质远不止这些，下面就主要介绍受人为影响大的污染物来源。

（一）工业和城乡"三废"排放

在工业和城市的废水、废气和废渣中，含有多种污染物，其浓度一般较高，一旦进入农田，在短时间内即可危害土壤、作物。一般直接由工业"三废"引起的土壤污染仅限于工业区周围数千米、数十千米范围内。但工业"三废"往往会间接地引起大面积的土壤污染，如以废渣形式作为肥料施入农田，其污染的废水灌溉农田或排放的大气污染物经过干、湿沉降的方式降落到土壤中等多种形式污染土壤，在土壤中积累造成污染。

（二）农业农村污染源

农业生产为了获得高的产量需要向土壤中施用农药和化肥，为了农田管理的方便也常常施用除草剂、生长调节剂等，它们中间除了少部分被作物利用或被土壤生态系统分解，多数会残留在土壤中并不断地累积，再通过食物链富集后威胁人、畜健康。还有一些剧毒性的农药会导致土壤微生态条件的恶化，影响土壤的正常代谢。此外，各种化肥和有机肥的过量使用，尤其是长期单品种的施用也会引起土壤的结构和功能退化，如土壤结构破坏引起的板结、过量不平衡营养引起的盐渍化等，同时也使土壤随径流等流失的养分负荷潜力增加，对水体富营养构成威胁。此外，农用地膜和农业废弃物的利用也存在应用不合理导致的农膜污染和病原微生物污染等问题。

除了农业生产的污染源，现代新农村建设过程中，农村原本资源化利用的人粪尿、畜禽粪便等，在没有经过任何处理的情况下排入周边的河水，而河水在被用于灌溉的过程中就会把隐藏或滋生于污染水体中的污染物或病原生物带入土壤。

（三）生物污染源

生物污染源主要含有致病菌、病原微生物和寄生虫等物质，如生活污水、植物残茬、畜禽废弃物及屠宰废水、医院废水及固体废弃物、垃圾以及不洁的河（湖）水等。这些物质如果没有经过严格的无害化处理进入土壤，都可能造成病原的传播，并影响植物乃至人、畜的健康，甚至生命。

表 2-1 列出了主要的土壤污染物及其来源，实际上大气沉降、污水灌溉、工业固废的不当处置、矿业活动、农药、化肥生产和使用等都可能成为土壤污染的来源。

表 2-1　主要土壤污染物及其来源

项目		污染物种类	主要污染源
无机污染物	重金属	汞（Hg）	制碱、汞化物生产等工业废水、污泥，含汞农药、金属汞蒸气等
		镉（Cd）	冶金、电镀、染料等工业废水、污泥和废气，肥料杂质等
		铜（Cu）	冶金、电镀、铜制品生产废水、废渣和污泥，含铜农药等
		锌（Zn）	冶金、电镀、纺织等工业废水、废渣、污泥，含锌农药、磷肥等
		铬（Cr）	冶金、电镀、制革、印染等工业废水和污泥

（续）

项目	污染物种类		主要污染源
无机污染物	重金属	铅（Pb）	颜料、冶金等工业废水，汽油防爆燃烧排气，农药，汽车尾气等
		镍（Ni）	冶金、电镀、炼油、燃料等工业废水和污泥等
		砷（As）	硫酸、化肥、农药、医药、玻璃制造等工业废水和废气、冶炼等
		硒（Se）	电子、电器、油漆、墨水等工业的排放物，金属加工、燃煤、磷肥厂、炼铜矿
	放射性元素	铯（^{137}Cs）	原子能、核动力、同位素生产等工业废水、废渣，大气层核爆炸
		锶（^{90}Sr）	原子能、核动力、同位素生产等工业废水、废渣，大气层核爆炸
		氟（F）	岩石风化、钢铁、冶炼、制铝、磷酸和磷肥、氟硅酸钠、玻璃、陶瓷、化工和砖瓦等工业及燃煤过程的"三废"排放
		碘（I，^{129}I 和 ^{131}I）	岩石风化、干湿沉降（海水比陆地高）、植物的富集
	其他	盐、碱类	纸浆、纤维、化学等工业废水
		酸类	硫酸、盐酸、硝酸、石油化工、酸洗、电镀等工业废水，大气降雨等
有机污染物	有机农药		农药的施用
	酚类		炼焦、炼油、化肥、农药生产等的工业废水
	3，4-苯并［a］芘		石油、炼焦等工业废水、废气
	石油类		石油开采、炼制、运输
	洗涤剂		城市污水、机械加工、洗涤废水
	有害微生物		厩肥、城市化污水、污泥等

二、土壤污染物的检测

（一）场地土壤环境调查

1. 污染物识别调查方案设计的基本要求

污染物识别调查方案设计主要考虑资料收集与分析、现场勘探、人员访谈、结论分析等方法、要求以及注意事项。通过对上述环节涉及内容的全面考虑，在规范操作流程、节约管理成本基础上，全面翔实地对场地状况做出初步了解。

2. 水文地质调查方案设计的基本要求

水文地质调查方案涉及的内容应包含但不限于以下方面：自然地理概况（地理位置、地形地貌、水文、气象）、地质状况（地层、构造）和水文地质条件（区域水文地质条件、厂区水文地质条件）。

3. 现场环境调查方案设计的基本要求

（1）初步采样方案设计。

根据污染物识别阶段（第一阶段场地环境调查）的情况制订初步采样分析方案，其内容应包括核查已有信息、判断污染物的可能分布、制订采样方案、制订健康和安全防护计划、制订样品分析方案和确定质量保证和质量控制程序等。对已有信息进行核查，包括第一阶段场地环境调查中重要的环境信息，如土壤类型和地下水埋深；查阅污染物在土壤、地下水、地表水和场地周围环境可能的分布和迁移信息；查阅污染物排放和泄漏的信息。重点在于对上述信息来源的核查，以确保其真实性和适用性。判断污染物可能分布的工作重点是根据场地的具体情况、场地内外的污染源分布、水文地质条件以及污染物的迁移和转化等因素，判断场地污染物在土壤和地下水中的可能分布，为制订采样方案提供依据。

（2）详细采样方案设计。

在初步采样分析的基础上制订详细采样分析方案。详细采样分析方案主要包括评估初步采样分析工作计划和结果，制订采样方案，以及制订样品分析方案等。

（3）现场采样基本要求。

现场采样应准备的材料和设备包括：定位仪器、现场探测设备、调查信息记录装备、监测井的建井材料、土壤和地下水取样设备、样品的保存装置和安全防护装备等。采样前应采用 GPS 卫星定位仪准确定位。可用金属探测器或探地雷达等设备探测地下障碍物，确保采样位置避开地下电缆、管线、沟、槽等。采用水位仪测量地下水水位，采用油水界面仪探测地下非水相液体（NAPLs）。定性或半定量分析可采用便携式有机物快速测定仪、重金属快速测定仪、生物毒性测试等进行现场快速筛选；可采用直接贯入设备现场连续测试地层和污染物垂向分布情况，也可采用土壤气体现场检测手段和地球物理手段初步判断场地污染物及其分布，指导样品采集并监测点位布设。采用便携式设备现场测定地下水水温、pH、电导率、浊度和氧化还原电位等。

（4）数据评估和结果分析。

实验室检测分析优先考虑委托给有资质的实验室，样品分析方法首选国家标准和规范中规定的分析方法。对国内没有标准分析方法的项目，可以参照国外的方法。对于常规理化特征可以按照下列要求进行实验室分析：土壤样品分析包括土壤的常规理化特征，如土壤 pH、粒径分布、容重、孔隙度、有机质含量、渗透系数、阳离子交换量等的分析测试应按照《岩土工程勘察规范》（GB 50021—2017）执行；土壤样品关注污染物的分析测试应按照《土壤环境监测技术规范》（HJ/T 166—2004）中的方法执行；污染土壤的危险废物特征鉴别分析，应按照《危险废物鉴别标准》（GB 5085.7—2019）和《危险废物鉴别技术规范》（HJ/T 298—2019）中的方法执行；地下水样品、地表水样品、环境空气样品、残余废弃物样品的分析应分别按照《地下水环境监测技术规范》（HJ/T 164—2004）、《地表水和污水监测技术规范》（HJ/T 91—2002）、《环境空气质量手工监测技术规范》（HJ/T 194—2017）、《恶臭污染物排放标准》（GB 14554—1993）、《危险废物鉴别标准》（GB 5085.7—2019）中的方法执行。

（二）土壤中典型无机污染物的分析方法

分析土壤中的无机污染物，须先采集土壤样品。土壤样品的制备如前述，将采集的土壤样品（一般不少于 500g）风干，除去土样中的石子和动植物残体等异物，用木棒（或玛瑙棒）研压，通过 2mm 尼龙筛（除去 2mm 以上的砂砾），混匀。用四分法取出通过尼龙筛的土样约 100g，用玛瑙研钵研磨至全部通过 100 目（孔径 0.149mm）尼龙筛，混匀后备用。这里强调了"全部通过"，意为不可因制样的困难而有任何丢弃。测定样品精密度可用平行样控制，允许的最大相对偏差如表 2-2 所示；测定的准确度可用中国土壤标样（如 GSS 系列）进行控制，其测定范围一般控制在 X±1S 内，不超过 X±2S。

表 2 - 2　平行双样允许最大相对偏差的控制

元素质量范围/（mg/kg）	>100	>10~100	>1~10	0.1~1	<0.1
允许最大相对偏差/%	5	10	20	25	30

以下就五种无机污染物的分析方法为例进行简单的阐述。

1. 土壤中砷（As）的测定方法

土壤中砷的测定方法，常用的有氢化物原子吸收法、原子荧光光谱法及分光光度法等，从方法的灵敏度、准确度、精密度、抗干扰能力及适用性上来看，这几种方法均可采用，氢化物原子吸收法与原子荧光光谱法比分光光度法简便、快速。

2. 土壤中镉（Cd）的测定方法

镉（Cd）的测定方法有原子吸收分光光度法和比色法。原子吸收分光光度法具有灵敏度高、选择性好、操作简便、快速等特点，是测定土壤重金属元素的主要方法之一，根据含量的高低可分别采用火焰或无火焰的方法来进行测定；比色法干扰因素较多，操作较烦琐，目前已很少采用。

3. 土壤中铬（Cr）的测定方法

采用 HF - HClO$_4$ - HNO$_3$ 全分解的方法，破坏土壤的矿物晶格，使试样中的待测元素全部进入试液，并且在消解过程中，所有铬都被氧化成 $Cr_2O_7^{2-}$。然后，将消解液喷入富燃性空气——乙炔火焰中。在火焰的高温下，形成铬基态原子，并对铬空心阴极灯发射的特征谱线 357.9nm 产生选择性吸收，吸收强度与铬的含量成正比。选择最佳的测定条件，测定铬的吸收光度，将待测液中的铬吸光度和标准液的铬吸光度进行比较，即可得到样品中铬的浓度。

仪器方面，主要使用原子吸收分光光度计及石墨无火焰装置；铬空心阴极灯；仪器使用适宜条件可参照仪器使用说明书。主要试剂包括氢氟酸、浓硝酸、高氯酸、铬标准储备液。分析中使用的酸和标准物质均为符合国家标准或专业标准的优级纯试剂，其他为分析纯试剂和去离子水。

4. 土壤中汞（Hg）的测定方法

土壤中汞的测定方法较多，主要有冷原子吸收法、冷原子荧光法及原子荧光法等，均能满足土壤测定的要求。原子荧光法具有较高的灵敏度、较好的选择性、较小的干扰、较宽的线性范围和较快的分析速度等优点，得到广泛应用。

5. 土壤中硒（Se）的测定方法

常用的土壤中硒的测定方法有原子吸收分光光谱法、原子分光荧光法、分光光度法、催化极谱法、高效液相色谱法、中子活化法和原子荧光光谱法等。原子荧光光谱法具有设备简单、灵敏度高、光谱干扰少、工作曲线线性范围宽等优点。

（三）土壤中典型有机污染物的分析方法

有机氯农药、多氯联苯和多环芳烃属于持久性有机污染物（POPs），由于其亲脂性和生物难降解性，在环境中长期残留，威胁着人类健康，成为公众最为关注的全球性的污染物。土壤中有机污染常用的化学分析方法主要有气相色谱（GC）法、高效液相色谱（HPLC）法、气相色谱/质谱（GC/MS）法和液相色谱/质谱（LC/MS）法等。以下列举多氯联苯、多环芳烃等持久性有机污染物及磺胺类抗生素、黄酰脲类除草剂等的分析方法。其中土壤中多氯联苯的加速溶剂萃取——气相色谱法分析参考《含多氯联苯废物污染控制标准》（GB 13015—1991）；土壤中多环芳烃的气相色谱—质谱法分析参照美国《气相色谱质谱法分析半挥发性有机物》（EPA8270C—1996）；土壤中磺胺类抗生素和黄酰脲类除草剂分别采用高效液相色谱法和液相色谱-质谱联用法检测。方法中所涉及的仪器仅为示例，实际分析中可采用任何合适的仪器和装置。

1. 多氯联苯的气相色谱分析

（1）索氏提取——气相色谱法测定土壤中的多氯联苯。

由于物质在气相中传递速度快、待测组分汽化后在色谱柱中与固定相多次相互作用，并在流动相和固定相中反复进行多次分配，使分配系数本来只有微小差别的组分得到很好的分离。土壤中的多氯联苯经索氏提取、净化后用双柱—双电子捕获检测器（ECD）气相色谱测定，以保留时间定性，用峰高或峰面积外标法定量。

（2）加速溶剂萃取——气相色谱法测定土壤中的多氯联苯。

土壤样品中的多氯联苯，使用有机溶剂在高温（100℃）和高压（1500～2000psi）条件下快速提取，达到与索氏提取相对等的回收率，但使用的溶剂和时间要明显少于索氏提取。提取的多氯联苯，用气相色谱仪带电子捕获检测器（ECD）检测，根据色谱峰的保留时间定性，外标法定量。

2. 气相色谱—质谱联用测定土壤样品中的多环芳烃

土壤样品与无水硫酸钠混合，在索氏提取器中用二氯甲烷/正己烷（1：1，V/V）混合液提取，用环己烷萃取提取液，再用硅胶柱净化后，利用气相色谱-质谱联用仪分析，根据选择离子丰度比和保留时间定性，内标法定量。

3. 高效液相色谱测定土壤中的磺胺类抗生素

土壤中磺胺类抗生素采用甲醇（EDTA-Mcllvaine）缓冲液提取，由于提取液中含有较多腐殖质的杂质，采用 LC-SAX 和 LC-18 串联固相萃取小柱净化富集；用高效液相色谱仪，以乙腈和 $0.01mol/L$ 的 H_3PO_4 作为流动相，于 270nm 波长处对样品进行检测。

第二节　土壤污染的危害与预防

一、土壤污染的危害

根据污染物对土壤功能的影响，土壤污染的危害大致可以分成对土壤微生物的影响（包括对土壤酶系统及各种生物代谢过程的影响）、对土壤结构的影响以及对土壤理化性质的改变等，不同的污染物所产生的危害也不同。如果长期给土壤施用酸性肥料（NH_4NO_3），会引起土壤酸化。施用碱性肥料（K_2CO_3、氨水）及粉尘（水泥）长期散落在土壤中，又可引起土壤的碱化。土壤中的有害物质直接影响植物的生长。土壤中如有较浓的砷（As）残留物存在时，会阻止树木生长，使树木提早落叶，果实萎缩、减产。土壤中如有过量的铜（Cu）和锌（Zn），能严重地抑制植物的生长和发育。土壤污染物被植物吸收后，通过食物链危害人体健康。如日本的骨痛病就是镉（Cd）污染土壤，并通过水稻，引起人的镉中毒事件。

以下分别就土壤中重金属、农药、放射性物质、氮磷等污染危害进行阐述。

（一）重金属的污染危害

土壤受到重金属的污染时一方面可以表现出一些对土壤生态系统的直接危害，如对土壤动物的毒杀作用和对微生物区系、结构和功能的改变，导致土壤生产力的下降；另一方面可导致一系列的间接危害，如通过植物的富集作用，使农产品重金属含量超标，危及人畜健康。所以重金属污染的危害是多方面的，不同的重金属元素，由于其性质的差异表现出的毒性效应也不同。

1. 重金属对土壤肥力的影响

重金属在土壤中大量累积必然导致土壤性质发生变化，从而影响到土壤营养元素的供应和肥力特性。被称为植物生长发育必需三要素的氮（N）、磷（P）、钾（K），在土壤被重金属污染的条件下，土壤有机氮的矿化、磷的吸附、钾的形态都会受到一定程度影响，最终将影响土壤中氮、磷、钾的保持与供应。

重金属污染对土壤中氮的影响，主要表现在对土壤矿化势和矿化速率常数的影响。当土壤被重金属污染后，土壤氮的矿化势会明显降低，使土壤供氮能力也相应下降。对土壤中磷的影响，主要表现在外源重金属进入土壤后，可导致土壤对磷的吸持固定作用增强，使土壤中磷的有效性下降。不同的重金属对土壤磷吸附量的影响不同，一般多个重金属元素复合污染条件下影响的强度大于单个重金属元素。

2. 重金属对植物的危害

重金属对植物造成危害时，可能会影响植物的养分吸收和利用，引起养分缺乏，如缺铁的黄白化症状，或由于重金属在植物体内积累，打乱体内代谢，使细胞生长发育停止，造成障碍，或使根的伸长受阻引起地上部出现褐斑等。重金属对植物的毒害作用因作物种类、环境条件而不同，但就其毒性的强弱，大致有以下顺序：砷（As）＞硼（B）＞镍（Ni）＞钴（Co）＞铬（Cr）＞锌（Zn）＞铅（Pb）＞锰（Mn），常见金属元素对植物产生危害的浓度如表2-3所示。进入土壤的重金属可以溶解于土壤溶液中、吸附于胶体的表面或闭蓄于土壤矿物之内，也可以与土壤中其他化合物产生沉淀，这些都影响到植物对它们的吸收与积累。土壤重金属浓度较高时，只有少量耐性物种可以定居；当浓度过高时，植物难以定居和生长。

表 2-3　常见金属元素对植物产生危害的浓度

项目	形态	作物	有害浓度/（mg/kg）
铜（Cu）	硫酸铜（$CuSO_4$）	水稻	6.0
锌（Zn）	硫酸锌（$ZnSO_4$）	水稻	1.0
铅（Pb）	—	燕麦	25.0

（续）

项目	形态	作物	有害浓度/（mg/kg）
镉（Cd）	氯化镉（$CdCl_2$）	水稻	1.0
钴（Co）	氯化钴（$CoCl_2$）	水稻	6.0
镍（Ni）	氯化镍（$NiCl_2$）	水稻	1.0
铬（Cr）	氯化铬（$CrCl_3$）	水稻	1.0
镁（Mg）	—	玉米、豆类	1.0
铬酸	钠盐	水稻	1.0
亚砷酸	钠盐	水稻	1.0
砷酸	钠盐	水稻	1.0

3. 重金属对土壤微生物和酶的影响

（1）重金属对微生物的影响。

土壤微生物是土壤生态系统中极其重要的生命组分，它在土壤生态系统物质循环与养分转化过程中起着十分重要的作用。重金属的污染，会给土壤微生物产生较大的影响，包括微生物的群落结构、种群增长特征，以及生理生化和遗传等方面。土壤微生物包括细菌、真菌、放线菌等，它们以各种有机质为能源，进行分解、聚合、转化等复杂的生化反应，一般土壤肥力越高，有机质含量越多，微生物数量越多，活性也越强。大多数重金属在低浓度下，会对微生物的生长产生刺激作用，而在高浓度下则抑制微生物的生长，因而，不同浓度范围的重金属对土壤微生物数量增长的影响是不同的。不同类群微生物对重金属污染的敏感性也不同，其敏感性大小通常是放线菌＞细菌＞真菌。

（2）重金属对土壤酶活性的影响。

土壤酶与土壤微生物密切相关，土壤中的许多酶是由微生物分泌，并且和微生物一起参与土壤中物质和能量的循环。土壤中酶的种类很多，常见的有脲酶、磷酸酶、多酚氧化酶、水解酶和磷酸单酯酶等，土壤中酶的活性可作为判断土壤生化过程的强度及评价土壤肥力的指标，也有用的土壤酶活性作为确定土壤中重金属和其他有毒元素最大允许浓度的重要判据。

4. 重金属对人类健康的影响

重金属污染土壤的最终后果是影响人、畜健康，土壤重金属污染往往是逐渐累积的，具有隐蔽性，一旦发现污染危害时，往往已经达到相当严重的程度，治理很难。重金属对人类健康的危害，最突出的两个事例就是被列入"八大公害事件"的日本"水俣病"和"骨痛病"，前者是由于汞的污染造成的，后者则是由于镉的污染引起的。

通常生长在重金属污染越重的土壤中的作物，可食部分的重金属含量也越高，如果其通过食物链经消化道进入人体，或人体暴露于重金属污染土壤的扬尘环境，重金属经呼吸道进入人体等，都将对人体的健康造成直接或间接的影响。

砷（As）、汞（Hg）、镉（Cd）、铅（Pb）等重金属可引起神经系统的病变。砷是人们熟知的剧毒物，As_2O_3即砒霜，是常用的毒杀性药剂，对人体有很大毒性。汞的毒性很强，在人体中蓄积于肾、肝、脑中，毒害神经，从而出现手足麻木、神经紊乱、多汗、易怒、头痛等症状。有机汞化合物的毒性超过无机汞，"八大公害事件"之一的日本"水俣病"就是由无机汞转化为有机汞，经食物链进入人体而引起的。镉属于易蓄积性元素，引起慢性中毒的潜伏期可达 10～30 年之久。镉中毒除引起肾功能障碍，长期摄入还可引起"骨痛病"。贫血是慢性镉中毒的常见症状，此外镉还可能造成高血压、肺气肿等，并发现有致突变、致癌和致畸的作用。铅中毒除引起神经病变，还能引起血液、造血、消化、心血管和泌尿系统病变。侵入体内的铅还能随血流进脑组织，损伤小脑和大脑皮质细胞。儿童比成人对铅更敏感，铅会影响儿童的智力发育和行为。

铬（Cr）、铜（Cu）、锌（Zn）是人体必需的元素，铬是人体内分泌腺组成的成分之一，三价铬协助胰岛素发挥生物作用，为糖和胆固醇代谢所必需。人体缺乏铬会导致糖、脂肪或蛋白质代谢系统的紊乱。铜、锌参与人体很多酶的合成、核酸和蛋白质的代谢过程，缺乏会引起疾病。但铬、铜和锌过多时也会引发中毒症状，导致疾病。例如铬污染导致消化系统紊乱、呼吸道疾病等，可引起溃疡，在动物体内蓄积而致癌；过量的铜会引起人体溶血、肝胆损害等疾病；过量的锌进入人体也会造成疾病，表现为腹痛、呕吐、厌食、倦怠，及引发一些疾病，如贫血、高血压、冠心病、动脉粥样硬化等。

（二）农药对土壤的污染危害

农药在田间施用后，有相当一部分直接进入土壤，这就是造成土壤污染的主要原因。使用浸种、拌种、毒谷等施药方式，更是将农药直接撒至土壤中，造成污染的程度更大。同时，附着在作物上的农药，会因风吹雨淋落入土壤中。此外，被污染植物残体分解、农药生产加工企业排放废气的干湿沉降及废水（渣）向土壤的直接排放、农药运输过程中的事故泄漏等，均会造成对土壤的污染。

1. 农药对地下水的危害

被农药污染的土壤，其污染物会随着降雨淋溶进入土壤深层，甚至进入地下水体，造成对地下水的污染。土壤虽然通过吸附、吸收、分解等过程具有使农药等污染物质保留在土壤中或降解为无毒害物质的能力，但这种能力是有限的，也就是说土壤对农药吸持有一定的容量，而不同的土壤，由于其性质不同，容量差异也很大。当一些水溶性强的农药施于砂性土壤中时，就容易被淋溶至下层甚至地下水体，产生危险。土壤淋溶有两种方式，一种是农药随水通过均匀的土壤介质向下移动，另一种是农药随水通过土壤裂隙或植物根及蚯蚓洞道等大孔隙向土壤下层移动。一般前者移动速度慢且量小，而后者大多出现在大雨或漫灌式浇灌时，特别是在刚刚施药后，易于将大量的农药快速带到不易降解的下层土壤。农药的淋溶已成为评价农药环境特性的一项重要指标，大量的室内、田间模拟试验是获取农药登记必备数据的重要途径。

2. 土壤农药污染对植物的影响

在防治植物病虫害的有机农药投入使用后不久，一些研究人员就开始注意这些药效很高但对非目标生物具有潜在危险的化学农药的影响。许多研究结果表明，六六六及其他有关的氯化烃类杀虫剂易于被作物吸收，原因可能是其较高的水溶性所致。六六六至少由 5 种异构体组成，其中 γ-异构体林丹是最强的杀虫剂，可被土壤吸收，并转移到植物的各个部位，它既可使害虫致死，也可能导致某些植物的损害。早期的研究表明，通过土壤对植物造成伤害的 DDT 的洒布量，对于块根作物来说为 0～5mg/kg，对于大田作物的叶子来说为 0～10mg/kg。早期人们把这两个范围较高限度的值作为土壤污染的判断依据。杀虫剂、熏蒸剂、杀菌剂以及除草剂等在植物体内的积累，会对食用它们的人、畜健康产生潜在的风险。植物内或植物上的农药浓度往往取决于土壤的污染浓度，但也与植物品种与种类密切相关，所以必须注意农药的土壤污染问题。

3. 农药对土壤微生物的影响

农药对微生物的影响很复杂，文献所获得的结果和结论也有许多差异，甚至在应用同一种化合物和技术时也是这样。不过，大量的试验结果表明，过量的使用多数农药包括除草剂和杀虫剂等可以杀死土壤微生物或抑制它们的活动。假定农药与土壤均匀混合至 15cm 深度，当按推荐标准使用时，这些化学药品很少达到超过 2mg/kg 或 3mg/kg 的土壤浓度。然而在田间，这些化学药品通常被喷洒在叶上，至少在最初不是均匀分配到整个耕层，而是集中在接近土壤表面的地方。因此，土壤中农药的浓度空间变化很大，有些地方农药浓度可以达到 100mg/kg 或者更高，这与农药的溶解度、土壤水分含量和吸附的程度等有关。所以，常常会导致局部农药的超量，而对土壤微生物产生致命的伤害。

土壤杀菌剂和熏蒸剂会引起微生物学平衡最剧烈的改变，这与除草剂和杀虫剂的影响不同，这些杀菌剂和熏蒸剂通常是人为施用以定向控制有害微生物的抗微生物剂，它们对土壤中的植物病原体，主要是真菌和寄生线虫表现出不同程度的专一性，而对另一些微生物影响很小或没有影响，甚至其本身就是一类微生物，靠很高的数量抑制有害微生物。然而，它们的作用很少是限于病原体的。其总的影响是局部的杀菌作用，引起土壤微生物群落在数量上和质量上显著的变化，并且可能需要几个月或者甚至几年的时间重建新的平衡或最高密度。在这个过程中，有益的微生物可能不幸地被长期伤害。大量资料表明，农药对土壤微生物群落有着剧烈的影响，某些化学药品在土壤中的持久性也表明了对微生物新陈代谢各方面的累积影响。农药对土壤微生物的影响取决于农药的浓度或剂量，剂量是浓度和暴露时间累积的结果。

4. 农药对土壤动物的影响

土壤的无脊椎动物区系包括在土壤中或土壤上度过一生的动物（如蚯蚓、跃尾虫、蛾类和线虫等）及成虫阶段带翅的其他动物（如双翅或鞘翅类动物幼体）。其数量随地区、植被和土类而变化，并与土壤的肥力质量有很大关系，在含有大量有机质的未耕作的土壤中数目最多。其中有些是有害的，如线虫等；有些是有益的，如蚯蚓等。大多数无脊椎动物生活在距土壤表层 7cm 以下处，也有一些（如综合纲和一些种的蚯蚓）主要穴居在距土表 30cm 以下的地方。

大多数土壤中都有大量的线虫，其中包括动植物的寄生虫以及许多自由生活种。它们是危害植物的害虫，所以常常要施洒农药来防治，但它们很难在土壤中被杀死。据报道，有机氯杀虫剂可使线虫群体数减少，但施用的剂量要么非常大，要么效力就非常低。

蚯蚓是对土壤结构与肥力的增强与保持极为重要的动物，虽然按常量施用的杀虫剂对蚯蚓的毒性并不大，但由于施用的剂量和试验方法不同，杀虫剂对蚯蚓的毒性效应也有很大的不同。艾氏剂、六六六、DDT、狄氏剂等农药对蚯蚓数量的影响不大或者没有影响，能杀死蚯蚓的有机磷农药也不多，但 O，O-二乙基-O-（-甲基亚磺酰基）苯基硫代磷酸酯（丰索磷）和甲拌磷等对蚯蚓的毒性很强，毒虫畏、乙拌磷和硫磷等也对蚯蚓有一定的毒性。杀线虫剂如三氯硝基甲烷（氯化苦）、棉隆、滴滴混剂、威百亩在野外试验中对蚯蚓的毒性都很大。

由于土壤动物有些是捕食性的，当捕食者而不是捕食对象被杀死后，捕食对象会大量增加，这是生态学的普遍现象。多数捕食性动物的种群恢复速度比被捕食者慢，而且更容易被毒杀。因此，大量农药的使用会破坏土壤生态系统的稳定。

昆虫对许多土壤杀虫剂都敏感。如向土壤施撒的防治飞蝇的农药虽能有效控制它们在空中停留的阶段，但一旦农药的致死残留量消失，它们很快就能重新定殖。甲虫的成虫和幼虫也有可能是害虫，也能受到土壤施撒的杀虫剂的影响。有些益虫如步行虫亚纲和隐翅虫纲是极为活跃的昆虫，极易摄入致死量的农药。

土壤无脊椎动物是许多哺乳动物和鸟类的主要食物来源。无脊椎动物生活媒介（如土壤）中的农药先进入其身体组织，又从无脊椎动物的身体组织中进入其捕食者体内。因此无脊椎动物体内的有毒化学农药可以伤害较高级食物链上的动物。

5. 土壤农药污染对人体健康的影响

土壤农药污染对人体的危害主要表现在，通过农产品的农药残留、富集等进入人体的消化道，或通过土壤粉尘、颗粒物的形式进入人体的呼吸系统，导致人体的健康受到影响。多数农药污染的土壤中种植的农产品都存在农药残留超标的风险，使农产品的质量存在重大的安全隐患。如有机磷农药中毒后的症状表现为恶心、呕吐、多汗、瞳孔缩小、肺水肿、烦躁不安、头痛、肌肉挛缩、大小便失禁等。农药对人类慢性毒性的研究主要集中于"三致"作用，即致癌、致畸、致突变，以及慢性神经系统失调、内分泌紊乱、影响儿童大小脑发育等方面。已证明，苯氧除草剂和相关化合物，砷化物，有机氯农药，是潜在性的致癌剂。

（三）土壤的放射性污染危害

放射性元素的天然矿物原料或提取出来的化合物或单质金属，都有放射现象。放射性污染是指由于人类活动造成物料、人体、场所、环境介质表面或者内部出现超过国家标准的放射性物质或者射线。土壤的放射性污染也就是土壤的核污染，它是辐射污染的一部分，属于电离辐射污染。核设施和核技术应用中的核泄漏、核爆炸以及伴生放射性矿物的开采等都可能导致周边土壤的核污染。如日本特大地震中导致的核电站爆炸，使附近的土壤很长一段时间处于严重的核污染状态，这种土壤上种植出来的蔬菜辐射水平都超过安全标准很多倍，对人畜健康构成极大的危险。

人类生活环境实际上每时每刻都在接受着各种天然放射线的照射，它们来自宇宙射线或存在于土壤、岩石、水和大气中的放射性核素，这些由自然因素构成的放射性（或辐射）剂量称为天然本底值。但随着核试验、核工业的迅速发展、放射性核素的广泛应用，排放到土壤中有放射性的废水、废渣等日益增多，从而构成了土壤的放射性污染。土壤放射性污染是指人类活动排放出的放射性污染物，使土壤放射性水平高于天然本底值或超过国家规定的标准，与其他污染一样给人类生存带来了严重威胁。

（四）土壤的氮磷等营养污染危害

氮磷等营养物质是土壤肥力的重要组成因素，通常土壤的氮磷水平会随着农业生产的过程而降低，所以需要施肥予以补充。但随着施肥水平的不断增加，土壤的氮、磷等营养水平从原来的亏缺状态逐渐达到盈余和不断累积的状态，营养的过剩会给其他环境因素构成严重的威胁。

不合理的施用氮肥导致农产品质量下降。人体摄入的硝酸盐有 80% 以上来自所吃的蔬菜，过量的硝酸盐摄入会导致高铁血蛋白症，婴幼儿对此更敏感。硝酸盐在人体中也可以还原成亚硝酸盐，形成致癌物质亚硝胺等，威胁人的健康。

营养物质的过量还会造成土壤的盐渍化，对作物的生产产生危害。还可能引起作物的生长过旺，而影响正常的生殖生长，如小麦的贪青晚熟，会对小麦产量和品质造成影响。

硝酸盐本身对人体没有直接危害，但在人体内经硝酸还原菌作用后被还原为亚硝酸盐。亚硝酸盐可将血红蛋白中的二价铁转化为三价铁，在这种情况下生成的红细胞变性，血红蛋白不再有携带氧的能力，同时硝酸盐还可以与血红蛋白产生不可逆反应，形成硝基血红蛋白，这种物质同样不具备携带氧的能力，使人出现窒息现象。硝酸盐对人体的危害还体现在进入人体后在胃内转化的亚硝酸盐可与机体内的胺或酰胺形成亚硝基化合物如亚硝胺等，这种物质具有致癌、致畸变的特性，为强致癌物。

总之，土壤受到污染会导致一系列的生态环境后果，对植物、动物和微生物乃至人畜健康都会产生直接或间接的影响，必须引起足够的重视，尤其是重金属和持久性有机污染物的污染，修复的难度和代价是相当大的。

二、土壤污染的现状

2005—2013 年，我国开展了第一次全国土壤污染状况调查。根据 2014 年环保部和国土资源部联合发布的《全国土壤污染状况调查公报》公布的结果来看，我国的土壤环境状况整体形势较为严峻，尤其是土壤重金属污染较为严重，在一些废弃工矿周边的土壤重金属污染问题尤为突出。在全国 16.1% 的土壤总点位超标率中，轻微、轻度及中度以上污染点位比例分别为 11.2%、23.0%、26.0%。

2014 年 4 月 17 日，环境保护部和国土资源部发布的《全国土壤污染状况调查公报》认为，全国土壤环境状况总体不容乐观，部分地区土壤污染严重，耕地土壤环境质量堪忧，工矿业废弃地土壤环境问题突出。工矿业、农业等人为活动以及土壤环境背景值高是造成土壤污染或超标的主要原因。耕地土壤点位超标率为 19.4%，其中轻微、轻度、中度和重度污染点位比例分别为 13.7%、2.8%、1.8% 和 1.1%，主要污染物为镉（Cd）、铜（Cu）、砷（As）、汞（Hg）、铅（Pb）、DDT 和多环芳烃。这是从 2005 年 4 月至 2013 年 12 月近 9 年时间首次全国土壤污染状况调查样点真实而表观的反映。

三、土壤污染的预防

（一）土壤污染源和污染途径的监控

监控土壤污染源和污染途径是避免土壤污染最有效、最切实可行的方法。

1. 查明污染源及污染途径

全面调查、研究本地区土壤的各种污染源和污染途径，并在此基础上制订控制污染的最佳方案。一般情况下，土壤污染主要来自灌溉水、固体废弃物的农业利用以及大气沉降物，因此，改进水质和大气质量，坚持贯彻农田灌溉水质标准、农用污泥污染物控制标准和其他环境标准，并设立防治土壤污染的法规和监督体制等是防治土壤污染最重要的措施，这些对策可在一定程度上控制排入土壤的污染物。但是在拟定环境标准时，应考虑到土壤污染的特点。

2. 控制和消除土壤污染源

为了控制和消除土壤环境的污染，首先要控制和消除土壤污染源，加强对工业"三废"的治理，合理施用化肥和农药等农用物资，才能达到解决土壤环境污染问题的目的。具体地说，应该全面实施控制土壤环境污染的各项措施。

（1）促进土壤污染防治各种法规、准则和标准的制定与修改。

（2）建立土壤环境污染、土壤质量变化监测与预警系统，制定土壤污染预防规划，识别、确定污染控制的具体区域。

（3）加强对农药的生产、销售和施用的管理和监控。

淘汰高毒高残留农药，发展高效低残留农药和生物防治技术，发展低毒、低残留农药和生物防治措施是解决农药对作物和土壤污染最根本的途径。严格加强农药的管理和监测，合理施用农药，减少用药量，降低对土壤和农产品的污染，提高防治效果。开展综合治理，以预防为主，加强农业防治，同时开展病虫害早期预测预报和采用非化学方法防治，如及早摘除病叶、病果，采用灯光诱蛾等。

（4）合理施用化肥。

由于化肥生产的原料和生产过程常混入各种微量环境污染物，且长期施用可能在土壤中累积，因此必须加强化肥中污染物质的监测检查。根据土壤情况和作物需要，氮、磷、钾平衡施用，同时配施某些微量元素肥料，这样有利于提高施肥效益，减少施肥量；采用合理的施肥量和施肥方法，发展缓效肥料，使用硝化抑制剂、脲酶抑制剂；尽量采用有机肥源，适量配施无机肥料。

（5）提倡节约用膜。

及时回收和重复使用农用薄膜，特别注意日常生活塑料袋的重复使用和妥善回收。减少有毒塑料薄膜的生产和使用，尽量用分子质量小、生物毒性低、相对易降解的增塑剂，如酞酸酯类，以降低其对农业环境的影响。

（6）严格控制和消除工业和生活"三废"的排放，控制污染物排放的数量和浓度。

严格执行农田灌溉水质标准、农用污泥污染物控制标准和其他与农业环境有关的环境标准。2005年，为贯彻执行《中华人民共和国环境保护法》防治土壤、地下水和农产品污染，保障人体健康，维护生态环境，促进经济发展，特对《农田灌溉水质标准》（GB 5084—1992）进行了修订，替代为《农田灌溉水质标准》（GB 5084—2005）。农田灌溉用水水质应符合表2-4、表2-5的规定。该标准适用于全国以地面水、地下水和处理后的城市污水及与城市污水水质相近的工业废水作水源的农田灌溉用水，该标准不适用于医药、生物制品、化学试剂、农药、石油炼制、焦化和有机化工处理后的废水进行灌溉。

表2-4 农田灌溉用水水质基本控制项目标准值

序号	项目类别		作物种类		
			水作	旱作	蔬菜
1	五日生化需氧量/（mg/L）	≤	60	100	40[a], 15[b]
2	化学需氧量/（mg/L）	≤	150	200	100[a], 60[b]
3	悬浮物/（mg/L）	≤	80	100	60[b], 15[b]
4	阴离子表明活性剂/（mg/L）	≤	5	8	5
5	水温/℃	≤		35	
6	pH	≤		5.5～8.5	
7	全盐量/（mg/L）	≤		1 000[c]（非盐碱土地区），2 000[c]（盐碱土地区）	
8	氯化物/（mg/L）	≤		350	
9	硫化物/（mg/L）	≤		1	
10	总汞/（mg/L）	≤		0.001	
11	镉/（mg/L）	≤		0.01	
12	总砷/（mg/L）	≤	0.05	0.1	0.05
13	铬（六价）/（mg/L）	≤		0.1	
14	铅/（mg/L）	≤		0.2	
15	粪大肠菌群数/（个/100mL）	≤	4 000	4 000	2 000[a], 1 000[b]
16	蛔虫卵数/（个/L）	≤		2	2[a], 1[b]

a. 加工、烹调及去皮蔬菜。
b. 生食类蔬菜、瓜类和草木水果。
c. 具有一定的水利灌排设施，能保证一定的排水和地下水径流条件的地区，或有一定淡水资源能满足冲洗土体中盐分的地区，农田灌溉水质全盐量指标可以适当放宽。

表2-5 农田灌溉用水水质选择性控制项目标准值

序号	项目类别		作物种类		
			水作	旱作	蔬菜
1	铜/（mg/L）	≤	0.5	1	
2	锌/（mg/L）	≤		2	
3	硒/（mg/L）	≤		0.02	

（续）

序号	项目类别		作物种类		
			水作	旱作	蔬菜
4	氟化物/（mg/L）	≤	2（一般地区），3（高氟区）		
5	氰化物/（mg/L）	≤	0.5		
6	石油类/（mg/L）	≤	5	10	1
7	挥发酚/（mg/L）	≤	1		
8	苯/（mg/L）	≤	2.5		
9	三氯乙醛/（mg/L）	≤	1	0.5	0.5
10	丙烯醛/（mg/L）	≤	0.5		
11	硼/（mg/L）	≤	1[a]，2[b]，3[c]		

a. 对硼敏感作物，如黄瓜（*Cucumis sativus*）、豆类、马铃薯（*Solanum tuberosum*）、笋瓜（*Cucurbita maxima*）、韭菜（*Allium tuberosum*）、洋葱（*Allium cepa*）、柑橘（*Citrus reticulata*）等。

b. 对硼耐受性较强的作物，如小麦、玉米（玉蜀黍，*Zea mays*）、青椒、小白菜、葱（*Allium fistulosum*）等。

c. 对硼耐受性强的作物，如水稻、萝卜（*Raphanus sativus*）、油菜（*Brassica campestris*）、甘蓝（*Brassica oleracea*）等。

控制进入土壤中各种污染物的数量和速度，通过其自然净化，而不致引起土壤污染，这对控制和消除土壤污染具有重要意义。

3. 建立土壤环境质量监测网络系统

在不同的土壤生态类型区，进行土壤环境参数的时空动态监测，包括污染物的含量、输入、输出以及迁移消长的变化规律、土壤动植物产量和生物学质量，逐步做到建立每一块土地的田间档案，并保证监测数据的标准化和共享。

（二）土壤污染与防治的立法

当前，我国缺少土壤污染防治的专门法规，尚未形成有效的土壤污染防治体系和管理机制。从《中华人民共和国环境保护法》《中华人民共和国土地管理法》到《中华人民共和国水污染防治法》《中华人民共和国大气污染防治法》《中华人民共和国固体废物污染环境防治法》，从国务院的有关行政法规到地方性法规和部门规章，对土壤污染的防治均有所涉及。这些法律、行政法规、地方性法规和部门规章大体上从3个方面对土壤污染防治做了一些规定：①从农业环境保护方面做规定，主要是防止因使用化肥、农药以及污水灌溉而对土壤造成污染；②从防治"三废"污染方面做规定，主要是防治因排放污水、废水、废气以及不合理地处理、处置固体废弃物而对土壤造成污染；③从保护受特殊保护的自然区域、人文遗迹的角度做规定。但是，这些法律规章的基本作用是在保护这些特殊区域环境的同时，附带地保护这些区域的土壤，使其免遭人类活动可能带来的污染。

值得注意的是，2016年5月，我国实施了《土壤污染防治行动计划》，对于防治土壤污染的工作起到极大的规范作用。

第三节　土壤污染物的迁移与转化

一、土壤污染物的迁移方式

污染物在环境中的迁移有三种基本方式：机械迁移、物理—化学迁移和生物迁移。污染物在环境中的迁移受到两方面因素的制约，一方面是污染物自身的物理化学性质，另一方面是外界环境的物理化学条件，其中包括区域自然地理条件。

（一）机械迁移

根据机械搬运营力，机械迁移可分为以下几种。

1. 大气对污染物的机械迁移作用

大气对污染物的机械迁移作用主要是通过污染物的自由扩散和气体对流的搬运携带实现，主要受地形地貌、气候条件、污染物的排放量和排放高度等因素的影响。

2. 水对污染物的机械迁移作用

水是污染物的重要载体，污染物在水中也会发生机械迁移。污染物在水中的迁移作用与在大气中相似，主要包括污染物的自由扩散作用和水流的搬运作用。

污染物在水中的自由扩散作用主要取决于污染物的浓度，浓度越大，其扩散推动力越大，扩散范围越广，对水域的污染越严重。水流对污染物的搬运作用是污染物在水中机械迁移的重要方式。例如，降水可以将污染物从大气转移到地面、江、河、湖泊、海洋，甚至进入地下水。

水对污染物的机械迁移作用除了受水文、气候影响外，还受到污染物的排放浓度、污染源的距离等因素的影响。

3. 重力的机械迁移作用

污染物的重力迁移作用是指污染物及其载体借助重力的作用发生移动的过程。重力机械迁移是污染物的重要迁移形式。

（二）物理-化学迁移

污染物很少会在环境中进行单纯的机械迁移，大多数情况下通过一系列物理化学过程发生迁移。污染物进入土壤与地下水环境后的传质迁移主要是一系列物理过程。根据基本原理大致可分为气固传质过程、液固传质过程、气液传质过程、液液传质过程。其中污染物在气固及液固两相间的传质迁移过程，主要是通过气相或液相中的污染物与土壤介质间的吸附与解吸作用。土壤介质特别是土壤胶体颗粒具有巨大的表面能，能够借助分子引力把周围气相和液相中的一些污染物质吸附在表面上，这一过程称为吸附；反之污染物从土壤介质脱离的过程称为解吸；污染物在气液和液液两相间的传质迁移过程主要通过挥发和溶解的形式。当污染物进入土壤与地下水系统后，通过挥发、溶解、吸附等作用分配到地下环境气相、液相和土壤固相中。

对无机污染物而言，以简单的离子、络离子或可溶性分子在环境中通过一系列物理化学作用,如溶解-沉淀作用、氧化-还原作用、水解作用、络合和螯合作用、吸附-解吸作用等实现迁移。对有机污染物而言,除上述作用外,还通过化学分解、光化学分解和生物化学分解等作用实现迁移。物理-化学迁移又可分为:水迁移作用,即发生在水体中的物理-化学迁移;气迁移作用,即发生在大气中的物理-化学迁移。物理-化学迁移是污染物在环境中迁移的最重要形式,这种迁移的结果决定了污染物在环境中的存在形式、富集状态和潜在危害程度。

(三)生物迁移

生物迁移是指污染物通过生物体的吸收、代谢、生长、死亡等过程所实现的迁移,是一种非常复杂的迁移形式,与各生物种属的生理、生化、遗传、变异有关。某些生物体对环境污染物有选择吸收性和积累作用(生物积累即生物通过吸附、吸收和吞食作用,从周围环境中摄入污染物并滞留体内,当摄入量超过消除量时,污染物在体内的浓度会高于环境浓度,包括生物浓缩和生物放大),某些生物体对环境污染物有降解能力。生物通过食物链对某些污染物的放大积累作用是生物迁移的一种重要表现形式。生物放大是指某些在自然界中不能降解或很难降解的化学物质,在环境中通过食物链的延长和营养级的增加在生物体内逐级富集、浓度越来越大的现象。许多有机氯杀虫剂和多氯联苯都有明显的生物放大积累现象。

二、土壤污染物的转化

污染物在土壤与地下水系统中的迁移转化是物理、化学、生物过程综合作用的结果。污染物经地表进入地下水环境时,一般要先经过表土层及包气带(指地面以下潜水面以上的地带)。污染物经过表土层及包气带时会发生一系列物理、化学和生物反应,一些污染物由于过滤吸附而被截留在土壤中;一些污染物由于氧化还原等化学反应被转化和降解;还有一些污染物被植物吸收或被微生物降解。

有机污染物的迁移转化过程主要有挥发、光解、水解、微生物降解、生物富集等。以下将从挥发与溶解、吸附与解吸、化学反应、生物作用四个方面来介绍污染物在土壤与地下水系统迁移转化过程中的物理、化学和生物作用。

(一)挥发与溶解

1. 挥发

挥发是污染物从液相到气相的一种传质过程,是污染物在包气带的主要迁移机理,是污染物在土壤多介质环境中跨介质循环的重要环节之一。当溶液的污染物或非水相污染物与气相接触时,会发生挥发作用,在不饱和区可能形成气体污染羽(污染物在环境介质中的迁移包括对流扩散、机械弥散和分子扩散等作用,在这些共同作用下,污染物的分布往往呈发散状,故称污染羽)。

2. 溶解

当污染物渗透至地下水时,不断溶解进入地下水,直到达到溶解平衡。不能溶解的污染物会在水面上浮动，随地下水位波动。由于界面张力的作用，部分污染物呈液滴状而被多孔介质截留，从而造成毛细区也存在一定污染物。各种污染物在水中的溶解度不同，其中难溶于水的污染物会在地下环境中形成非水相液体。

不饱和区中残余的非混溶污染物及其气相污染羽流可通过地面上的降水流入地下水中，溶解进入水相，从而使地下水受到污染。浮在地下水面上的轻非水相液体（LNA-PL_s）在天然地下水流的作用下或水位波动的条件下，不断进行溶解作用。地下水水质监测的资料表明，许多有机污染物的浓度即使在污染源附近，也远低于其溶解度，分析影响溶解作用的因素，是准确计算相间物质转移的基础。对于多组分非水相液体来说，影响某一组分溶解度的因素很多，孔隙率、非水相液体的饱和度、污染物的有效溶解度、地下水的流速、吸附作用、生物降解作用和化学作用等都会影响水中污染物的浓度。

（二）吸附与解吸

当多孔介质中的流体与固体骨架相接触时，由于固体表面存在表面张力，流体中的某些污染物被固体所捕获，这种现象称为吸附；解吸则是吸附的反过程。多孔介质的表面积和表面性质是决定吸附容量的主要因素。

固体对溶质的亲和吸附作用主要靠三种基本作用力，通过静电引力和范德华力引起的吸附作用称为物理吸附，通过固体表面和溶质之间的化学键力引起的吸附称为化学吸附，而介质对污染物的吸附往往是多种吸附共同作用的结果。

吸附作用包括机械过滤作用、物理吸附作用、化学吸附作用、离子交换吸附作用等。无论是物理吸附还是化学吸附及离子交换吸附，它们的共同点是在污染物与固相介质一定的情况下，污染物质的吸附与解吸主要与污染物在土壤和地下水中的液相浓度和被吸附在固体介质上的固相浓度有关。通过实验手段可以测定不同性质的固体介质在不同压力和温度条件下对污染物的吸附容量。在相同温度下，吸附达到平衡时，固相吸附容量与液相污染物浓度的关系曲线称为吸附等温线。吸附模式可能是线性的，则其相应的吸附等温线为直线；吸附模式也可能是非线性的，则其相应的吸附等温线为曲线。土壤与地下水系统中的研究中常采用 Henry、Freimdlich 和 Langmuir 三种吸附模式来描述污染物的吸附过程。

如果吸附速率比流体的流动速率快，液相中的污染物与固相可达到平衡，这种吸附称为平衡吸附。反之，如果吸附速率比流体的流动速率慢，吸附过程就不会达到平衡，这种吸附称为非平衡吸附或者动态吸附。平衡吸附是有条件的，需要液相中的污染物与固体骨架充分接触，才能达到吸附平衡。很多情况下，吸附并不能达到平衡状态，这时必须应用非平衡吸附模式，即动态吸附模式。常用的动态吸附模式包括线性不可逆动态吸附模式、线性可逆动态吸附模式、非线性可逆吸附模式等。

许多有机污染物都能被固体有机碳所吸附。当微量有机物在水溶液中的平衡浓度小于溶解度的一半时，非极性有机污染物和中性有机污染物在固相和液相间很快达到吸附平衡，且吸附是可逆的，可以用线性等温吸附模式描述。即使水中存在多种微量有机物，各种有机物的吸附行为也是相对独立的。它们的分配系数 K_d 随着固相吸附剂中有机碳含量

的增加而增加,可用下式估算:

$$K_d = K_{OC} f_{OC}$$

式中,K_d是有机物的分配系数,K_{OC}是有机物在水和纯有机碳间的分配系数,f_{OC}是介质中有机碳含量,即单位质量多孔介质中有机碳含量。

多孔介质的有机碳含量比较容易测得。在饱和水介质中,有机物的吸附作用主要发生在小颗粒上。在包气带中,有机碳的含量从地表向下逐渐降低,表层土壤中有机碳含量最高。

(三)化学反应

污染物在土壤与地下水系统迁移过程中发生的反应可分为三个层次。

第一层次反应,也是大多数影响溶质迁移的化学反应,可分为两类:第一类是快速可逆反应,反应速率"足够快",比可能引起污染物浓度变化的其他任何反应速率都快。对快速可逆反应而言,可以认为流体中的化学反应能随时达到局部反应平衡状态;第二类是慢速反应或不可逆反应,反应速率不够快,不能达到局部反应平衡状态。

第二层次反应也可分为两类:第一类是单相反应,也称均相反应,即反应仅发生在液相之中;第二类是多相反应,也称非均相反应,即反应在液相或气相中进行,也可在固相中进行。

第三层次反应仅针对多相反应,分为表面反应和经典反应两类。表面反应包括吸附、离子交换等;经典反应包括沉淀、溶解及氧化、还原、络合反应等。

根据上述三个层次,污染物迁移中的化学反应可以归结为6种基本类型:单相快速可逆反应、多相快速可逆表面反应、多相快速可逆经典反应、单相慢速反应或不可逆反应、多相慢速表面反应或不可逆表面反应、多相慢速经典反应或不可逆经典反应。

(四)生物作用

有机污染物在土壤和地下水系统迁移转化过程中的生物作用主要包括生物降解、生物累积和植物摄取。

生物降解是指复杂的有机物通过微生物活动使其变成简单的产物。例如,糖类物质在好氧条件下降解为二氧化碳和水。生物降解基本包括氧化性的、还原性的、水解性的或者综合性的。

生物累积是指生物通过吸附、吸收和吞食作用,从周边环境摄入污染物并滞留体内,当摄入量超过消除量,污染物在生物体内的浓度会高于环境介质浓度。但是,如果生物体内累积的污染物超过一定浓度时,则可能对生物产生毒害作用,导致生物从繁殖状态转化为死亡状态,于是,原先累积在生物体中的物质有可能重新释放出来。

植物摄取是指某些污染物可作为植物的养分而被植物根系吸收。其中生物降解在污染物迁移转化过程中起主要影响作用。

进入多孔介质中的有机物在微生物的作用下发生生物降解,部分形成微生物组织,部分被矿化,只有不能被微生物利用的部分残留下来。有机物中的生物降解有好氧降解和厌氧降解,简而言之,在需氧条件下进行的降解为好氧生物降解,在厌氧条件下进行的降解为厌氧生物降解。

好氧条件下也有一个最小的氧浓度限值，低于该浓度，好氧分解不再进行。实际上，每一种碳氢化合物都存在一个浓度底限，低于此浓度，微生物降解作用停止。然而，微生物通常不止分解一种碳氢化合物，这样，当系统中有多种碳氢化合物同时存在时，这些碳氢化合物都可以作为微生物生长的底物被分解，并且多种碳氢化合物同时存在时，分解量要大于每种碳氢化合物单独存在时的分解量。由此可见，微生物生长基质可以是单种碳氢化合物，也可以是碳氢化合物的混合物。

第四节　污染土壤修复技术体系与选择

污染土壤修复是指通过物理、化学、生物、生态学原理，并采用人工调控措施，使土壤污染物浓（活）度降低，实现污染物无害化和稳定化，以达到人们期望的解毒效果的技术措施。实施污染土壤修复，对阻断污染物进入食物链，防止对人体健康造成危害，促进土地资源保护和可持续发展具有重要意义。从不同的角度出发，可以对污染土壤的修复技术进行不同的分类。

一、污染土壤修复技术体系

污染土壤的治理与修复技术体系主要有三大类，分别是：污染物的破坏或改变技术，环境介质中污染物提取或分离技术，污染物的固定化技术。这三类技术可独立使用，也可联合使用，以便提高土壤修复效率。

污染物的破坏或改变技术通过热力学、生物和化学处理的方法改变污染物的化学结构，可应用于污染土壤的原位或异位处理。

环境介质中污染物提取或分离技术将污染物从环境介质中提取或分离出来，包括热解吸、土壤淋洗、溶剂萃取、土壤气相抽提（SVE）等多种土壤处理技术，以及相分离、碳吸附、吹脱、离子交换以及联用等多种地下水处理技术。此类修复技术的选择与集成需基于最有效的污染物迁移机理达成的最高效处理方案，例如，空气比水更容易在土壤中流动，因此，对于土壤中相对不溶于水的挥发性污染物，SVE的分离效率远高于土壤淋洗。

污染物的固定化技术包括稳定化、固定化、安全填埋或地下连续墙等污染物固化技术。没有任何一种固化技术是永久性有效的，因此需进行一定程度的后续维护。该类技术常用于重金属或无机污染物场地的修复。

一般而言，没有任何一种技术可以独立修复整个污染场地，通常需多种技术联用并形成一条处理装置线。例如，SVE技术可与地下水抽提和吹脱技术相结合而同时去除土壤和地下水中的污染物，SVE系统和空气吹脱的排放气体可由单独的气体处理单元进行处理。此外，土壤中的气流可以增进自然生物活性和一些污染物的生物降解过程。在某些情况下，注入土壤饱和带或非饱和带的空气还能促进污染物的迁移和生物转化。表2-6中列出了常见土壤修复技术的筛选矩阵，表2-7为常见土壤修复技术的筛选矩阵表中符号的定义。

表 2－6 土壤修复技术筛选矩阵表

修复技术		发展现状	工艺	运行维护	资金	系统可靠性与维护性	相对成本	时间	可利用性	非卤代VOCs①	卤代VOCs	非卤代SVOCs②	卤代SVOCs	燃料	无机物
原位生物处理	生物通风	●	●	●	●	●	●	□	●	●	□	●	○	●	○
	强化生物修复	●	●	○	□	□	●	●	●	●	●	●	●	●	□
	植物修复	●	●	●	●	○	●	○	□	□	□	□	□	□	□
原位物化修复	化学氧化	●	●	○	□	□	□	●	●	●	□	●	●	○	□
	动电分离	●	○	○	○	○	○	●	●	●	●	●	●	●	●
	压裂	●	□	□	○	○	○	●	●	●	●	●	●	●	□
	土壤淋洗	●	●	○	○	□	□	●	●	●	●	●	●	●	●
	土壤气相抽提	●	○	○	□	●	●	●	●	●	●	●	□	●	□
	固化/稳定化	●	●	□	○	●	●	●	○	○	○	□	●	●	●
原位热处理	热处理	●	○	○	○	●	□	●	●	●	●	●	●	●	○
异位生物处理	生物堆											○		●	□
	堆肥	●	●	●	●	●	●	□	●	□	□	□	□	●	○
	耕作	●	●	●	●	●	●	●	●	□	□	□	□	●	□
	泥相生物处理	●	○	○	○	□	□	●	●	●	●	●	●	●	●
异位物化处理	化学萃取	●	○	○	○	□	●	●	□	●	●	●	●	□	●
	化学氧化/还原	●	□	□	○	○	○	□	●	●	●	●	●	●	●
	脱卤	●	□	○	○	○	○	□	○	□	●	○	●	●	●
	分离	●	□	○	○	□	□	●	●	●	●	●	●	●	●
	土壤洗涤	●	○	○	○	●	●	□	●	●	●	●	●	●	□
	固化/稳定化	●	●	□	○	●	●	●	●	●	●	○	●	●	●
异位热处理	热力净化	○	●	○	○	●	○	●	●	●	●	●	●	●	●
	焚烧	●	●	○	○	□	○	●	●	●	●	●	●	●	●
	高温分解	●	●	○	○	○	●	●	●	●	●	●	●	□	●
	热脱附	●	●	○	○	●	●	●	●	●	●	●	●	●	○
密闭处理	填埋盖	●	●	□	○	●	●	○	●	□	□	□	□	□	□

①VOCs 为挥化性有机化合物。

②SVOCs 为半挥发性有机化合物。

表 2 - 7   土壤修复技术筛选矩阵表中符号定义

因素		●大于平均	□平均	○小于平均	备注
发展现状		成熟，已应用于多个场地，资料充足	已应用于场地，但仍需改进	尚未应用，但已开展小试、中试，有应用前景	
工艺		独立技术（不复杂，或附加一项常规技术）	相对简单，容易理解，应用广泛	复杂（多种技术，多种介质，产生大量废物）	
相对性价比	运行维护	低强度	中等强度	高强度	有效性高度取决于特定的污染和应用/设计情况
	资金	低投入	中等投入	高投入	
	系统可靠性与维护性	高可靠性，低维护性	中等	较高	
	相对成本	较低	中等	较高	
	时间 原位土壤	<1 年	1～3 年	>3 年	
	时间 异位土壤	<0.5 年	0.5～1 年	>1 年	
	时间 地下水	<3 年	3～10 年	>10 年	
污染物处理情况		有效	有限的有效性	无效	

二、污染土壤修复技术类型

（一）按修复位置分类

污染土壤的治理技术可以根据其位置变化与否分为原位修复技术和异位修复技术（又称易位或非原位修复技术）。原位修复技术是指对未挖掘的土壤进行治理的过程，对土壤没有什么扰动，这是目前欧洲最广泛采用的技术。异位修复技术是指对挖掘后的土壤进行处理的过程。异位修复又包括原地处理和异地处理两种。所谓原地处理，指发生在原地的对挖掘出的土壤进行处理的过程。异地处理指将挖掘出的土壤运至另一地点进行处理的过程。原位处理对土壤结构和肥力的破坏较小，需要进一步处理和弃置的残余物少，但对处理过程产生的废气和废水的控制比较困难。异位处理的优点是对处理过程的条件的控制较好，与污染物的接触较好，容易控制处理过程产生的废气和废物的排放；缺点是在处理之前需要挖土和运输，会影响处理过的土壤的再使用，费用一般较高。

（二）按操作原理分类

修复技术还可以依其操作原理分类，不同的学者的分类方式很不相同。有的将修复技术分为生物修复技术、化学修复技术、物理修复技术、固定化技术、热处理技术等。这些类别之间的界限通常是模糊的，有些是互相交叉的。这些技术的大部分都包括原位和异位处理方式。有的将修复技术分为三大类，即物理修复技术、化学修复技术和生物修复技术。由于物理和化学修复技术之间的界线通常不明显，故也常将物理修复技术和化学修复技术合在一起，称为物理-化学修复技术。另外，还有的分为可持续性与非可持续性修复技术。经过修复的污染土壤，有的可被再利用，有的则不能被再利用。能够使土壤保持生产力、并被持续利用的修复技术，称为可持续性的修复技术。经处理后固定了污染物，但却使土壤丧失生产力的修复技术，称为非持续性的修复技术。这里简单阐述生物修复技术、物理修复技术和化学修复技术。

1. 生物修复技术

生物修复主要是指依靠生物，尤其是微生物的活动，使土壤中的污染物得以降解或者转化为无毒或低毒物质的过程。污染土壤生物修复技术包括微生物修复、植物修复，有时还包括动物修复技术。

在实践中，生物修复技术是应用前景最为广泛的治理方法。与传统的污染土壤治理技术相比，土壤生物修复技术的主要特点和优点有以下几方面：

①不破坏植物生长所需要的土壤环境，土壤的物理、化学、生物性质保持不变甚至优于原有的性质；

②污染物降解完全，可将有机污染物降解为完全无害的无机物，没有二次污染问题；

③处理形式多样，可就地处理，操作相对简单，如受污染土壤位于建筑物或公路下面不能挖掘和搬出时，可采取生物修复技术；

④处理成本低于热处理及物理化学方法，其处理费用约为热处理费用的 $1/4\sim1/3$；

⑤应用广泛，可处理各种不同种类的有机污染物，如石油、炸药、农药、除草剂、塑料等，无论小面积或大面积污染均可应用，并可同时处理受污染的土壤和地下水。

当然，生物修复技术有其自身的局限性，主要表现在以下几方面：

①微生物不能降解所有进入环境的污染物，污染物的难降解性、不溶性以及与土壤腐殖质或泥土结合在一起常常使生物修复不能进行。特别是对重金属及其化合物，微生物也常常无能为力；

②这一技术在应用时要对污染地点和存在的污染物进行详细的具体考察，如在一些低渗透的土壤中可能不宜使用生物修复，因为这类土壤或在这类土壤中的注水井会由于细菌生长过多而阻塞；

③特定的微生物只降解特定类型的化学物质，状态稍有变化的化合物就可能不会被同一微生物酶所破坏；

④这一技术受各种环境因素的影响较大，因为微生物活性受温度、氧气、水分、pH等环境条件的变化影响。与物理法、化学法相比，这一技术治理污染土壤的时间相对较长；

⑤有些情况下，生物修复不能将污染物全部去除，当污染物浓度太低，不足以维持降解细菌的群落时，残余的污染物就会留在土壤中。

2. 物理修复技术

物理修复技术主要是利用土壤和污染物之间的物理性质差异，或者污染和未污染的土壤颗粒之间的物理性质差异，采用物理的或者机械的方法将污染物与土壤基质进行分离的修复技术。目前应用于工业企业场地土壤有机污染的主要物理修复技术是热处理技术，其包括热脱附和蒸汽浸提等技术，已应用于苯系物（BTEX）、多环芳烃和二噁英等污染土壤的修复。

3. 化学修复技术

化学修复技术是利用加入环境介质中的化学修复剂能够与污染物发生一定的化学反

应，使污染物被降解、毒性被去除或降低的修复技术。由于污染物和污染介质特征的不同，化学修复手段可以是将液体、气体或活性胶体注入地表水、下表层介质、含水土层，或在地下水流经路径上设置可渗透反应墙，滤出地下沉淀水中的污染物。注入的化学物质可以是氧化剂、还原剂、沉淀剂或解吸剂、增溶剂。不论是现代的各种创新技术，如土壤深度混合和液压破裂技术，抑或是传统的井注射技术，都是为了将化学物质渗透到土壤表层以下或者与水体充分混合。通常情况下，都是根据土壤特征和污染物类型，在生物修复法的速度和广度上不能满足污染土壤修复的需要时，才选择化学修复方法。

相对于物理修复技术，污染土壤的化学修复技术发展较早，主要有化学淋洗技术、氧化/还原技术、光催化降解技术等。

本书后面章节将就具体的污染土壤修复技术方法进行详细的阐述。

三、污染土壤修复技术选择的原则

在选择污染土壤修复技术时，必须考虑修复目的、社会经济状况、修复技术的可行性等。就修复目的而言，有的修复是为了使污染土壤能够再安全地被农业利用，而有的修复则只是为了限制土壤污染物对其他环境组分（如水体和大气等）的污染，而不考虑修复后能否再被农业利用。不同的修复目的可以选用的修复技术不同。土壤是一个高度复杂的体系，任何修复方案都必须根据当地的实际情况而制定，在选择修复技术和制定修复方案时必须考虑如下原则。

（一）耕地资源保护原则

中国地少人多，耕地资源短缺，保护有限的耕地资源是头等大事。在进行修复技术的选择时，应尽可能地选用对土壤肥力负面影响小的技术，如植物修复技术、生物修复技术、有机-中性化技术、电动力学技术及稀释、客土、冲洗技术等。有些技术处理后使土壤完全丧失生产力，如玻璃化技术、热处理技术、固化技术等，只能在污染十分严重、迫不得已的情况下采用。

（二）可行性原则

修复技术的可行性主要体现在两个方面：一是经济方面的可行性，二是效应方面的可行性。所谓经济方面的可行性，即指成本不能太高，在我国农村现阶段能够承受、可以推广。一些发达国家目前可以实施的成本较高的技术，在我国现阶段恐怕难以实施。所谓效应方面的可行性，即指修复后能达到预期目标，见效快，而一些需要很长周期的修复技术，必须在土地能够长期闲置的情况下才能实施。

（三）因地制宜原则

土壤污染物的去除或纯化是一个复杂的过程，要达到预期的目标，又要避免对土壤本身和周边环境的不利影响，对实施过程的准确性要求就比较高。不能简单地搬用国外的或者国内不同条件下同类污染处理的方式。在确定修复方案之前，必须对污染土壤做详细的调查研究，明确污染物种类、污染程度、污染范围、土壤性质、地下水位、气候条件等，在此基础上制定初步方案。一般应对初步方案进行小区预备研究，根据预备研究的结果，调整修复方案，再实施修复。

第五节 污染土壤修复标准与目标制定

一、污染土壤修复标准分析

土壤质量标准是进行污染场地环境风险管理的重要基础，因此，欧美、日本、澳大利亚等国家和地区已经先后制定了土壤质量标准或基准值等，我国也针对土壤环境质量进行了深入的调查和研究，制定了一系列土壤环境质量指标体系。

（一）国外污染土壤修复标准

国际上许多国家对土壤环境治理都进行了长久深入的研究，其中做得比较好、已经获得比较完备的场地土壤修复技术体系的国家主要有美国、英国、荷兰和日本等发达国家。纵观各国已经出台的土壤质量体系标准可以发现，这些标准都是基于风险控制原则而制定的，即污染物通过直接或间接的途径进入到人体或生态系统中，其产生的损害风险必须控制在可接受范围以内。

2002 年 3 月，英国环境署在《污染土地评价与再开发准则》（ICRCL59/83）的基础上，颁布了《污染场地风险评价技术规范》，其重要内容是根据污染物毒性和该区域人群暴露途径，有针对性地选择土壤污染防治标准，并进行土壤污染健康风险评价，指导污染场地修复工作。ICRCL59/83 对污染场地各种污染物根据其毒性进行了分类，具体见表 2-8。同时，英国还针对加油站和煤气厂污染场地制定了 Kelly 指标导则，其中，根据相应的指标参数值（pH、重金属、有机污染物等）将土壤分为 5 个等级（未污染、轻度污染、污染、重度污染和极重度污染）。

表 2-8　ICRCL59/83 中污染物分类

危害类型	污染物
可能对人体造成危害	As、Cd、Cr^{6+}、总 Cr、Pb、Hg、Se
对植物具有毒性，对人体通常不造成危害	B、Cu、Ni、Zn、多环芳烃、苯酚、氰化物、硫氰酸盐、硫酸盐、硫化物、S、酸度

1994 年 5 月，荷兰采用了新的土壤标准——调解值，这一标准是基于人体健康风险和生态毒理风险研究结果和有关数据而确立的，适用于典塑花园区（面积 7m×7m，深度 0.5m）或较小面积区（体积 $100m^3$）化学污染物的平均浓度限值。调解值是判断该场地是否需要采取污染治理措施的上限值，故又称"行动值"。调解值与目标值的算术平均数，即中间值，是判断场地土壤和地下水是否受到污染的依据。

美国的土壤环境质量标准由国家级标准与各州标准共同组成。针对污染土壤修复，美国环保局制定了土壤清除标准值（Soil cleanup criteria，SCC），规定了 109 项化学物的限值。同时，各州根据自身情况也制定了相应的标准，如新泽西州环境保护部制定的土壤修复标准，根据居住用地、非居住用地和对地下水影响三个方面制定了相应的修复目标值。

尽管各国在制定修复标准时均以风险控制为基本原则，然而不同国家和地区的许多污染物基准值都存在明显的差异，例如美国制定砷的土壤风险基准值为 20mg/kg，而日本高达 150mg/kg，是美国的 7.5 倍，荷兰苯的土壤风险基准值为 1mg/kg，美国为 3mg/kg，是荷兰的 3 倍，其原因主要是不同国家和地区存在污染物背景值、场地污染水平、修复技术水平、土地利用类型等方面的差异。

（二）国内污染土壤修复标准

经过多年的发展，我国在土壤环境相关标准的制定上取得了一定成果，于 1995 年制定了《土壤环境质量标准》（GB 15618—1995），按土壤应用功能和保护目标之不同，将土壤环境质量分为三类：一类为土壤执行一级标准，保护区域自然生态，维护自然背景的土壤环境质量；二类为土壤执行二级标准，保证农业生产，维护人体健康；三类为土壤执行三级标准，保障农林生产和植物正常生长。该标准为我国土壤环境质量评估提供了依据，在我国土壤环境质量评估工作中被广泛应用。随后，我国于 1999 年颁布了《工业企业土壤环境质量风险评价基准》，于 2000 年制定了《农田土壤环境质量监测技术规范》，于 2002 年出版了《土壤质量词汇》，于 2004 年出台了《土壤环境监测技术规范》，于 2007 年发布了《展览会用地土壤环境质量评价标准（暂行）》。然而，我国尚无针对特定的污染场地的修复标准，而基于保护人体健康而计算获得修复目标值的方式正获得越来越多的认可和重视，已经成为修复目标值制定的一个重要发展方向。

二、污染土壤修复目标的制定

修复目标制定流程见图 2-1。

（一）确定关注污染物

根据各污染物风险表征计算结果，当某种污染物致癌风险超过 10^{-6} 或危害商大于 1 时，该污染物所在区域存在不可接受的健康风险，需要针对该污染物进行修复。

（二）建立场地概念模型

该环节是暴露评估阶段的重演和补充，建立各污染点，关注污染物从环境介质进入人体或周边环境中的系统模型，确定模型所需参数。主要包括以下几项内容。

（1）场地特征参数。

包括污染物种类、形态、迁移性等基本信息，污染点土壤、地下水的基本理化性质、场地气象信息、地质数据等。

（2）场地修复后用地规划。

明确场地各区域，尤其是污染点所在区域修复后土地用地规划，包括居住用地、商业用地、工业用地和公园绿地等。

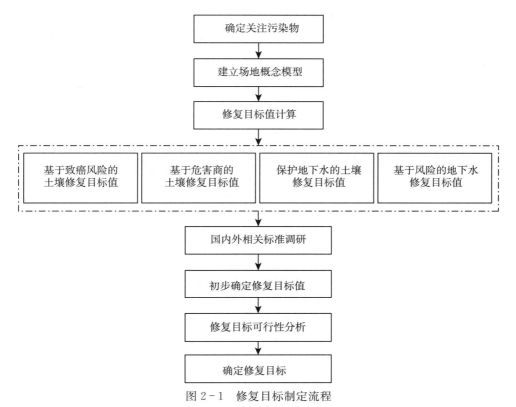

图 2-1 修复目标制定流程

（3）暴露假设。

结合用地规划，确定场地上各区域暴露于污染物的受体人群、暴露途径和频率。另外，若能进一步获得相关资料，还可根据各污染点实际情况进行深入细分。

（三）修复目标值计算

根据已建立的场地概念模型，运用相关计算公式和模型计算获得初步修复目标值。对于既有致癌效应又有非致癌效应的污染物，应分别计算致癌风险和非致癌风险下的修复目标值，计算基于保护地下水的土壤修复目标值，取最小值作为修复目标值。同时，还应考虑土壤中污染物迁移污染地下水情况。根据风险评估程序，污染场地风险评估结果超过可接受风险水平，则需要根据相应场地的暴露概念模型计算土壤、地下水中关注污染物的风险控制值。如调查结果表明，土壤中关注污染物可迁移进入地下水，还需计算保护地下水的土壤风险控制值。在此基础上，计算获得基于保护人体健康的关注污染物的土壤和地下水风险控制值。

（四）国内外相关标准调研

在进行场地修复时，最终环境介质中的污染物浓度是否符合相关环境质量标准也是至关重要的，这直接决定了该修复结果能否通过相关部门机构验收通过。例如，《斯德哥尔摩公约》推荐的持久性有污染物废弃物标准为 50mg/kg，当污染物浓度超过了这一值，该场地则成为污染的废弃物场所，因此相应的修复目标值必须低于这个值才行。我国针对农业用地土壤、地下水质量都有相应的标准，相应场地的修复都应符合这类标准。

（五）修复目标可行性分析

在正式确定修复目标之前，必须从修复时间、修复技术可达性、修复成本等角度进行综合分析，探讨该修复目标的可行性。同时，应通过专家咨询会、业主和主管部门沟通会等形式收集各方意见，科学制定修复目标值。

（六）针对重金属污染土壤稳定化修复效果的修复目标值

对于重金属污染土壤，稳定化修复技术是一项常用的经济、高效治理技术，然而该项技术仅能降低重金属在土壤中的迁移转化的能力，无法去除其浓度。针对这类修复技术，目前常用的修复目标制定方法有如下几种。

（1）土壤浸出毒性。

土壤浸出毒性是美国环保局基于毒性对废弃物进行危险或非危险性鉴别的标准方法，是当前国际上应用得最广泛的一种生态风险评价方法。在场地修复中，可对稳定化处理后的土壤进行毒性浸出实验，根据其浸出液毒性来判定稳定效果。

（2）重金属形态分析。

研究重金属在土壤中的形态分布比例以及各种形态与稳定化药剂之间的关系，根据重金属形态变化情况来评价修复效果。常用的形态分析方法有 Tessier 连续提取法、Fors 法等。

（3）植物可吸收性。

通过在修复后的土壤上种植植物，测定植物组织中重金属浓度的变化情况及植物生物数量和质量状况改变，可以研究经过稳定化修复后土壤中重金属生物可利用毒性大小的变化情况，是检验土壤修复效果最直观的方式之一。可选择具有富集重金属能力或对重金属敏感的植物进行测定。

（4）生物可给性。

生物可给性是指土壤中重金属进入人体消化系统并且被胃肠道溶解吸收的部分，可采用 PBET（Physiologically based extraction test）技术进行修复后土壤实验。

第三章
污染土壤生物修复技术

生物修复技术利用生物体的自然能力净化环境，根据生物体不同的代谢能力，利用生物和其他生物材料（如藻类、真菌和细菌）来对土壤污染物进行解毒或从环境中去除土壤污染物，有助于把土壤污染物转化或降解为无害或危害较小的物质。生物修复技术已经被证明可以有效减少碳氢化合物、卤代有机化合物、卤代有机溶剂、非氯代杀虫剂和除草剂、氮化合物、金属［如铅（Pb）、汞（Hg）、铬（Cr）］、放射性核素等污染物。本章就生物修复技术中的微生物修复技术、植物修复技术、动物修复技术、生物修复工程设计及应用展开分析。

第一节　微生物修复技术

土壤微生物是土壤生态系统的重要生命体，在环境污染净化中起着不容忽视的重要作用。它不仅可以指示污染土壤的生态系统稳定性，还具有巨大的潜在环境修复功能，相比传统物理、化学修复，微生物修复更快速、安全，且费用低廉。

一、微生物修复技术的基本概念

微生物修复技术是指利用天然存在的或所培养的功能微生物群，在适宜环境条件下，促进或强化微生物代谢功能，从而达到降低有毒污染物活性或将其降解成无毒物质的生物修复技术。微生物可以降解有机物、可以分解动物粪便及死体，通过微生物的氧化、还原、水解、聚合等反应降解土壤中的污染物。

土壤微生物修复可以在好氧和厌氧的条件下进行，但是更普遍的是好氧微生物修复。微生物修复需要适宜的温度、湿度、营养物质和氧浓度。土壤条件适宜时，微生物可以利用污染物进行代谢活动，从而将污染物去除。然而土壤条件不适宜时，微生物生长较缓慢甚至死亡。表3-1列出了适宜微生物修复的土壤条件。为了促进微生物降解，有时需要向土壤中添加相应的物质，或者向土壤中添加适当的微生物。主要的微生物修复方式包括生物通风、土壤耕作、生物堆、生物反应器等。

表 3-1　适宜微生物修复的土壤条件

环境因素	参数
有效土壤水分	25%～85%
氧气（需氧降解）	土壤溶液中 0.2mg/L 以上的 DO，>10% 的空气补充量
E_h	>50mV
营养物质（摩尔比）	碳、氮、磷比为 120：10：1
pH	5.5～8.5
温度/℃	15～45

　　土壤微生物修复可分为原位修复和异位修复。原位土壤微生物修复是采用土著微生物或者注入培养驯化的微生物来降解有机污染物，强化方法有输送营养物质和氧气。异位土壤微生物修复是将土壤挖出、异位，进行微生物降解，该法通常在静态生物反应堆、罐式反应器和泥浆生物反应器三个典型的系统中进行。静态生物反应堆是最普遍的形式，该方法将挖掘出的土壤堆积在处理场地，嵌入多孔的管子，作为提供空气的管道。为了促进吸附过程和控制排放，通常用覆盖层覆盖土壤生物堆。

　　微生物由于自身的生理特性，可以通过遗传、变异等生物过程适应环境的变化，使之能以各种污染物尤其是以有机污染物为营养源，通过吸收、代谢等一系列反应，将环境中的污染物转化为稳定无害的无机物。正是微生物对环境污染的这种降解作用保证了自然界正常的物质循环。人们利用并强化微生物的这一功能，营造出了适宜微生物生长的环境，使之充分发挥其降解功能，处理环境污染物。当今，在环境治理中，微生物修复技术因为其投资少、处理效率高、运行成本低、二次污染少等优点越来越受到广泛应用。

二、微生物修复的原理和方法

（一）微生物修复技术原理

　　大多数环境中都存在着能够降解有毒有害污染物的天然微生物（土著微生物），但受到营养盐缺乏、溶解氧不足等条件的制约，导致能高效降解污染物的微生物生长缓慢甚至不生长，所以自然净化过程往往极为缓慢。土壤的微生物修复技术就是基于这一情况，通过提供氧气、添加营养盐、提供电子受体、接种经驯化培养具有高效降解作用的微生物等方法加强土壤自净过程。

（二）微生物修复技术方法

1. 添加表面活性剂

　　微生物对污染物的生物降解主要通过酶的催化作用进行，但大多数发挥降解作用的酶都是胞内酶。为了提高降解效率，通常通过向污染土壤环境中添加表面活性剂，从而增加污染物与微生物细胞的接触率，促使污染物得到分解。在含煤焦油、石油烃和石蜡等污染物的土壤修复中，使用添加表面活性剂能取得较好的效果。在选择表面活性剂时，要注意选择那些易于生物降解、对土壤中的生物无毒害作用且不会引起土壤物理性质恶化的表面活性剂。

2. 添加营养物

微生物的生长不仅需要有机物质提供碳源，还需要其他营养物质。可以通过向污染土壤中添加微生物生长所必需的营养物质，来改善微生物生长环境，促进污染物的降解和转化。如对含油污泥进行生物修复时，添加酵母膏或酵母废液可显著地促进石油烃类化合物的降解。此外，使用营养盐的效果随环境不同而不同，通过实验发现，碳、氮、磷的比值为 100∶60∶1 时处理效果比较明显。

3. 接种微生物

由于微生物的种类繁多、代谢类型多样，可作为营养物质的来源广，凡自然界存在的物质都能被微生物利用、分解、代谢。例如，假单胞菌属的某些种，能分解 90 种以上的有机物，可利用其中的任何一种作为唯一碳源和能源进行代谢，并将其分解。土壤中的微生物种类繁多，但对于受污染的土壤而言，不一定存在能够降解相应污染物质的微生物。为提高污染土壤中污染物的降解效果，需要接种具有某些特定降解功能的微生物，并使之成为其中的优势微生物种群。接种的微生物通常为土著微生物、外来微生物和基因工程菌三类。

（1）土著微生物。

当土壤受到有毒有害物质的污染后，土著微生物会出现一个自然驯化适应的过程。不适应污染土壤的微生物逐渐死亡；适应环境的微生物则在污染物的诱导作用下，逐渐产生能分解某些特异污染物的酶系，在酶的催化作用下使污染物得到降解、转化。因此，通过接种驯化后的土著微生物优势菌，具有缩短微生物生长迟缓期、保持微生物活性的优点。如为解决大豆除草剂氯嘧磺隆在土壤中残留时间长的问题，研究人员从残留有氯嘧磺隆的土壤中分离出一株高效降解氯嘧磺隆的真菌，使该土壤氯嘧磺隆的降解率达到 94.88%，同时油菜出苗率由 10% 提高到 80%，对有氯嘧磺隆污染的土壤有很好的修复作用。

（2）外来微生物。

为解决土著微生物生长速度缓慢、代谢活性低或因污染物的影响引起土著微生物的数量下降等问题，可接种对污染物有较高降解作用的优势菌种。该菌种可缩短微生物的驯化期、克服降解微生物的不均匀性、加速污染物的生物降解、恢复微生物区系等作用。在修复受五氯酚（PCP）污染的土壤时，添加黄孢原毛平革菌进行堆肥修复的效果优良，经过 60d 的堆肥，五氯酚基本得到降解，降解率达 94% 以上。

（3）基因工程菌。

自然界中的土著菌对环境中的污染物具有一定的净化功能，而且有的降解效率十分高，但是对于日益增多的人工合成的化合物，土著菌就显得有些无能为力。随着分子生物学技术的不断发展，可以利用 DNA 的体外重组、原生质体融合技术、质粒分子育种等遗传工程手段，构建基因工程菌。采用基因工程技术，将能降解某些化合物的质粒转移到能适应土壤污染环境的菌种当中，构建高效降解污染物的工程菌。这些工程菌对于解决土壤中的有机物污染具有重要的实际意义。

20 世纪 70 年代以来，人们陆续发现了许多具有特殊降解能力的细菌，这些细菌的降解能力是由质粒上的功能基因决定的。自然界天然存在的能降解有机物污染的质粒多达

30 多种,主要有以下类型:假单胞菌属中的石油降解质粒,能编码降解石油组分及其衍生物,如降解樟脑、辛烷、萘、水杨酸盐、甲苯和二甲苯等的酶类;农药降解质粒,可降解 2,4 - D - 二氯苯氧乙酸;工业污染物质粒,如对氯联苯、尼龙寡聚物降解质粒等;抗重金属离子的降解质粒。利用这些降解质粒已经研究出更多种工程菌,其降解能力也显著增强,能降解一些难降解的化合物。

总体而言,使用基因工程技术改造现有微生物可以解决以下问题:①构建新的微生物,使得这种微生物能够以某种污染物为唯一碳源和能源进行生长代谢;②创造新的分解代谢途径,进行以往不能进行的高效和高速的转化,例如改变某些微生物的底物范围;③增加微生物中特效酶的数量和活性,酶活性和数量的增加可以加速污染物的生物降解,可以制备成固定化细胞核固定化酶;④构建的微生物不仅能够分解靶标污染物,而且可以产生抗污染点的抑制剂,许多工业污染点不仅含高浓度合成污染物,而且含有重金属或其他抑制微生物生长发育的物质;⑤创造作用于更多污染物的菌株;⑥开发低吸着的菌株,使菌株可以迁移较远的距离。

要将这些基因工程菌应用于实际的污染治理中,最重要的是要解决工程菌的安全问题。用基因工程菌来治理土壤或其他环境污染,势必要将这些工程菌释放到自然环境中,如果对这些基因工程菌的安全性没有绝对的把握,就不能将它们应用到实际中去,否则会对环境造成更严重的后果。

4. 生物通风

生物通风(Bio venting,BV)是将空气或氧气输送到地下环境,以促进微生物的好氧活动,降解土壤中污染物的修复技术。生物通风使用的基本设施包括鼓风机、真空泵、抽提井或注入井及供营养渗透至地下的管道等。BV 技术还可与修复地下水的空气喷射或生物曝气技术相结合,将空气注入含水层来供氧支持生物降解,并且将污染物从地下水传送到不饱和区,再用 BV 法处理。

BV 技术可以修复的污染物范围非常广泛,适用于所有可以通过好氧生物降解的污染物,表 3 - 2 为已发表的非饱和土壤中石油烃的生物通风降解情况。现有报道中,BV 技术尤其对修复成品油非常有效,包括汽油、喷气式燃料油、煤油和柴油等的修复。BV 技术的优势和应用限制见表 3 - 3。

表 3 - 2　发表的非饱和土壤中石油烃的生物通风降解情况

污染物	降解率	降解类型
$C_8 \sim C_{32}$ 的直链烃	1.7%(32d 内)	自然衰减
	42%(32d 内)	强化生物修复
苯系物	0.24%/d	自然衰减
	0.16%/d	固有的生物修复
原油	130(mg/kg)/d	F - 1 肥料的增强生物降解
汽油的挥发性组分	15~202μmol/h	生物降解
柴油	0.04/d(一阶速率常数)	营养物增强生物降解
汽油	15(mg/kg)/d	生物通风

表 3-3　BV 技术优势和应用限制

优势	应用限制
使用设备简单，容易安装	高浓度污染物初始会对微生物有毒性作用
现场操作所产生的干扰小，因此可被用于其他技术难以进行操作的地区	对于某些现场条件不适用（如土壤渗透性低、黏土含量高）
修复所需时间不是很长，通常为 6 个月到 2 年	不是总能达到非常低的净化标准
修复费用低：每吨受污染的土壤所需费用为 45～140 美元	可能需要添加营养物的井
容易和其他修复饱和区的技术相结合（如空气喷射 AS、地下水多相抽提等）	不能够修复不可降解的污染组分
适当操作条件下，可以不需要地上尾气处理装置	

（1）BV 技术的影响因素。

作为一种生物强化技术，BV 技术也会受到许多因素的影响，主要的影响因素有土壤的 pH、湿度、温度、电子受体、生物营养盐、优势菌等。

①土壤的 pH。每一种微生物都会有一个最适生存的 pH，大多数微生物生存的 pH 范围为 5～9。土壤 pH 的变化会引起微生物活性的变化，从而影响微生物的降解活性。通常降解石油污染物的微生物的最佳生存 pH 是 7，但是在实际土壤环境中，偏酸或是偏碱的情况并不少见，这样就需要通过调节土壤的 pH，提高生物降解的速率。常用的方法有添加酸碱缓冲液或中性调节剂等。

②土壤湿度。适宜的湿度条件下，土壤通风可促进微生物完成污染物的代谢转化。实验室中研究表明，在较高的土壤湿度中，生物的转化速率较大。然而，有研究者提出了与之相反的结论：在一些生物通风现场，增加土壤湿度后对生物降解速率影响很小，甚至发现适度增加后由于阻止了氧气的传递而使生物通风特性消失。另外，土壤中水分含量过高，水便会将土壤孔隙中的空气替换出来，浸满水的土壤很快从好氧条件转化为厌氧条件，不利于好氧生物降解。

③土壤温度。生物活动受温度的影响较大，温度过高或过低，都不利于污染物的降解。在适宜的温度条件下，微生物的活性加强，有利于污染物的降解。对于较寒冷的地区，适当提高土壤温度，还能够提高污染物在土壤气相中的分压，利于污染物的去除。

④电子受体。限制生物修复的最关键因素是缺乏合适的电子受体。土壤修复中普遍使用的电子受体是氧气。空气中氧含量高，土壤黏度低，是将氧气输送到地下环境的理想载体。BV 技术使用较低的空气流速，以使微生物有足够时间利用氧来转化有机物。增加气速可使生物修复速率增加，但在高气速下，其他的因素会限制代谢速率，且微生物不能消耗所有的氧，进一步增加气速不会使生物降解更多污染物。另外，气速增大会使挥发比例增大，生物降解的贡献率相对减少。因此需优化操作条件，使气速最小，但在整个受污染土壤中能够维持足够的氧水平来支持好氧生物降解。

⑤生物营养盐。微生物生长需要氮（N）、磷（P）、钾（K）、钙（Ca）、钠（Na）、镁（Mg）、铁（Fe）、硫（S）、锰（Mn）、锌（Zn）和铜（Cu）等元素。在有机污染土壤修

复中，一般以有机污染物作为微生物的碳源，而氮（N）、磷（P）相对缺乏，需要加入营养盐类，以提供微生物生长所需的其他元素。

⑥优势菌。有机污染物进入土壤后，对土壤中土著微生物会产生不同作用，可能会加强某些微生物的活动，也可能会抑制某些微生物的活动。如果向土壤中加入能够降解污染物的优势菌，则可大大提高生物降解速率。

（2）BV 过程。

BV 过程包括相间传质过程和生物降解过程，因此两种作用需同时考虑。

①相间传质。对于相间传质，研究人员先后发展了局部平衡（Local equilibrium assumption，LEA）理论，采用亨利模型的假设，使气相、液相和固相中的浓度为相平衡关系。但后来发现局部相平衡假设太过乐观，需要考虑非相平衡过程。常用的非相平衡传质方程为一级动力学传质方程，气-水相间传质表达式为：$E_{gw,i} = \varphi S_g \lambda_{gw,i} (H_i C_{w,i} - C_{g,i})$

②生物降解。在 BV 修复土壤过程中，微生物降解作用的大小直接影响生物通风的效果，提高微生物降解作用，可以提高整个生物通风的效率。确定微生物生长条件，对于生物通风的现场操作具有重要意义。对微生物进行筛选和分离可以选出降解能力较强的微生物即优势菌，在土壤中添加这些优势菌，可以在一定程度上提高微生物对污染物的降解。

生物降解模型从较简单的零级、一级反应动力学，发展到较复杂的 Monod 或 Michaelis-Menten 表达式。Monod 动力学方程跨越了零级、混合级到一级的生物降解过程，考虑了现场、污染物和微生物条件，能够更好地反映实际微生物转化过程，且模型可灵活引入生物动力学参数，因此是目前最为广泛接受的生物降解动力学方程。当不知道哪种组分（如基质、电子受体、营养物）是限制因素时，普遍使用多项 Monod 表达式，即：

$$\mu = \mu_{max} \frac{S}{K_s + S}$$

式中，μ 为微生物比增长速率（单位为 1/s），μ_{max} 为微生物最大比增长速率（单位为 1/s），S 为底物浓度（单位为 kg/m³），K_s 为底物半饱和常数（单位为 kg/m³）。

在生物降解过程中，微生物增长是底物降解的结果，彼此之间存在着定量关系，可通过下式表达：

$$-\frac{dS}{dt} = \frac{q_{max} XS}{K_s + S}$$

式中，q_{max} 为生长基质最大比降解速率（单位为 1/s），X 为微生物浓度（单位为 kg/m³）。

5. 微生物共代谢

共代谢指微生物利用营养基质将同一介质中的污染物降解。美国得克萨斯大学的利德贝特等最早发现了共代谢现象，并命名为共氧化（co-oxidation），其含义为微生物能氧化污染物却不能利用氧化过程中的产物和能量维持生长，必须在营养基质的存在下才能够维持细胞的生长。大部分难降解有机物是通过共代谢途径进行降解的。在共代谢过程中，微生物通过共代谢来降解某些能维持自身生长的物质，同时也降解了某些非生长必需物质。共代谢过程的主要特点可以概括为：微生物利用一种易于摄取的基质作为碳和能量的来源，用于生长；有机污染物作为第二基质被微生物降解，此过程是需能反应，能量来自营养基质的代谢；污染物与营养基质之间存在竞争现象；污染物共代谢的产物不能作为营养被同化为细胞质，有些对细胞有毒害作用。

进一步研究发现，共代谢反应是由有限的几种活性酶决定的，又称为关键酶，不同类型微生物所含关键酶的功能都是类似的。例如，好氧微生物中的关键酶主要是单氧酶和双氧酶。关键酶控制着整个反应的节奏，其浓度由第一基质诱导决定，微生物通过关键酶提供共代谢反应所需的能量。

由于共代谢过程具有以上特点，使微生物的降解过程更为复杂。鉴于维持共代谢的酶来自第一基质，共代谢也就只能在初级基质消耗时发生。第二基质也可以和酶的活性部位结合，从而阻碍了酶与生长基质的结合。这样，在一个同时存在着两种基质的系统内，必然存在着代谢过程中酶的竞争作用，两种基质的代谢速率之间也就存在着相互作用，反应动力学将变得更为复杂。在研究苯酚三氯乙烯（TCE）的共代谢降解时，甲苯、甲烷、氨气、苯酚和丙烷等一系列物质可以作为共代谢的第一基质即生长基质，在生长基质的存在下，微生物可以降解第二基质，即开始降解苯酚三氯乙烯。

三、微生物修复类型

（一）受重金属污染土壤的微生物修复

重金属对人的毒性作用常与其存在状态有密切的关系。一般来说，重金属存在形式不同，其毒性作用也不同。微生物可以对土壤中的重金属进行固定、移动或转化，改变它们在土壤中的环境化学行为，可促进有毒、有害物质解毒或降低毒性，从而达到生物修复的目的。重金属污染土壤的微生物修复原理主要包括生物富集（如生物积累、生物吸着）和生物转化（如生物氧化还原、甲基化与去甲基化以及重金属的溶解和有机络合配位降解）。研究表明，许多微生物，包括细菌、真菌和藻类，可以生物积累和生物吸着环境中的多种重金属；一些微生物，如动胶菌、蓝细菌、硫酸盐还原菌以及某些藻类，能够产生胞外聚合物如多糖、糖蛋白等具有大量阴离子的基团，与重金属离子形成络合物。

汞（Hg）所造成的污染最早受到关注，汞的微生物转化主要包括三个方面：无机汞 Hg^{2+} 的甲基化；无机汞 Hg^{2+} 还原成 HgO，甲基汞和其他有机汞化合物裂解并还原成 HgO。梭菌、脉孢菌、假单胞菌等和许多真菌在内的微生物具有甲基化汞的能力。能使无机汞和有机汞转化为单质汞的微生物有铜绿假单胞菌、金黄色葡萄糖菌、大肠埃希氏菌等。微生物对其他重金属也具有转化能力，硒（Se）、铅（Pb）、锡（Sn）、镉（Cd）、砷（As）、铝（Al）、镁（Mg）、钯（Pd）、金（Au）、铊（Tl）也可以被甲基化转化。还有研究表明，土壤中分布着多种可以使铬酸盐和重铬酸盐还原的微生物，如产碱菌属、芽孢杆菌属、棒杆菌属、肠杆菌属、假单胞菌属和微球菌属等，这些菌能将高毒性的 Cr^{6+} 转化为低毒性的 Cr^{3+}。

（二）受农药污染土壤的微生物修复

实验证明，土壤环境中的细菌、放线菌、真菌等微生物对土壤中残留的农药具有较强的分解作用。链霉菌属、诺卡氏菌属可降解五氯硝基苯；曲霉、青霉可降解敌百虫；

DDT 可被芽孢杆菌属、棒杆菌属、诺卡氏菌属等降解。残留于土壤内的农药，经过种种复杂的转化、分解，最终转变为二氧化碳和水。如果将土壤进行高压灭菌或采用抑菌剂处理，农药在土壤中的降解速度就会降低甚至停止。研究表明，在未经消毒的土壤中，除草剂"敌草隆"的降解速度明显高于用熏蒸消毒的土壤。前者，6 周内敌草隆降解近半；后者，仅降解 1/10。

微生物降解农药的方式有 2 种。一种是以农药作为唯一碳源和能源，或作为唯一的氮源物质，此类农药能很快被微生物降解，如除草剂氟乐灵，它可作为曲霉属的唯一碳源，所以很易被分解。另一种是通过共代谢作用，其具体表现为：①依靠其他微生物的协同作用，例如，链霉菌和节杆菌可协作降解农药二嗪农的嘧啶环，两者缺一种都不能实现降解；②依靠环境提供营养物质，例如，只有在蛋白质类物质存在时，直肠梭菌才能降解六六六；③需有诱导物存在，如放线菌浅灰链霉菌在磺酰脲类除草剂存在的情况下，可产生诱导性的共代谢，发生羟基化、去烷基化或去酯化反应。

（三）受石油污染土壤的微生物修复

利用微生物对土壤中的石油污染物进行修复已经发展成为一种很有前景的修复技术。许多学者就石油污染物（尤其是烃类化合物）的微生物代谢机制进行了研究，从受烃类污染土壤的生物处理系统中分离到的各类优势微生物均具有解脂酶活性，有解脂酶活性的菌株具有降解石油烃的能力。添加此类优势真菌，可以提高生物处理烃类污染土壤的效果。在受烃类污染的土壤中，利用石油烃为碳源的细菌较多，真菌数量较少。细菌虽数量较多，但类群没有真菌丰富。细菌中，革兰氏阴性杆菌为优势种群，其中以动胶菌属为主，其次是黄杆菌属。革兰氏阳性杆菌以芽孢杆菌为主。真菌以毛霉菌属、小克银汉菌属占优势，其次是镰刀菌属、青霉菌属、曲霉菌属，酵母菌属最弱。放线菌以链霉菌为优势。真菌和细菌降解石油烃类化合物可形成具有不同立体构型的中间产物。真菌将石油烃类化合物降解成反式二醇，而细菌几乎总是将之降解为顺式二醇。

四、微生物修复在实际应用中的问题

微生物修复是一种原位修复方法，该法可以在污染现场进行，可节省很多治理费用；环境影响小，是自然过程的强化，最终产物不会形成二次污染；能够最大限度地降低污染物浓度；原地治理方式对污染位点的干扰及破坏达到最低标准；可同时处理土壤和地下水；经济环保，具有广泛的应用前景。但同时，该法也具有一定的局限性，如原位修复法条件苛刻，耗时长；并非所有进入环境的污染物都能被生物利用。所以说，微生物修复是一项复杂的系统工程。

另外，由于微生物代谢活动具有易受环境条件变化的影响，特定微生物只能吸收利用降解转化特定类型的化学物质，施用条件苛刻等特点，使得目前微生物技术在污染土壤修复应用中较为受限，因此对化学农药等难降解污染物的生物降解研究，仍局限于实验室阶段。目前微生物修复技术还存在以下诸多问题：①分离和筛选到的具有高效降解特性的菌株资源还相对贫乏，没有高效降解菌的种子资源库；②在菌种适应性、降解能力以及降解范围方面还有极大的提高空间，尚需结合基因工程技术手段对现有菌种进行改良或创建新的菌株；③在微生物体内降解酶的酶学研究方面亟须加强；④尝试多种修复技术的结合方面还显不足；⑤在微生物制剂的规模化、产业化生产及田间应用条件的实践研究方面也表现出乏力的现象。

不过，从目前来看，微生物修复技术具有较强的发展空间和应用前景。人们在微生物材料、降解途径以及修复技术研发等方面取得了一定的研究进展，并展示了一些成功的修复案例。但是随着微生物修复范畴及内涵的不断拓展，尤其针对复杂的污染土壤生态系统，每种微生物修复技术不仅要克服自身原有的不足，还需进一步认识和解决在修复过程中出现的新现象和新问题，如新型污染物类型的发现、新微生物资源的评价、污染物的土壤修复过程与风险、修复技术的联合化及高效应用等方面。因此，污染土壤的微生物修复仍面临着极大的挑战，任务仍然很艰巨。

第二节　植物修复技术

一、植物修复基本概念

植物修复是指经过植物自身对污染物的吸收、固定、转化与累积功能，以及为微生物修复提供有利于修复的条件，促进土壤微生物对污染物降解与无害化的过程。广义的植物修复包括植物净化空气（如室内空气污染和城市烟雾控制等），利用植物及其根际圈微生物体系净化污水（如污水的湿地处理系统等）和治理污染土壤。狭义的植物修复主要指利用植物及其根际圈微生物体系清洁污染土壤，包括无机污染土壤和有机污染土壤。植物修复技术由以下几个部分组成：植物提取、植物稳定、根基降解、植物降解、植物挥发。

植物修复广泛利用绿色植物的新陈代谢活动来固定、降解、提取及挥发污染物，对污染物进行绿色清洁，从而将污染物转化为低毒或无毒的物质，对污染土壤进行绿色治理。

二、植物修复类型

通常来讲，对于土壤中的有机污染物和无机污染物，植物对其都具有不同程度的吸收、挥发和降解等修复功能，有的植物可同时实现上述几种方式的修复。修复植物与普通植物的差别就在于其有强大的修复功能，如超积累植物。按照植物修复的作用过程和机理一般分为利用植物代谢功能的植物降解修复、利用植物转化功能的植物挥发修复、利用植物根系吸附的植物根际过滤修复、利用植物控制污染扩散和恢复生态功能的植物稳定修复及利用植物超积累或积累性功能的植物提取修复。

（一）利用植物代谢功能的植物降解修复

植物降解是指植物从土壤中吸收污染物，并通过代谢作用，在体内进行降解。污染物首先要进入植物体，植物体对其吸收效率取决于污染物的疏水性、溶解性和极性等。实验证明，辛醇-水分配系数 $\lg K_{ow}$ 为 $0.5\sim3.0$ 的有机物容易被植物吸收。植物对污染物的吸收，还取决于植物种类、污染时间以及土壤理化性质。吸收效率同时取决于 pH、吸附反应平衡常数、土壤水分、有机物含量和植物生理特征等。植物降解的处理对象主要有 TNT、DNT、HMX、硝基苯、硝基甲苯、阿特拉津、卤代化合物、DDT 等。

植物降解技术还有另一种特别的方式，即根际降解，其主要机理是土壤植物根际分泌某些物质，如酶、糖类、氨基酸、有机酸、脂肪酸等，使植物根部区域微生物活性增强或者能够辅助微生物代谢，从而加强对有机污染物的降解，将有机污染物分解为小分子的 CO_2 和 H_2O，或转化为无毒性的中间产物。例如，有学者发现黑麦草（*Lolium perenne*）根际增加了土壤中微生物碳的含量，从而提高了植物对苯并 [a] 芘的降解率。根际降解的处理对象主要有多环芳烃、苯系物、石油类碳氢化合物、高氯酸酯、除草剂、多氯联苯等。

（二）利用植物转化功能的植物挥发修复

植物挥发是利用植物根系分泌的一些特殊物质使土壤中的重金属转化为可挥发态，或者植物将土壤中的重金属吸收到体内后将其转化为气态物质释放到大气中，从而净化土壤。为了尽可能地保护环境，被转化后的物质毒性要小于转化前污染物质的毒性。目前在这方面研究较多的是汞（Hg）和硒（Se）的化合物形态对人的毒性最强，元素硒毒性最小。硒以硒酸盐、亚硒酸盐和有机态硒的形态为植物所吸收。某些湿地植物可清除土壤中的硒，其中单质占 75%，挥发态占 20%～25%，可通过植物体内三磷酸腺苷（ATP）硫化酶的作用还原成低毒性的 CH_3SeCH_3 和 CH_3eSeCH_3。高毒性的硒可被杨麻根系分泌物转变成低毒性的气态甲基硒而挥发。汞是重金属之一，具有环境危害大、极易挥发的特性，在土壤中有多种存在形态，如无机汞、有机汞等。高毒汞可经植物汽化后变成低毒汞，如拟南芥菜能将汞变成低毒的单质汞挥发掉。修复重金属污染土壤时可应用植物挥发修复技术，有效去除土壤中的重金属，但只限于挥发性重金属的修复，应用范围较小。

（三）利用植物根系吸附的植物根际过滤修复

根际过滤即通过耐性植物根系特征，改变根际环境使重金属形态发生变化，通过植物根际的吸收、积累和沉淀，使其保持在根部，降低其在土壤中的移动性，根系表面积越大，效果也就越好。根际过滤适用于修复水中的重金属污染，具有永久性和广泛性，有望成为治理土壤重金属污染的重要方法。

研究表明，植物的幼苗对重金属的去除作用较为明显，这是因为植物幼苗根系比表面积较大，生长迅速，所以吸附重金属离子的能力较强。目前在植物根际过滤修复中使用较多的是一些耐盐且生命力强的植物，如向日葵（*Helianthus annuus*）、印度芥菜（*Brassica juncea*）、盐地鼠尾栗（*Sporobolus virginicus*）等。

（四）利用植物控制污染扩散和恢复生态功能的植物稳定修复

植物稳定是指通过植物根系的吸收、吸附、沉淀等作用，稳定土壤中的污染物。植物稳定发生在植物根系层，通过微生物或者化学作用改变土壤环境，如植物根系分泌物或者

产生的 CO_2 可以改变土壤 pH。应用植物稳定原理修复污染土壤应尽量防止植物吸收有害元素，以防止昆虫、草食动物及牛、羊等牲畜在这些地方觅食后可能对食物链带来污染。

植物稳定修复的作用主要表现在两方面。一是通过根部累积、沉淀、转化重金属，或利用根的吸附作用对重金属进行固定。二是减轻对污染土壤的风蚀、水蚀作用，保护地下水和周围环境，防止重金属渗漏或四周迁移。如某些植物能使毒性较高的 Cr^{6+} 转变为毒性较小甚至无毒的 Cr^{3+}。这类植物一般具有两个特征，一是能在重金属污染程度高的土壤上生长；二是根系发达而且其分泌物对重金属具有吸附、沉淀或还原作用。但土壤中的重金属并没有被去除，只是通过植物稳定修复作用将其暂时进行固定，重金属很有可能重新活化并恢复毒性。因此植物稳定修复技术并没有将重金属污染问题彻底解决掉，通过植物稳定修复技术处理重金属污染土壤是一项正在发展中的技术，但也有可能会显示出更大的应用潜力，比如与原位化学钝化技术相结合。耐性植物、特异根分泌植物的筛选以及稳定修复植物与原位钝化联合修复技术的研究很有可能成为未来的研究方向。

（五）利用植物超积累或积累性功能的植物提取修复

植物提取是指种植一些特殊植物，利用其根系吸收污染土壤中的有毒有害物质并运移至植物地上部分，在植物体内蓄积直到植物收割后进行处理。收获后可以进行热处理、微生物处理和化学处理。植物提取作用是目前研究最多、最有发展前景的方法。该技术利用的是对污染物具有较强忍耐和富集能力的特殊植物，要求所用植物具有生物量大、生长快和抗病虫害能力强等特质，并具对多种污染物较强的富集能力。此方法的关键在于寻找合适的超富集植物并诱导出超富集体。环境中大多数苯系物、有机氯化剂和短链脂族化合物都是通过植物直接吸收除去的。

根据不同的实施策略，植物提取技术可分为连续植物提取和诱导植物提取，超积累植物和诱导积累植物也便成为植物修复技术中需要的两大类植物。一些具有很强的吸收重金属并运输到地上部积累能力的植物是前者所指的对象；一些不具有超积累特性但通过一些过程可以诱导出超量积累能力的植物则是后者所指的对象。超积累植物由于具有很强的吸收和积累重金属的能力，从而在修复重金属污染土壤方面表现出极大的潜力，其对特定重金属的累积量是普通植物的 $10\sim500$ 倍，甚至更高。植物提取修复技术是目前应用最多、最有发展前景的土壤重金属污染植物修复技术。

连续植物提取依赖于植物的一些特殊生理、生化过程，使植物尤其是重金属超积累植物，在整个生命周期中都可以吸收、转运、累积以及忍耐重金属。由于某些植物只能在某一特定生长时期才能吸收重金属，或其吸收重金属的能力较弱，人们只有辅助以络合剂等理化措施来诱导植物对重金属进行积累，这就是诱导植物提取。

若采用植物提取技术治理污染土壤，首先要找到与被提取元素相对应的超积累植物。运用植物提取技术时不仅要求植物能从根部吸收重金属离子，而且要求植物能具有较强的地上转运能力。重金属离子首先被根部吸收，共质体负责运输，携带其穿过根内皮层中的凯氏带，最后送达木质部，再和木质部中的有机酸和氨基酸等结合，被运往植物的地上部分。

三、植物修复的原理和方法

(一)重金属污染土壤的植物修复原理和方法

重金属污染土壤的植物修复技术是指利用植物修复和消除由有机毒物和无机废弃物造成的土壤环境污染，是一种利用自然生长植物或遗传工程培育植物修复重金属污染土壤环境的技术总称，通过植物系统及其根际微生物群落来移去、挥发或稳定土壤环境污染物。

重金属污染土壤植物修复技术在国内外首先得到广泛研究，国内目前研究和应用比较成熟。近年来，我国在重金属污染农田土壤的植物吸取修复技术一定程度上开始引领国际前沿，已经应用于砷（As）、镉（Cd）、铜（Cu）、锌（Zn）、镍（Ni）、铅（Pb）等重金属，并发展出络合诱导强化修复、不同植物套作联合修复、修复后植物处置的成套技术。这种技术应用的关键在于筛选出高产和高去污能力的植物，摸清植物对土壤条件和生态环境的适应性。

1. 重金属污染土壤植物修复技术分类

重金属污染土壤的植物修复技术主要包括植物提取、植物挥发和植物稳定三种基本类型，其修复优缺点见表3-4。

表3-4 重金属土壤污染植物修复技术的比较

植物修复技术类型	优点	缺点
植物稳定	降低金属流动性，降低生物可利用性	不能彻底将金属离子去除，不能彻底解决土壤重金属污染问题
植物挥发	生产后再处理	对人类健康、生态系统有一定污染
植物提取	超积累植物生物量高	超积累植物存在地上处理问题

2. 重金属超积累植物

重金属的超积累植物是植物修复的重要部分，超积累植物指的是能超量积累一种或多种重金属元素的植物。一般认为超积累植物有以下特征：

①超积累植物地上部分的重金属含量是普通植物在同一生成条件下的100倍以上，植物体内重金属锌（Zn）、镉（Cd）、镍（Ni）临界含量分别为10 000mg/kg、100mg/kg、1 000mg/kg；根据Baker和Brooks的参考值，锌和锰（Mn）的临界含量为10 000mg/kg，镉为100mg/kg，金（Au）为1mg/kg，铜（Cu）、铅（Pb）、镍、钴（Co）均为1 000mg/kg；

②超积累植物的地上部分重金属含量大于根部相应重金属含量；

③在重金属含量高生镜下可正常生长，没有明显毒害症状，能正常完成生活史。

现已发现的超积累植物多分布于野外，且表现出很强的地域性分布，分布很不均匀，尤以富含重金属矿区周围居多，多数重金属的超积累植物的首次发掘都是在矿山地区。如镍的超积累植物主要分布在南欧、古巴、美洲西部、津巴布韦。通过对超积累植物的深入研究，发现超积累植物在植物分类系统上有一定规律，十字花科、石竹科的植物较多。

另外，超积累植物的一个重要来源是农田的杂草。由于杂草的环境适应能力强、生物量大、生命力强，从杂草中挑选出超积累植物对植物修复的研究具有重要意义。

3. 重金属污染土壤植物修复技术的应用前景

土壤重金属污染修复需要重金属超积累植物，我国金属性矿山种类繁多，这些金属性矿山孕育着对重金属耐性强及重金属含量高的植物种类，因此可以充分发挥植物资源丰富的优势，这对于超积累植物的寻找和发现是非常有利的。对于不同的植物，其根际微生物的种类和数量各不相同，通过调节植物的种类来构建高效的微生物群落，修复或降解特定的重金属污染，将会使植物修复技术在治理土壤重金属污染上有更广阔的前景。近年来，国内外又提出了将植物转基因技术应用于重金属的植物修复中。

（二）有机污染土壤的植物修复原理和方法

重金属污染的植物修复往往是寻找能够超积累或超耐受该重金属的植物，将金属污染物以离子的形式从环境中转移至植物特定部位，再将植物进行处理，或者依靠植物将金属固定在一定环境空间以阻止进一步的扩展。而植物修复有机物污染的机理要复杂得多，经历的过程可能包括吸附、吸收、转移、降解、挥发等。植物根际的微生物群落和根系相互作用，提供了复杂的、动态的微环境，对有机污染物的去除有较大潜力。已有的实验室和中试研究表明，具有发达根系（根须）的植物能够促进根际菌群对除草剂、杀虫剂、表面活性剂和石油产品等有机污染物的吸附、降解。

植物主要通过3种机制降解、去除有机污染物，即植物直接吸收有机污染物；植物释放分泌物和酶，刺激根际微生物的活性和生物转化作用；植物增强根际矿化作用。

1. 植物直接吸收有机污染物

植物从土壤中直接吸收有机物，然后将没有毒性的代谢中间产物储存在植物组织中，这是植物去除环境中中等亲水性有机污染物（辛醇-水分配系数 $\lg K_{ow}=0.5\sim3.0$）的一个重要机制。疏水有机化合物（$\lg K_{ow}>3.0$）易于被根表强烈吸附而易被运输到植物体内。化合物被吸收到植物体后，植物根对有机物的吸收直接与有机物相对亲脂性有关。这些化合物一旦被吸收，会有多种去向：植物将其分解，并通过水质化作用使其成为植物体的组成部分；也可通过挥发、代谢或矿化作用使其转化成 CO_2 和 H_2O，或转化成为无毒性的中间代谢物如木质素，存储在植物细胞中，达到去除环境中有机污染物的目的，环境中大多数苯系物化合物、含氯溶剂和短链的脂肪化合物都通过这一途径除去。

有机污染物能否直接被植物吸收取决于植物的吸收效率、蒸腾速率以及污染物在土壤中的浓度。而吸收率反过来取决于污染物的物理化学特征、污染物的形态以及植物本身特性。蒸腾率是决定污染物吸收的关键因素，其又取决于植物的种类、叶片面积、营养状况、土壤水分、环境中风速和相对湿度等。

2. 植物释放分泌物和酶去除环境中的有机污染物

植物可释放一些物质到土壤中，以利于降解有毒化学物质，并可刺激根际微生物的活性。这些物质包括酶及一些有机酸，它们与脱落的根冠细胞一起为根际微生物提供重要的营养物质，促进根际微生物的生长和繁殖，且其中有些分泌物也是微生物共代谢的基质。

3. 根际的矿化作用去除有机污染物

根际是受植物根系影响的根-土界面的一个微区，也是植物-土壤-微生物与环境条件相互作用的场所。由于根系的存在，增加了微生物的活动和生物量。微生物在根际圈和根系土壤中的差别很大，根系圈的微生物量一般为根系土壤的 5～20 倍，有的高达 100 倍，微生物数量和活性的增长，很可能是根际非生物化合物代谢降解的结果。而且植物的年龄、不同植物的根、有瘤或无瘤、根毛的多少以及根的其他性质，都可以影响根际微生物对特定有毒物质的降解速率。

微生物群落在植物根际圈进行繁殖活动，根系分泌物和分解物养育了微生物，而微生物的活动也会促进根系分泌物的释放。最明显的例子是有固氮菌的豆科植物，其根际微生物的生物量、植物生物量和根系分泌物都有增加，这些条件可促使根际区有机化合物的降解。

植物根际圈的降解作用可细分为三个过程。

（1）生物好氧代谢过程。

研究表明，在一些植物根际圈内，由于提供了一个利于好氧微生物生长和繁殖的供氧环境，微生物数量显著偏高。若要加速外来污染物的降解可以通过根际圈内特殊微生物数量的增加和种群结构多样化的方法来实现。然而，有研究显示，对于芳烃类、苯磺酸类等污染物单一专性好氧菌的降解作用并不突出。但是，若将这些单一的好氧菌与根际圈内其他微生物群落混在一起，形成共柄关系，便可以明显提高对这些难降解微生物的矿化，以防止有机污染物中间体的形成与积累。

（2）生物厌氧代谢过程。

植物可以短时间适应无氧环境，一些厌氧菌对环境中的持久性污染物有较强的去除能力，如多氯联苯、DDT、PCE。实验指出，在厌氧条件下，一些有机污染物（苯和其相关污染物）可完全矿化为 CO_2。

（3）腐殖化过程。

土壤的腐殖化作用对污染物的脱毒也是一种有效的方法，一些研究者以多环芳烃为试验品，利用同位素标记法进行植物对腐殖化作用影响的实验，结果表明，由于腐殖化作用，影响了多环芳烃在土壤—植物系统中的最终归宿。另外，由于根际圈微生物的作用，使根际圈内的腐殖化作用加速，污染物被固定其中，减少了污染物的暴露，从而减轻了有害物质对植物的潜在毒性。

四、应用于土壤修复的植物种类

（一）应用于重金属土壤污染修复的植物种类

实践中，利用植物修复技术治理重金属污染土壤需要解决三大问题：一是短时间恢复植被与景观，控制重金属污染扩散，减少对周边环境的影响并有效地降低水土流失；二是降低重金属元素在土壤中的含量到生态安全的水平，最终实现土壤重金属的根本去除；三是在解决上述问题的基础上，进一步增加土壤养分含量，提高土地的利用价值。在垃圾填埋场以及重金属尾矿库等污染土壤地治理中，通常按规定采用覆土、客土以及土壤改良等措施，通过实施这些改良方案极大地改善了植物生长介质的理化性质，降低了植物根际重金属含量，从而很大程度地减弱了重金属的毒性，进一步扩大了植物种类选择的范围。以下重点阐述积累与超积累植物、先锋植物和生态—经济型植物种类的筛选应用。

1. 积累与超积累植物

积累与超积累植物是指吸收积累重金属能力强的植物。国内外对积累与超积累植物的界定依据是植物的富集浓度与转移系数，转移系数一般用植物地上部和根部重金属浓度的比值来表示。超积累植物的标准目前一般采用贝克（Baker）和布鲁克斯（Brooks）提出的参考值，即把植物叶片或地上部（干重）含锰（Mn）、锌（Zn）达到10 000mg/kg，镉（Cd）达到100mg/kg，铅（Pb）、铜（Cu）、铬（Cr）、钴（Co）、镍（Ni）等达到1 000mg/kg及以上，且转移系数大于1的植物称为相应元素的超积累植物。按照这一标准，世界上至今为止共发现的超积累植物有500余种。表3-5列出了国内外文献中报道的常见重金属的部分超积累植物。

在植物修复领域，超积累植物的筛选至今仍然是学术界的热点。国内外文献报道，超积累植物具有耐受高浓度重金属、抗性强和转移系数大的特点。然而大多数超积累植物在修复污染土壤过程中，也表现出很多不足，如根系浅，适生范围窄，生物量小，从而导致富集的重金属元素总量也小，进一步则表现出修复污染土壤所需要的时间较长；另外，部分超积累植物具有元素专一性的特点。因此，在多种重金属元素共存的复合污染中，超积累植物的应用受到一定的限制。

表3-5 常见重金属的超积累植物

重金属	超积累植物名称	浓度/（μg/g）	转移系数
	羊茅（*Festuca ovina*）	11 750	>1
	荞麦（*Fagopyrum esculentum*）	10 000	3.03
	白莲蒿（*Artemisia sacrorum*）	2 857	10.38
	圆锥南芥（*Arabis paniculata*）	2 484	1.96
	羽叶鬼针草（*Bidens maximowicziana*）	2 164	1.25
铅（Pb）	兴安毛连菜花（*Picris hieracioides*）	2 148	2.47
	圆叶无心菜（*Arenaria orbiculata*）	2 105	>1
	白背枫（*Buddleja asiatica*）	1 835～4 335	1.1
	小鳞苔草（*Carex gentilis*）	1 834	9.96
	马蔺（*Iris lactea*）	1 109	0.46
	肾蕨（*Nephrolepis auriculata*）	1 020	2.3
	人参木（*Chengiopanax fargesii*）	23 500	>1
	土荆芥（*Chenopodium ambrosioides*）	20 990	1.57
锰（Mn）	杠板归（*Polygonum perfoliatum*）	18 342	1.10～4.12
	短毛蓼（*Polygonum pubescens*）	16 649	1.06
	菲岛福木（*Garcinia subelliptica*）	13 100	>1
	木荷（*Schima superba*）	9 975	13.5

（续）

重金属	超积累植物名称	浓度/（μg/g）	转移系数
锰（Mn）	垂序商陆（*Phytolacca americana*）	5 160～8 000	1.03～15.56
	水蓼（*Polygonum hydropiper*）	3 675	1.37
铜（Cu）	荸荠（*Heleocharis dulcis*）	1 538	45.7
	海州香薷（*Elsholtzia splendens*）	1 500	>1
	蓖麻（*Ricinus communis*）	1 290	>1
	鸭跖草（*Commelina communis*）	1 034	>1
镉（Cd）	壶瓶碎米荠（*Cardamine hupingshanensis*）	189～300	0.83～1.42
	球果蔊菜（*Rorippa globosa*）	1 01	1.0～1.3
	吊兰（*Chlorophytum comosum*）	865	0.57
	蜀葵（*Althaea rosea*）	573	<1
	龙葵（*Solanum nigrum*）	228	>1
	三叶鬼针草（*Bidens pilosa*）	119	1.52
	商陆（*Phytolacca acinosa*）	100	1
铬（Cr）	狼尾草（*Pennisetum alopecuroide*）	1 872	2.35
	李氏禾（*Leersia hexandra*）	277	11.59
	假稻（*Leersia japonica*）	292	>1
	扁穗牛鞭草（*Hemarthria compressa*）	821	>1

2. 耐重金属污染的本土先锋植物

耐重金属污染的本土先锋植物是指抗各种非胁迫能力强，能在重金属污染的条件下自然生长的植物。表 3-6 中所列举的积累和超积累植物也属于先锋植物范畴，这类植物虽然富集能力比超积累植物弱，但该类植物在恢复污染区植被、减少侵蚀和保护表土以及防止水土流失中发挥积极的作用。抗重金属污染的本土先锋植物主要集中在草本植物、灌木以及乔木。

表 3-6 文献报道的部分先锋植物

分类	植物名称	重金属污染种类
草本	节节草（*Equisetum ramosissimum*）、蜈蚣草（*Eremochloa ciliaris*）	铜（Cu）
	白茅（*Imperata cylindrica*）、马唐（*Digitaria sanguinali*）、飞蓬（*Erigeron acer*）、耳草（*Hedyotis auricularia*）、苍耳（*Xanthium sibiricum*）	锰（Mn）
	角果藜（*Ceratocarpus arenarius*）	镍（Ni）
	三芒草（*Aristida adscensionis*）、五节芒（*Miscanthus floridulus*）、截叶铁扫帚（*Lespedeza cuneata*）、黑麦草、芨芨草（*Achnatherum splendens*）、莎草（*Cyperus rotundus*）、土荆芥、蕨（*Pteridium aquilinum*）、香根草（*Vetiveria zizanioides*）	铅（Pb）、锌（Zn）
	一年蓬（*Erigeron annuus*）、牛筋草（*Eleusine indica*）、商陆、狗尾草（*Setaria viridis*）、野菊花（*Chrysanthemum indicum*）	铀（U）

（续）

分类	植物名称	重金属污染种类
灌木	紫穗槐（*Amorpha fruticosa*）、野桐（*Mallotus japonicus*）、铁扫帚（Inddigofera bungeana）、玫瑰（*Rosa rugosa*）、女贞（*Ligustrum lucidum*）、黄荆（*Vitex negundo*）、珍珠梅（*Sorbaria sorbifolia*）	铅（Pb）、锌（Zn）、锰（Mn）
乔木	木荷、橡树、拐枣树、黑杨（*Populus nigra*）、刺槐（*Robinia pseudoacacia*）、黑松（*Pinus thunbergii*）、大叶樟（*Calamagrostis langsdorffii*）、构树（*Broussonetia papyrifera*）、泡桐（*Paulownia fortunei*）、马尾松（*Pinus massoniana*）、棕榈（*Trachycarpus fortunei*）	锰（Mn）、铜（Cu）
	枫香（*Liquidambar*）、盐肤木（*Rhus chinensis*）、旱柳（*Salix matsudana*）、蒙自桤木（*Alnus nepalensis*）	铅（Pb）、锌（Zn）
	白背叶（*Mallotus apelta*）	锑（Sb）

3. 生态-经济型植物

生态-经济型植物上部富集重金属含量普遍较低，但由于较大的生物量使其去除土壤重金属总量较大。表3-7列出了近年来国内外应用于重金属尾矿库和工业污染区的生态-经济型建群植物。

表3-7　文献报道的部分生态-经济型植物

分类	植物名称
用材植物	橡树、任木（*Zenia insignis*）、松树（*Pinus*）、刺槐、马尾松、泡桐、三球悬铃木（*Platanus orientalis*）、栾树（*Koelreuteria paniculata*）、白蜡（*Fraxinus chinensi*）、桦树（*Betula*）、黑杨、柏木（*Cupressus funebris*）、黑松、枫树（*Acer*）、圆叶决明（*Chamaecrista rotundifolia*）、大叶樟、芦苇（*Phragmites australis*）、阔瓣含笑（*Michelia platypetala*）、黄杨（*Buxus sinica*）、香樟（*Cinnamomum camphora*）
工业原料与药用植物	鸭跖草、野葛［*Pueraria lobate*］、盐肤木、芦竹（*Arundo donax*）、紫竹梅（*Setcreasea purpurea*）、迷迭香（*Rosmarinus officinalis*）、五加（*Acanthopanax gracilistylus*）、欧洲山杨（*Populus tremula*）、龙须（*Bauhinia championii*）、刺槐、苎麻（*Boehmeria nivea*）、香根草、蒲公英（*Taraxacum mongolicum*）、海桐（*Pittosporum tobira*）、甜高粱（*Sorghum dochna*）、构树、紫苏（*Perilla frutescen*）、丁香罗勒（*Ocimum gratissimum*）、圆叶决明、艾蒿（*Artemisia argyi*）、棕榈、野桐、加拿大一枝黄花（*Solidago canadensis*）
能源植物	黄连木（*Pistacia chinensis*）、油菜、向日葵、光皮树（*Swida wilsoniana*）、大豆（*Glycine max*）、薄荷（*Mentha haplocalyx*）、甘蔗（*Saccharum officinarum*）、花生（*Arachis hypogaea*）、蓖麻、莳萝（*Anethum graveolens*）、苎麻、亚麻（*Linum usitatissimu*）、白檀（*Symplocos paniculata*）、乌桕（*Sapium sebiferum*）
景观植物	鸭跖草、山矾（*Symplocos sumuntia*）、月季（*Rosa chinensis*）、紫罗兰（*Matthiola incana*）、枫香、夹竹桃（*Nerium indicum*）、金银花（*Lonicera japonica*）、玫瑰、珍珠梅、六道木（*Abelia biflora*）、蟛蜞菊（*Wedelia chinensis*）、木荷、金叶女贞（*Ligustrum × vicaryi*）、羽衣甘蓝（*Brassica oleracea*）、复羽叶栾树（*Koelreuteria bipinnata*）、球核荚蒾（*Viburnum propinquum*）、变叶芦竹（*Arundo donax*）、杜英（*Elaeocarpus decipiens*）、杜鹃（*Rhododendron simsii*）、白雪姬（*Tradescantia sillamontana*）、千头柏（*Platycladus orientalis*）

（二）应用于盐碱土土壤修复的植物种类

盐碱土是盐土和碱土的统称。土壤盐碱化不仅导致土壤生产力降低，而且引发诸多生态环境问题。随着土地资源的日益紧张，必须寻求有效措施防治和改良盐碱土壤，而生物改良措施是最具有生态效益、经济效益的措施。利用盐生植物进行土壤改良是一种很具有开发前景的改良手段，目前也已开发出很多耐盐的植物，可用于盐碱地的改良。灌木类盐生植物如柽柳（*Tamarix chinensis*）、小果白刺（*Nitraria sibirica*）等；旱生、中生草本盐生植物如盐地碱蓬（*Suaeda salsa*）、刺儿菜（*Cirsium setosum*）、匙荠（*Bunias cochlearioides*）、二色补血草（*Limonium bicolor*）、罗布麻（*Apocynum venetum*）、红蓼（*Polygonum orientale*）、旋覆花（*Inula japonica*）、碱菀（*Tripolium vulgare*）、益母草（*Leonurus artemisia*）、苣荬菜（*Sonchus arvensis*）等；湿生盐生植物如芦苇、水葱（*Scirpus validus*）、荆三棱（*Scripus yagara*）等。

五、植物修复的优缺点

植物修复技术最大的优点是花费低、适应性广和无二次污染物，平均每吨土壤的修复成本为150～800元，能够永久地修复场地。此外，由于是原位修复，对环境的改变少；可以进行大面积处理；与微生物相比，植物对有机污染物的耐受能力更强；植物根系对土壤的固定作用有利于有机污染物的固定，植物根系可以通过植物蒸腾作用从土壤中吸收水分，促进污染物随水分向根区迁移，在根区被吸附、吸收或被降解，同时抑制了土壤水分向下和向其他方向扩散，有利于限制有机污染物的迁移。

但植物修复也存在缺点：修复周期长，一般为3年以上；深层污染的修复有困难，只能修复植物根系达到的范围；由于气候及地质等因素使得植物的生长受到限制，存在污染物通过"植物—动物"食物链进入自然界的可能；生物降解产物的生物毒性还不清楚；修复植物的后期处理也是一个问题，目前经过污染物修复的植物作为废弃物的处置技术主要有焚烧法、堆肥法、压缩填埋法、高温分解法、灰化法、液相萃取法等。

六、植物修复污染土壤在实际工程中应考虑的因素

尽管植物修复是原位修复的一种有效途径，但成功地实现修复也需要考虑到一些相关因素。

（一）土壤的理化性质

土壤颗粒组成直接关系到土壤颗粒比表面积的大小，从而影响其对持久性有机污染物的吸附。土壤水分能抑制土壤颗粒对污染物的表面吸附能力，促进生物可给性；但土壤水分过多，处于淹水状态时，会因根际氧分不足，而减弱对污染物的降解。土壤酸碱性条件不同，其吸附持久性有机污染物的能力也不同。碱性条件下，土壤中部分腐殖质由螺旋状转变为线形态，提供了更丰富的结合位点，降低了有机污染物的生物可给性；相反，当

pH<6 时，土壤颗粒吸附的有机污染物可重新回到土壤中，并随植物根系吸收进入植物体。矿物质含量高的土壤对离子性有机污染物吸附能力强，降低其生物可给性；有机质含量高的土壤会吸附或固定大量的疏水性有机污染物，降低其生物可给性。

（二）共存有机物

当前植物修复大多针对单一有机污染物，而复合有机污染土壤的植物修复主要研究了表面活性剂对土壤有机污染植物修复效率的影响。表面活性剂本身对植物具有一定的危害作用，但若将其浓度控制在合理范围内，将会促进疏水性有机污染物的生物可给性，提高其植物修复效率。一定浓度的表面活性剂 TW-80 能提高土壤中多环芳烃的植物吸收率和生物降解率。

（三）植物种类的筛选

植物种类的选择要根据所要修复的持久性有机污染物的种类及其浓度来确定。对于有机污染物的植物修复来说，要求植物生长速率快，并能够在寒冷的或干旱的气候等恶劣环境下生存，能够利用土壤蒸发蒸腾所损失的大量水分，并能将土壤中的有毒物质转化成为无毒或低毒的产物。在温带气候条件下，地下水生植物及湿生植物（如杂交的白杨、柳树）由于其生长速率快、深及地下水的根系、旺盛的蒸腾速率以及广泛的生长于大多数国家，因而往往被用于植物修复技术。选择植物必须坚持适地适树的原则，即选择那些在生理上、形态上都能够适应污染环境要求，并能够满足人们对污染水体和污染土壤修复的目的，而且具有一定经济价值的植物。

（四）定期检查

植物修复的定期检查费用远少于常规修复，但直接关系到最终的修复结果。检查包括植物浇水、施肥、休整以及适当的使用杀虫剂等。值得注意的是，由昆虫和动物对修复植物所造成的自然破坏能够在短时间内导致整个修复计划的失败。例如，由于海狸的活动几乎毁掉了美国俄亥俄州的植物修复工程；在马里兰州的修复植物也遭到了鹿的严重破坏。因此，应该在动物可能造成破坏的修复区域设立栅栏等对修复植物进行保护。

综上所述，植物修复是一种环境友好、费用低的环境治理新技术，具有很大的开发潜力。植物修复研究取得了很大进展，但仍存在许多有待完善之处。

第三节　动物修复技术

动物修复技术主要是通过土壤动物群来修复受污染的土壤，分为直接作用和间接作用。直接作用包括吸收、转化和分解；间接作用是通过动物改善土壤的理化性质，提高土壤的肥力，促进植物和微生物的生长。动物修复技术包括两方面内容：第一，用生长在污染土壤上的植物体和粮食等饲喂动物，通过研究动物的生化变异来研究土壤的污染状况；第二，直接将蚯蚓、线虫类等饲养在污染土壤中进行研究。目前这项技术较多的应用在石油类污染土壤中。以下就土壤中部分动物的生态功能来阐述污染土壤的动物修复技术。

一、蚯蚓的生态功能

蚯蚓被称为"生态系统工程师"，全世界已记录的陆栖种类约有 4 000 种，中国有 300 余种。蚯蚓喜潮湿，在排水和通气状况良好的肥沃土壤中数量巨大，每公顷可达几十万至上百万条，活动深度可达 2m 以上。蚯蚓分布广泛，地球上绝大部分生态系统中都有蚯蚓存在，温带土壤中生物量极大。土壤中的蚯蚓数量是土壤质量的标志之一，$5\sim10$ 条/m² 的密度说明土壤健康状况良好。蚯蚓在土壤中的生态功能多样性，主要包括以下几个方面。

（1）改良土壤物理性状。

蚯蚓在运动和取食过程中可以不断搅动和疏松土壤，改变土壤结构和土层排列。其粪便堆积在地表和土层内，有利于土壤物质的紧密结合，形成疏松多孔的良好结构，显著增加土壤通气性和排水保水功能。

（2）促进团聚体形成。

蚯蚓产生的黏蛋白可将小土壤颗粒结合在一起，形成真正的土壤团聚体结构。个体较大的蚯蚓又专以小土壤团聚体为食，土壤颗粒混入大量黏液，在蚯蚓肠腔内形成"有机-无机复合体"，再以粪便的形式排出体外，产生新的团聚体，对土壤"有机-无机复合体"的形成产生显著影响。

（3）影响分解和物质循环。

蚯蚓可通过粉碎和消化作用直接影响分解过程，也可通过影响微生物的活动来间接影响分解作用。蚯蚓以腐烂的植物和泥沙为食，每 24h 的消耗量相当于自身体重，只要蚯蚓数量足够多，可把每年产生的枯枝落叶在 $2\sim3$ 个月内混合到土壤中，加快土壤物质循环。

（4）环境指示作用。

蚯蚓主要以土壤颗粒和土壤中的有机质为食，处于陆地生态系统食物链的底部，对某些污染物比许多其他土壤动物更为敏感。土壤中的大部分杀虫剂和重金属都极易在蚯蚓体内富集，这些被富集的化学物质可能并不对蚯蚓造成严重伤害，但可能影响食物链中更高级的生物。因此，利用蚯蚓作为土壤环境的指示生物，可为保护整个土壤动物区系提供一个较高的安全阈值。

二、白蚁和蚂蚁的生态功能

白蚁是被称作"生态系统工程师"的另一大类土壤无脊椎动物，主要生活在热带和亚热带地区，目前已发现的种类超过 2 000 种。白蚁覆盖了地球上 2/3 以上的陆地面积，在气候温暖、雨水充沛、木材资源丰富的地区白蚁极其丰富。白蚁主要取食富含纤维素的食料，如朽木、植物残体和新鲜植物组织，有的种类甚至取食纸张、布匹、牛粪等含有纤维素的物质。白蚁的居所由地上部的巢穴和地下部的通道组成，其巢穴在地上部高达 $1\sim2m$，通道在地下部长达 $20\sim30m$。蚂蚁分布广泛，热带地区种类繁多，目前已发现的种类超过 1 万种。蚂蚁属杂食性动物，主要以节肢动物特别是昆虫为食，也有的蚂蚁采集植物种子、植物汁液、真菌和其他蚂蚁的卵或幼虫为食。蚂蚁的巢穴建在地下，由独立的穴室和纵横交错的通道组成。白蚁和蚂蚁在土壤中的生态功能主要包括以下几个方面。

（1）影响土壤养分分布。

白蚁和蚂蚁在筑巢和开挖通道时会把大量富含有机质的表层土壤运往下层，同时又将深层较为黏重的矿质土壤搬运至地表，导致养分在土壤剖面中重新分布。

（2）改变土壤结构和物理性状。

在白蚁和蚂蚁富集的土壤中，其巢穴、洞室和地下通道也极其丰富，可强烈改变土壤的物理结构。尤其是白蚁，筑巢时将唾液、粪便和矿质土壤混合胶结在一起，形成的物质十分坚硬，蚁巢在白蚁消失很长一段时间后还能完整无缺，可长时间影响土壤的多孔性、通气性、渗透性和排水性，降低土壤容重。

（3）促进有机质分解和养分循环。

白蚁本身不能消化纤维素，但其后肠有能消化纤维素的共生原虫，经过白蚁和微生物的协调作用，纤维素得到彻底分解，其排泄物中能被其他土壤生物利用的有机残体已不多。白蚁活动还可促进植物残体的氮素释放，增加土壤中的有机质，特别是能形成稳定的腐殖酸，有利于稳定土壤结构，提高土壤肥力。

（4）不利影响。

白蚁和蚂蚁都是重要的农业害虫，可通过取食直接危害植株。同时白蚁和蚂蚁筑巢时可从地表移走大量有机残体，与土壤争夺养分，影响作物生长，造成地表裸露，导致土壤侵蚀，引起水土流失。

三、原生动物的生态功能

土壤原生动物是一类缺少真正细胞壁的真核生物，是最简单、最低等的单细胞动物，其种类繁多，数量巨大，主要分布在细菌集中的表层土壤，根际土壤中尤为丰富，一般每克土壤在 1 万～10 万个，多时为 100 万～1 000 万个，是土壤中的重要动物类群。原生动物在土壤中的生态功能主要包括以下几个方面。

（1）影响土壤结构。

原生动物不能对土壤结构产生直接影响，但可通过吞食固体食物，选择性地取食细菌来调节细菌数量，改变土壤微生物群落结构，利用与细菌和真菌的相互作用来间接影响土壤结构。

（2）参与土壤物质循环。

原生动物在土壤氮素循环中起着非常重要的作用，可将固持在细菌体内的氮素释放出来。原生动物在土壤中捕食细菌时，有 1/3 细菌生物量氮被转化为原生动物生物量氮，1/3主要由细菌细胞壁和细胞器组成，不能被原生动物消化而被分泌成为土壤有机氮，另外 1/3则直接以氨的形式分泌到土壤中。

（3）环境指示功能。

原生动物对多种农药反应敏感，能产生抑制效应。农药的大量使用可导致土壤中敏感物种减少或消失，耐污物种数量相对增加。重金属污染则可导致土壤原生动物群落组成、结构和物种多样性发生变化。因此，可将土壤原生动物用作土壤中残留有机污染物、农药以及重金属等的污染诊断。

四、螨类的生态功能

土壤螨是一类以腐烂动植物为食、营自由生活的小型节肢动物，是生态系统分解者中的关键动物类群。螨类几乎遍及地球的每个角落，主要栖息于土壤和枯枝落叶中，在苔藓、地衣、草地中也曾大量发现。在面积为 $1m^2$、厚度为 $10cm$ 的土壤中，螨类数量在5万～25万头，占土壤动物总个体数的 $28\%～78\%$。螨类在土壤中的生态功能主要包括以下几个方面。

（1）分解有机质。

螨类都有强大的口器，通过取食枯枝落叶、落果和植物残根等，可充分软化和粉碎有机碎屑，增大微生物对底物的作用面积，提高酶作用的效率，在陆地生态系统中对土壤表层植物残片的分解所起的作用非常巨大。

（2）改善土壤质量。

螨类消化道对有机物质的吸收利用能力很差，绝大部分有机物经过消化道后又以粪便的形式排泄到土壤中，这些粪尿大量积累，对土壤腐殖化意义重大，有助于形成团聚体结构，增加透水性和通气性，改善土壤理化性质，增加土壤肥力。

（3）参与物质循环。

螨类促进碳矿化的机理和原生动物一样，都是通过捕食来促进微生物的更新换代，将固持在微生物体内的营养物质释放出来。捕食性螨对净氮矿化也有很大影响，含氮量高的土壤中螨的种类和数量也较多。

（4）监测环境污染。

甲螨是监测环境污染和土壤恶化的重要指示生物，因其食性较广，有广泛接触有害物质的机会，能较敏感地反映土壤中的细微变化，如可用甲螨来监测土壤中铅（Pb）、镉（Cd）、锌（Zn）等重金属污染和 DDT、五氯酚等有机氯污染的发生及其严重程度。

五、线虫的生态功能

线虫是土壤动物群落中数量和功能类群最为丰富的一类多细胞动物，多呈透明丝状，是土壤生物区系中最重要的组成部分。线虫生活在海洋、淡水和土壤中，数量极其丰富。土壤中的线虫主要集中在表层，密度可达每平方米 10 万条，疏松、多孔、容重小、有机质含量高的土壤中线虫更为丰富。线虫食性广泛，可分为腐食性、植食性、捕食性、食真菌、食细菌和食藻类线虫，常常引起多种植物根部病害。线虫在土壤中的生态功能主要包括以下几个方面。

（1）参与有机质分解。

线虫一般不直接对有机质分解起作用，但可通过多种方式间接影响分解过程，如通过取食真菌和细菌来调节土壤微生物群落结构和大小，调节有机复合物转化为无机物的比例，影响植物共生体的分布和功能等。

（2）维持生态系统稳定。

线虫在土壤生态系统中占有多个营养级，同时存在捕食、竞争、共生、寄生等多种现象，与其他土壤动物形成复杂的食物网，可有效控制其他土壤动物和微生物的种群数量，维持生态系统平衡。

（3）影响碳、氮循环。

食细菌线虫最有活力时每天可吞食自身体重 6.5 倍的食物，其捕食速率的变化可显著改变土壤碳、氮循环过程。

（4）指示功能。

线虫世代周期较短，对环境因子的变化十分敏感，可在短时间内对环境变化做出响应。线虫的群落组成反映它们的食物资源，并可提供土壤食物网机能方面的信息。因此，线虫被普遍用作土壤指示生物，在评价生态系统的土壤生物学效应、土壤健康水平、生态系统演替或受干扰的程度等方面作用尤为突出。

六、弹尾目昆虫的生态功能

弹尾目昆虫通称跳虫，是一类原生、无翅、有腹肢的中型土壤动物。弹尾目分布很广，大多喜欢阴凉潮湿的环境，主要生活在土壤或地表的枯枝落叶、朽木、砖瓦石块和地面植物上。弹尾目处在土壤生态系统中食物网的底部，以腐败的动植物残骸、细菌、真菌、种子、花粉和其他小型土壤动物为食，也可从活的植物根系和落叶中获取营养。目前已经发现和记录的弹尾目种类超过 7 500 种，在有机质丰富的环境中密度很大，如森林土壤每平方米弹尾目在 1 万～100 万个，农业土壤每平方米也有 100～10 000 个。弹尾目在土壤中的生态功能主要包括以下几个方面。

（1）参与分解过程。

弹尾目可通过取食、运动、挖掘等手段破坏植物的木质部保护层，使微生物可以持续不断地进行分解，对分解过程产生迅速而显著的影响。其体内和体外均携带大量微生物，可提高土壤中的微生物量，并能与微生物共同作用，分解土壤有机质。

（2）改善土壤质量。

由于肠道中存在分解壳质的杆菌属生物，弹尾目可取食自己的表皮或其他节肢动物残留的表皮物质，并将其转化为土壤可利用的有机质，增加土壤肥力。弹尾目可将土壤腐殖质与矿物混合，其粪便形成的小球被微生物分解后将养分缓慢释放到植物根部，改善土壤质地、结构、通气性和透水性。在土壤进一步成熟的过程中，它们还参与大型动物粪便的降解。

（3）作为生防材料。

弹尾目取食的部分细菌、真菌和土壤动物正是其他植物的病原菌，可引发多种病害，因此弹尾目在限制某些有害菌的分布上可能起到重要作用，能在一定程度上控制作物病害，是一种天然的生防材料。

（4）土壤重金属污染监测与修复。

弹尾目的全部生命活动一般都集中在 0～25cm 的表层土壤，它们是土壤环境变化的受害者和直接目击者，对重金属污染具有很高的敏感性和耐受性，可作为指示生物对土壤污染进行早期预警和生态毒理评估。同时弹尾目还能不同程度吸收重金属污染物，并通过改变其形态或形成络合物等方式降低污染物的毒性，达到修复的目的。

第四节　生物修复工程设计及应用

一、污染土壤生物修复工程设计

生物修复是一项系统工程，它需要依靠工程学、环境学、生物学、生态学、微生物学、地质学、土壤学、水文学、化学等多学科的合作，为了确定生物修复技术是否适用于某一受污染环境和某种污染物，需要进行生物修复的工程设计。

（一）场地信息收集

①收集场地具有的物理、化学和微生物特点，如土壤结构、pH、可利用的营养、竞争性碳源、土壤孔隙度、渗透性、容重、有机物、溶解氧、氧化还原电位、重金属、地下水位、微生物种群总量、降解菌数量、耐性和超积累性植物资源等；

②收集土壤污染物的理化性质，如所有组分的深度、溶解度、化学形态、剖面分布特征，及其生物或非生物的降解速率、迁移速率等；

③收集受污染现场的地理、水力地质和气象条件以及空间因素（如可用的土地面积和沟渠）；

④收集有关的管理法规，根据相应的法规确立修复目标。

（二）可行性论证

可行性论证包括生物可行性和技术可行性分析。生物可行性分析是获得包括污染物降解菌在内的全部微生物群体数据、了解污染地发生的微生物降解植物吸收作用及其促进条件等方面的数据的必要手段，这些数据与场地信息一起构成生物修复工程的决策依据。

技术可行性分析旨在通过实验室所进行的试验研究提供生物修复设计的重要参数，并用取得的数据预测污染物去除率，达到清除标准所需的生物修复时间及经费。在掌握当地信息后，应向有关单位（信息中心、信息网站、大专院校、科研院所等）咨询是否在相似的情况下进行过生物修复处理，以便采用或移植他人经验。例如，在美国要向"新处理技术信息中心（Alternative Treatment Technology Information Center，简称ATTI）"提出技术查询。

（三）技术路线选择

根据场地信息和可行性论证报告，对包括生物修复在内的各种修复技术以及它们可能的组合进行全面客观的评价，列出可行的方案，选择具体的生物修复技术方法，设计具体的修复方案（包括工艺流程与工艺参数），然后在人为控制条件下运行。

（四）可处理性试验

假如生物修复技术方案可行，就要设计小试和中试，从中获取有关污染物毒性、温度、营养和溶解氧等限制性因素的资料，为工程的具体实施提供基本工艺参数。

小试和中试可以在实验室也可以在现场进行。在进行可处理性试验时，应选择先进的取样方法和分析手段来取得翔实的数据，以证明结果是可信的。进行中试时，不能忽视规模因素，否则根据中试数据推出现场规模的设备能力和处理费用可能会与实际大相径庭。

（五）修复效果评价

在可行性研究的基础上，对所选方案进行技术效果评价，要测定土壤中的残存污染物，计算原生污染物的去除率、次生污染物的增加率以及污染物毒性下降等以便综合评定生物修复的效果。主要采用以下公式：

$$原生污染物去除率 = \frac{原有浓度 - 现存浓度}{原有浓度} \times 100\%$$

$$次生污染物增加率 = \frac{现存浓度 - 原有浓度}{原有浓度} \times 100\%$$

$$污染物毒性增加率 = \frac{原有毒性水平 - 现存毒性水平}{原有毒性水平} \times 100\%$$

经济效果评价包括修复的一次性基建投资与服役期的运行成本。

（六）实际工程设计

如果小试和中试表明生物修复技术在技术和经济上可行，就可以开始生物修复计划的具体设计，包括处理设备、井位和井深、营养物和氧源或其他电子受体等。

二、污染土壤生物修复主要工艺

生物修复的主要工艺有原位处理工艺、非原位生物修复工艺、反应器处理修复工艺。

（一）原位处理工艺

原位处理工艺是污染土壤不经搅动、挖出和运输直接向污染部位提供氧气、营养物或接种，以达到降解污染物目的的生物修复工艺。一般采用土著微生物处理，有时也加入经驯化和培养的微生物以加速处理。在这种工艺中经常采用各种工程化措施来强化处理效果，这些措施包括泵处理也称 P/T（Pump/Treatment）技术、生物通气（Bioventing）、渗滤（Percolation）、空气扩散等形式。原位生物修复工艺示意图如图 3-1 所示。

（二）非原位生物修复工艺

非原位生物修复工艺是将受污染的土壤、沉积物移离原地，在异地用生物的、工程的手段进行处理，使污染物降解，受污染的土壤恢复到原有的功能。主要的工艺类型包括土地耕作、堆肥化和挖掘堆置处理。

（1）土地耕作。

土地耕作工艺是在非透性垫层和砂砾层上，将污染土壤以 10～30cm 的厚度平铺其

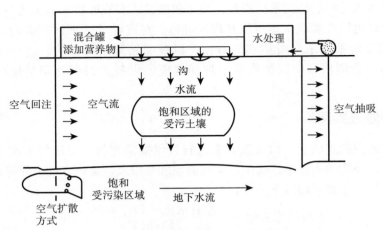

图 3-1 原位生物修复工艺示意图

上，并淋洒营养物、水及降解菌株接种物，定期翻动充氧，以满足微生物生长的需要；处理过程产生的渗液，回淋于土壤，以彻底清除污染物。至今该工艺已用于处理受五氯酚、杂酚油、石油加工废水污泥、焦油或农药等污染的土壤，并有一些成功的实例。土地耕作生物修复工艺如图 3-2 所示。

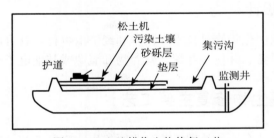

图 3-2 土地耕作生物修复工艺

（2）堆肥化。

堆肥化修复工艺就是利用传统的积肥方法，将污染土壤与有机废物（木屑、秸秆、树叶等）、粪便等混合起来，依靠堆肥过程中微生物的作用来降解土壤中难降解的有机污染物。近年来国内外都有一些学者研究堆肥修复的原理、工艺、条件、影响因素、降解效果等，并已将此工艺应用到污染土壤的修复中。

（3）挖掘堆置处理。

挖掘堆置处理工艺就是将受污染的土壤从污染地区挖掘起来，防止污染物向地下水或更广大地域扩散，将土壤运输到一个经过各种工程准备（包括布置衬里、设置通气管道等）的地点堆放，形成上升的斜坡，并在此进行生物恢复的处理，处理后的土壤再运回原地（图3-3）。复杂的系统可以用温室封闭并带管道，简单的系统就只是露天堆放。有时是首先将受污染土壤挖掘起来运输到一个堆置地点暂时堆置，然后在受污染原地进行一些工程准备，再把受污染土壤运回原地处理。从系统中渗流出来的水要收集起来，重新喷散或另外处理。

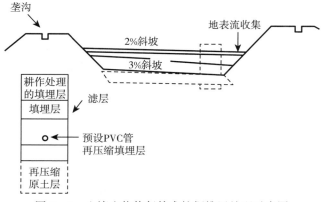

图 3-3　土壤生物修复技术挖掘堆置处理示意图

（三）反应器处理修复工艺

反应器处理修复工艺是将受污染的土壤挖掘起来，和水混合后，在接种了微生物的生物反应装置内进行处理，其工艺类似污水的生物处理方法，处理后的土壤与水分离后，脱水处理再运回原地。处理的出水视水质情况，直接排放或送入污水处理厂继续处理。反应器可分为两种类型，即生物反应器和土壤泥浆反应器，但也有人将这两种类型的反应器统称为生物反应器。

（1）生物反应器。

生物反应器工艺在结构上与常规的生物处理单元相似，用于处理受污染土壤的降解菌存在形式为生物膜、絮体等，为强化目标污染物降解也可外源投加补充。当应用于污染土壤时，因有机污染物的结合残留与吸附，需用一些易降解的有机溶剂或表面活性剂进行清洗，使污染物由固相转移到液相，再将此清洗液用反应器进行处理。土壤生物反应器装置示意图如图 3-4 所示。

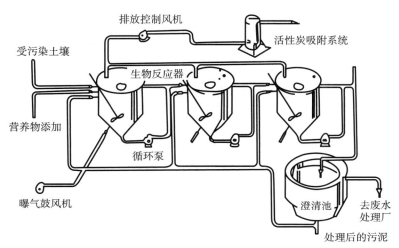

图 3-4　土壤生物反应器装置示意图

（2）土壤泥浆反应器。

在一个反应器中，将受污染土壤与 3～5 倍的水混合，使其成为泥浆状，同时加入营养物和接种物，在充氧条件下剧烈搅拌，以对污染土壤进行处理，其操作关键是混合程度与通气量（对好氧而言），以改善土壤的均一性。另外，为提高疏水性有机污染物在泥浆水中的浓度，还可添加表面活性剂。图 3-5 是土壤泥浆反应器处理五氯酚污染土壤的工艺流程，使用该系统时，添加一定量的清洗液，在 14d 内土壤中的五氯酚由 370mg/kg 降至 0.5mg/kg 以下，可见该工艺具有相当高的修复能力。

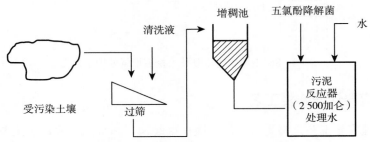

图 3-5　土壤泥浆反应器处理五氯酚污染土壤的工艺流程

三、污染土壤生物修复应用

（一）污染土壤生物修复应用实例

在美国和欧洲，生物修复技术早已走出实验室，并在许多受有毒有害有机污染物污染的土壤修复计划中得到应用，下面介绍几个成功实例。

实例一：对一面积为 200m²，深度为 8m 的受石油烃类化合物污染的地区进行原位生物修复处理，采用的是地下水抽取和过滤系统。具体方法是从一个 8m 深的中心井和 10 个分布在处理地区周围的井中抽取地下水，然后用两台真空泵以 30m³/h 的流速输送至一个 50m³ 的曝气反应器中，反应一段时间后再输送至颗粒滤槽中，经过滤后重新渗入地下。在此过程中，采用了注入表面活性剂和营养物，以及曝气和接种优势微生物等强化措施以促进污染物的降解。经过 15 周的处理，土样中石油烃类化合物的浓度从 136～234mg/L 降到 20～32mg/L。结果表明，进水（注入地下的水）溶解氧（DO）为 8.4mg/L，而出水（抽出的地下水）溶解氧为 2.4mg/L，说明在土壤中也在进行着较强的好氧生物修复过程。

实例二：在受菲污染的土壤中，采用了四种方式，包括不作任何处理（对照）、添加营养物、添加营养物和一种微生物的富集培养物、接种微生物混合培养物等进行生物修复。经过 96d 处理后，土壤中的菲含量分别降低了 76%、86%、92% 和 78%。

实例三：20 世纪 80 年代初，约有 106t 汽油泄漏进入纽约长岛汽油站附近土壤和地下水中，尽管回收了约 82t 未被土壤吸附的汽油，但仍有相当多的汽油残留于土壤中。1985 年 4 月开始在该地以过氧化氢为供氧体，进行生物修复处理。在 21 个月中，估计通过生物作用去除的汽油约为 17.6t，占总去除量的 73%。修复后的土壤中，汽油含量已低于检测限。

实例四：1984 年美国密苏里自然资源部对发生地下石油运输管道泄漏的土壤进行生物修复。采用一个由抽水井、油水分离器、曝气塔、营养物添加装置、过氧化氢添加装置、注水井等组成的生物修复系统，经过 32 个月的运行，获得了良好的处理效果。苯、甲苯和二甲苯总浓度从 20～30mg/L 降到 0.05～0.10mg/L，整个运行期间汽油去除速度为 1.2～1.4t/min，生物修复的汽油约占总去除量（38t）的 88%。

实例五：美国一块 $2.8 \times 10^4 m^2$ 的土地，堆放石油废弃物已有多年，以致土壤中含有 10 种金属和 20 多种有机物（大多具有挥发性）。经原位生物修复后，土壤中总挥发性有机物浓度从 3 400mg/L 降为 150mg/L，苯从 300mg/L 降为 12mg/L，氯乙烯从 600mg/L 降为 17mg/L。整个生物修复工程耗资 0.47 亿美元，若采用其他技术，估计需耗资 0.63 亿～1.67 亿美元。

实例六：1989 年 3 月，超级油轮 Exxon Valdez 号的 $4.2 \times 10^4 m^3$ 原油在 5h 内被泄漏到美国阿拉斯加海岸，影响遍及 1 450km 的海岸。由于常规的净化方法已不起作用，Exxon 公司和美国国家环保局随后就开始了著名的"阿拉斯加研究计划"，主要采用微生物修复技术来消除溢油的污染，这是到目前为止规模最大的生物修复工程。其工作原理是：在修复区钻井，井分为两组，一组是注水井，用来将接种的微生物、水、营养物和电子受体等物质注入土壤中；另一组是抽水井，通过向地面抽取地下水，造成所需要的地下水在地层中流动，以促进微生物的分布和营养等物质的运输，保持氧气供应（图 3-6）。有的系统在地面上还建有采用活性污泥法等手段的生物处理装置，将抽取的地下水处理后再注入地下。

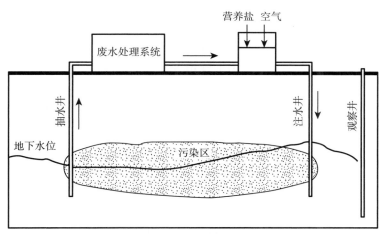

图 3-6 生物修复原位处理方式示意图

工程实施过程中有控制地添加表面活性剂和两种亲油微生物的营养成分，并采用曝气和接种优势微生物等强化措施加速污染物的降解，然后采样分析添加营养成分的速度对促进生物降解油的效果。经分析发现，加入营养成分后，海滩沉积物表面和次表面的异养菌和石油降解菌的数量增加了 1～2 个数量级，石油污染物的降解速度提高了 2～3 倍，经过 15 周的处理，土样中石油烃类化合物的浓度从 136～234mg/kg 降低到 20～32mg/kg，净化过程加快了近两个月。这个研究项目还表明了以下两个事实：第一，在油泄漏后不久就出现生物降解；第二，营养素的加入并未引起受污染海滩附近海洋环境的富营养化。由此，生物修复技术成为一种可被人们接受的石油泄漏治理方法。

实例七：美国犹他州某空军基地针对航空发动机油污染的土壤，采用原位生物降解，具体做法是：喷湿土壤，使土壤湿度保持在 8%～12%，同时添加氮、磷等营养物质，并在污染区打竖井，通过竖井抽风，以促进空气流动，增加氧气的供应。经过 13 个月后，土壤中平均油含量由 410mg/kg 降至 38mg/kg。

实例八：美国东南部的一家木材处理厂，使用生物泥浆法处理该厂受杂酚油污染的污泥土壤，安装了四个半间歇式生物泥浆反应器，并接种能降解杂酚油的细菌，每周可处理 100t 受污染的污泥和土壤，使菲、蒽混合物的含量从 300 000mg/kg 降低到 65mg/kg，苯并［a］芘从 10g/kg 降低到检测限以下（<3mg/kg），五氯酚的含量从 13 000mg/kg 降低到 40mg/kg。

实例九：荷兰的一家公司研制出了回转式生物反应器，这种设备的特点是把待处理的石油污染壤装入反应器的圆筒内，借助于反应器的回转运动，使土壤得以与微生物充分接触，这种设备可间歇操作也可连续操作。间歇操作每次装料 50t，营养物在加入污染土壤时混入，湿热空气由位于反应器一端的鼓风机吹入，并在反应器中喷水，以保持土壤的湿度。利用这种设备对含油量为 1 000～6 000mg/kg 的石油污染土壤在温度 22℃ 条件下，处理 17d 后，土壤含油量降至 50～250mg/kg。

实例十：中国环境科学院生态所曾经对山东省莱西石墨矿废弃矿坑进行了生态复垦的现场试验和小区工程措施，在试验中，通过一定的结构设计和矿山废弃物与熟土的配比试验，并辅以适当的水、肥措施，取得了与当地农田土壤理化性质基本一致的复垦土壤。废弃矿坑复垦土壤经两年的种植培育后，在化学、物理和生物的作用下，基本形成了碎粒状结构的中石质土壤。土体发育良好，其中有机质、全磷、全氮的含量已经接近当地农田土壤水平，碱解氮和速效钾的含量与农田土壤相近甚至还略有提高，速效磷的含量则明显提高。土壤物理性质方面，复垦土壤的总孔隙度、通气孔隙度均高于当地农田，说明复垦土壤在施加了一定的有机肥和经过一定时间的植物栽培养育后，土壤的性质得到改善，达到了农用土地的使用标准。

（二）生物修复的应用前景

从生物修复的优势和实例来看，它具有广阔的市场前景，但是也必然受到某些条件的限制。只有与物理、化学修复方法组成统一的修复技术体系，生物修复才能真正为解决人类目前所面临的最困难的环境问题——有机污染物和重金属污染，提供一种可能。在有些情况下，最经济有效的组合是首先用生物修复技术将污染物处理到较低的水平，然后采用费用较高的物理或化学方法处理残余的污染物。环境中的有毒有害物质污染问题日趋突出，借鉴国外的经验，及时研究相应修复技术，对于保护环境、防治污染有着积极的意义。

第四章
污染土壤物理修复技术

物理修复是比较传统的修复技术，其最明显的缺陷是工程量大、费用昂贵，主要适用于重金属污染区，如核事故发生地、大型冶炼厂周边等的土壤。污染土壤物理修复技术类型很多，主要有土壤蒸气提取技术、电动修复技术、热脱附技术、水泥窑协同处置技术、物理分离修复技术、热解吸修复技术、固化/稳定化修复技术、客土法修复技术等。

第一节　土壤蒸气提取技术

一、土壤蒸气提取技术的原理

土壤蒸气提取技术（Soil vapor extraction，SVE）是一种通过布置在不饱和土壤层中的提取井，利用真空向土壤导入空气，空气流经土壤时，挥发性和半挥发性有机物随空气进入真空井而排出土壤，土壤中的污染物浓度因而降低的技术。SVE 有时也被称为真空提取技术，属于一种原位处理技术，但在必要时，也可以用于异位修复。该技术适合于挥发性有机物和一些半挥发性有机物污染土壤的修复，也可以用于促进原位生物修复过程。典型的原位土壤蒸气提取系统利用镶嵌到排气井的吹风机或真空泵来吸收空气渗透带中的污染气体，其典型组成如图 4-1 所示。

在基本的 SVE 设计中，要在污染土壤中设置竖直或水平井（通常采用 PVC 管）。水平井适合于污染深度较浅的土壤（小于 3m）或地下水位较高的地方。真空泵安置在地面上，与一个气/水分离器和废物处理系统连接在一起，用于从污染土壤中缓慢地抽取空气，从土壤空隙中抽取的空气携带了挥发性污染物的蒸气。由于土壤空隙中挥发性污染物分压的不断降低，原来溶解在土壤溶液中或被土壤颗粒吸附的污染物持续地挥发出来以维持空隙中污染物的平衡（图 4-2）。

可用于处理抽出空气中污染物的方法有很多，选择时主要依据污染物的类型、浓度及流量。影响 SVE 性能的基本因素包括非饱和区的气流特征、污染物组成及特性、影响和限制污染物进入气相的分配系数等。

评估土壤蒸气提取系统性能的最简单方法是监测气流、真空响应和浓度及抽出空气中污染物组分。典型土壤蒸气提取系统的监测要求和性能影响如表 4-1 所示。

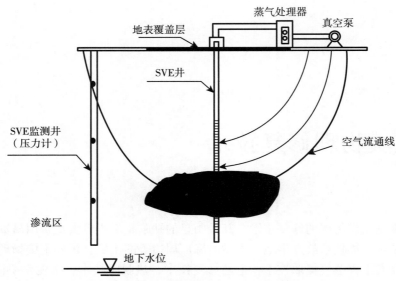

图 4-1 原位土壤蒸气提取系统的典型组成

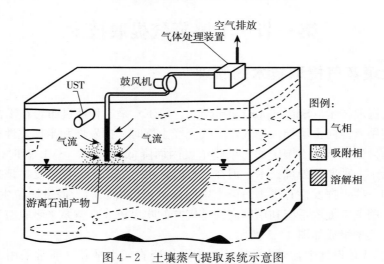

图 4-2 土壤蒸气提取系统示意图

表 4-1 土壤蒸气提取系统性能的检测要求

监测项目	影响因素
流量随时间变化	每天抽出孔隙体积数量、与空气渗透系数有关的地下变化、地上空气分布
真空随时间变化	空气渗透系数和含水量的变化、诱导空气分布及影响区
抽出气体浓度随时间变化	污染物消除速率、清除速率随时间降低、污染物累计清除量、挥发相转变为扩散相、气体处理技术
抽出气体组分随时间变化	污染物清除速率、污染物分配的微观现象、挥发相转变为扩散相、达到土壤清除标准的能力、好氧、厌氧条件、O_2/CO_2 将是地下微生物生物降解活动的指示器、气体处理技术
监测井的真空测量	真空覆盖的区域范围、诱导气流的分布形式

SVE 的特点是可操作性强，设备简单，容易安装；对处理地点的破坏很小；处理时间较短，在理想的条件下，通常 6～24 个月即可达到去除效果；可以与其他技术结合使用；可以处理固定建筑物下的污染土壤。该技术的缺点是：很难达到 90％以上的去除率；在低渗透土壤和有层理的土壤上有效性不确定；只能处理不饱和带的土壤，要处理饱和带土壤和地下水还需要其他技术。

二、土壤蒸气提取技术适用条件

SVE 能否用于具体污染点的修复及其修复效果取决于以下几个因素。

（一）土壤的渗透性

土壤的渗透性与质地、裂隙、层理、地下水位和含水量都有关系。细质地的土壤（黏质土）的渗透性较低，而粗质地土壤的渗透性较高。土壤蒸气提取技术用在砾质土和砂质土上效果较好，用在黏质土和壤质土上的效果不好，用在粉砂土和壤土上的效果中等。裂隙多的土壤的渗透性较高。有水平层理的土壤会使蒸气侧向流动，从而降低了 SVE 效率。SVE 一般不适合于地下水位较高的土壤，较高地下水位可能淹没部分污染土壤和提取井，致使气体不能流动，降低提取效率。这一点对于水平提取井而言尤为重要。当真空提取时，地下水位还可能上升。因此地下水位最好在地表 3m 以下。当地下水位在 0.9～3.0m 时，需要采取空间控制措施。高的土壤含水量会降低土壤的渗透性，从而影响 SVE 的效果。

土壤渗透率（k）越高，越有利于气体流动，也就越适用于 SVE。研究表明，当 $k<10^{-10}\,cm^2$ 时，SVE 的去除作用很小；$10^{-10}\,cm^2 \leqslant k < 10^{-8}\,cm^2$ 时，SVE 可能有效，还需进一步评估；当 $k \geqslant 10^{-8}\,cm^2$ 时，SVE 一般情况下都有效。图 4-3 给出了土壤渗透率与 SVE 效果的关系。

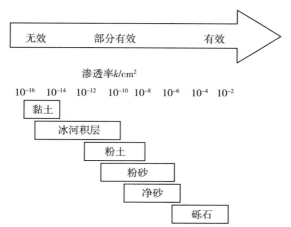

图 4-3　土壤渗透率与 SVE 效果的关系示意图

（二）土壤含水率

土壤水分能够影响 SVE 过程的地下气体流动。一般而言，土壤含水量越高，土壤的

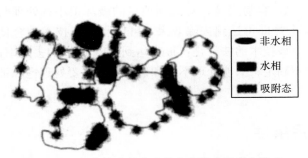

图4-4 挥发性有机化合物在土壤中的存在形式

通透性越低。同时，土壤中的水分还能够影响污染物在土壤中存在的相态。受有机污染的土壤，污染物的相态主要有土壤孔隙当中的非水相、土壤气相中的气态、土壤水相中的溶解态、吸附在土壤表面的吸附态（图4-4）。当土壤含水量较高时，土壤水相中溶解的有机物含量也会相应增加，这不利于挥发性有机化合物向气相传递。此外，研究表明，土壤含水率并不是越低越有利于挥发性有机化合物的去除，当土壤含水率小于一定值之后，由于土壤表面吸附作用使得污染物不容易解吸，从而降低了污染物向气相的传递速率。

（三）污染物的性质

污染物物理化学性质对其在土壤中的传递具有重要影响，挥发性有机化合物在土壤各相中的传质和分配关系如图4-5所示，其中C_a、C_w、C_s分别为挥发性有机化合物组分在气相、水相、固相中的浓度；K_H为亨利常数；K_p为气-固分配系数；K_d为固-液分配系数；ρ_b为土壤的体密度。

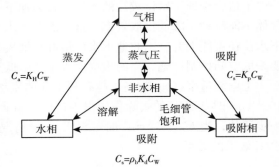

图4-5 土壤中挥发性有机化合物在各相中的分配

SVE适用于挥发性有机污染的土壤，通常情况下挥发性较差的有机物不适合使用SVE修复。污染物进入土壤气相的难易程度一般采用蒸气压、亨利常数以及沸点衡量，SVE适用于20℃时蒸气压大于67Pa的物质，即亨利常数大于100atm（107Pa）的物质，或者沸点低于300℃的物质。蒸气压受温度影响很大，当温度升高时，蒸气压也会相应增大，因此出现了通入热空气或水蒸气修复蒸气压较低的污染物污染土壤的强化技术。对于一般的成品油污染，SVE适用于汽油的污染修复，对柴油污染的修复效果不是很好，不适用于润滑油、燃料油等重油组分的修复。

SVE可以与其他技术结合使用，对污染物的去除效果更好。比如空气注入技术，也是一种原位处理技术，它包括了将空气注入亚表层饱和带土壤，气流向不饱和带流动时移走亚表层污染物的过程。在空气注入过程中，气泡穿过饱和带和不饱和带，相当于一个可以去除污染物的剥离器。当空气注入技术与SVE一起使用时，气泡将蒸气态的污染物带进SVE系统而被去除，提高了污染物去除效率。再如可以提高土著细菌的活性，促进有机物的原位生物降解的生物通气技术（BV），当挥发性有机物经过生物活性高的土壤时，其降解被促进。BV可以用于处理所有可以被好气降解的有机组分，对于石油产品污染的修复特别有效。石油的轻产品（如汽油）容易挥发，可以被SVE去除，BV经常被用于中等分子质量的石油产品的降解。还有气动压裂技术，是一种在不利的土壤条件下，增强原位修复效果的技术。气动压裂技术向表层以下注入压缩空气，使渗透性低的土层出现裂缝，促进空气的流动，从而提高了 SVE 的效果。

在美国的密歇根州，曾采用 SVE 处理面积为 $47hm^2$ 的挥发性有机物污染的土壤。这些挥发性有机物包括氯甲撑、氯仿、1，2-二氯乙烷和1，1，1-三氯乙烷。土壤质地从细砂土到粗砂土，水力传导率为 $7 \times 10^{-5} \sim 4 \times 10^{-4} m/s$。修复过程从 1988 年 3 月开始到 1999 年 9 月结束，大约 18 000kg 挥发性有机物被提取出来，处理费用大约是 30 英镑/m^3。

三、SVE 过程的数学模拟

渗流带挥发性有机污染物通常以四相出现：以溶解态存在于土壤水中；以吸附态存在于土壤颗粒表面；以气相存在于土壤孔隙中；以自由液态形式存在，即泄漏后在重力作用下可以自由移动的部分，会沿着地下水运动的方向发生迁移，同时随地下水位的上下变化而上下移动。如果以自由态出现，土壤孔隙里气相浓度可以从拉乌尔定律求得：

$$P_A = (P^{VAP})(x_A)$$

式中，P_A 为组分在气相里的分压；P^{VAP} 为 A 组分纯液体的分压；x_A 为 A 组分在液相里的摩尔分数。

SVE 设计过程中抽气井数量和位置的选择是原位土壤蒸气提取系统设计的重要任务之一。SVE 的设计主要基于影响半径（R_1）的大小，R_1 可定义为压力降非常小（P_{R_1} 约为 1atm）的位置距抽提井的距离。特殊场址的 R_1 值应该从稳态初步实验求得。一般场址 R_1 和抽提井的数量可以通过数学模型获得。

（一）SVE 流场模拟

21 世纪初期，由于美国和欧洲等发达国家或地区土壤修复产业迅速发展，且 SVE 是应用最为广泛的技术，因此大量学者开始对其进一步深入研究，并对 SVE 的流场和传质过程进行了数学建模和模拟，其中以 2000 年的 MISER 模型最为经典。MISER 模型是基于概念化的土壤流体系统，MISER 模拟了三种流体相：不流动的有机液体、流动的气相、流动的水相。由于流体通过井被抽提或注入，或者由于自然补给及地表水灌溉所引起的压力和密度差，气相和水相可以同时流动。

MISER 模型假设水相饱和度和残余非水相无关，只和气液两相滞留数据相关；气液两相滞留数据采用 Van Genuchteri 公式表达；流动水相和气相的相对渗透性用 Parker 模型估计；忽略滞留和相对渗透函数中的迟滞；不考虑有机液体的内部源/汇，假设不流动的非水相饱和度的变化只在相间质量传递时存在。

（二）SVE 传质过程模拟

SVE 传质模拟可以获得挥发性有机物的修复过程和修复效率。许多学者建立了 SVE 过程相关的数学模型，一些模拟程序已经商业化，如 AIRFLOW/SVE、FEHM、

VENT3D、T2VOC、STOMP 等模拟软件。采用实验室或者模拟的方法确定 SVE 的操作时间和操作条件等，成为影响 SVE 修复效果以及修复成本的重要问题。研究表明，在 SVE 初期，当还存在非水相时，传质为动力学控制，相平衡能够瞬间达到。这个阶段可以使用较大的抽气流量，抽提出的尾气浓度不会因为抽气量的增大而降低，可以加快修复速度。当某种物质快要完全移除时，为非平衡状态，此时应当降低抽提速度，或者停止抽提，一段时间之后再开始抽提，可降低尾气处理成本。

实际应用中，SVE 数学模型的建立须根据如下基本假设：流动与传质在恒温下进行；忽略水蒸气在土壤气相中的存在；除了生物通风研究，一般情况下忽略污染物的生物降解和其他转化行为；只考虑土壤气相的运动，土壤水和非水相视为停滞流体；SVE 过程中不考虑地下水水位变化及土壤中水分散失；土壤固相视为不可压密介质，土壤气相及有机物蒸气视为理想气体，多组分非水相视为理想液体；污染物在气液固相界面处的局部平衡为 Heney 模式；忽略毛细作用力有机物蒸气压的影响。

四、SVE 工程设计

一个场地是否适用 SVE 技术，可通过图 4-6 的决策树进行判断。当污染场地被确定适用于 SVE 技术修复后，就要确定如何对 SVE 系统进行设计。SVE 系统初步设计的最重要参数是抽出的挥发性有机化合物浓度、空气流速、通风井的影响半径、所需井的数量和真空鼓风机的大小等。一般进行场地修复时，需要先获得空气渗透率的数值。土壤空气渗透率通常通过土壤物理性质相关性分析、实验室检测、现场测试等方法获取。

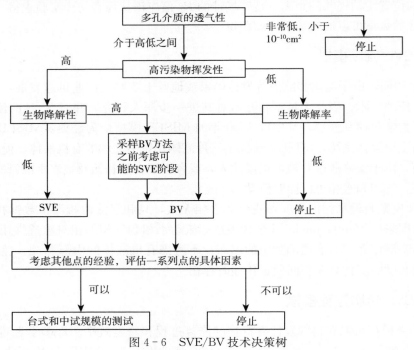

图 4-6　SVE/BV 技术决策树

（一）相关性分析

土壤渗透率可依据对土壤水力传导系数的相关性分析获取，其相关性如下公式所示，该方法虽然便捷，但仅适用于估算。

$$K_a = K_w \left(\frac{\rho_a \cdot \mu_w}{\rho_w \cdot \mu_a} \right)$$

式中，K_a 为土壤空气渗透系数（量纲为 L/T）；K_w 为水力传导系数（量纲为 L/T）；ρ_a 为空气密度（量纲为 M/L^3）；ρ_w 为水密度（量纲为 M/L^3）；μ_a 为气体黏度（量纲为 M/LT）；μ_w 为水的黏度（量纲为 M/LT）。

（二）实验室检测、现场测试

实验室测定通过土壤样品的稳定气流，在研究土样一端施加一定的气压，然后测定土体的空气流量，依据土壤空气对流方程获得土壤渗透率。由于土壤固有的非均质性，室内实验数据仅能提供一些关于孔隙几何特征和对流及传输过程之间的相互作用关系，不能用于研究评估天然土壤的实质。因此最好进行现场空气渗透率实验和中性实验，表 4-2 列出了现场空气渗透率测试的优点和局限性。虽然现场空气渗透率的测试也有一些局限性，但仍然是目前最为有效的测试方法。

表 4-2　现场空气渗透率测试的优点和局限性

优点	局限性
提供最准确的透气性测量	测试出的土壤中空气渗透率可能偏低，导致随后 SVE 或 BV 操作系统水去除显著
允许测量几个地质地层的空气渗透率	只提供了地层的一种近似的平均渗透率，只提供点的非均匀性的间接信息
测量测试点周边的影响半径	需要一个健康和安全计划，可能需要特殊保护设备
分析测量时，提供初始污染物的去除速率的信息	在非非水相点可能需要空气注入
提供设计中试规模实验的信息	不能用于测量饱和区域中的透气性，这种区域在应用该技术之前需脱水

第二节　电动修复技术

电动修复技术可处理重金属、有机污染物、放射性元素及复合污染物污染的土壤、污泥和沉积物。该技术不仅对轻质土和沙质土具有较好的修复效果，对低渗透的黏土和淤泥土也能达到很好的去除效果，并且可以控制污染物的迁移方向。电动修复技术可以原位也可以异位进行修复，不搅动土层、操作简单、处理效率高，是一种经济可行的修复技术。

一、电动修复技术的原理

向土壤施加直流电场，在电解、电迁移、扩散、电渗透、电泳等的共同作用下，使土壤溶液中的离子向电极附近富集从而被去除的技术，称为电动力学修复技术，可简称电动修复技术。

所谓电迁移，就是指离子和离子型络合物在外加直流电场的作用下向相反电极的移动。电迁移速率取决于土壤孔隙水流密度、颗粒大小、离子移动性、污染物浓度和总离子浓度。电迁移过程的效率更多地取决于孔隙水的电传导性和在土壤中传导途径的长度，对土壤液体通透性的依赖性较小。由于电迁移不取决于孔隙大小，因此在粗质地和细质地土壤同样适用。

当施加一个直流电场于充满液体的多孔介质时，液体就产生相对于静止的带电固体表面的移动，即电渗透。当表面带负电荷时（大多数土壤都带负电荷），液体移向阴极（图4-7）。这一过程在饱和的、细质地的土壤上进行得很好，溶解的中性分子很容易随电渗流而移动，因此可以利用电渗透作用去除土壤中非离子化的污染物。往阳极注入清洁液体或清洁水，可以改善污染物的去除效率。影响土壤中污染物电渗透移动的因素是：土壤水中离子和带电颗粒的移动性和水化作用、离子浓度、介电常数（取决于孔隙中有机和无机颗粒的数量）和温度。

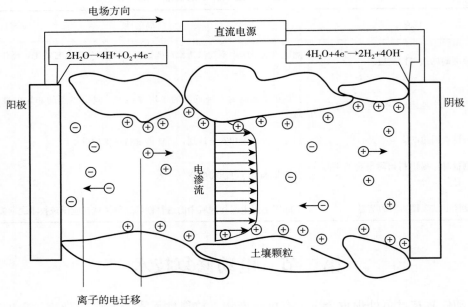

图4-7　离子的电渗作用和电迁移作用示意图

所谓电泳，就是指带电粒子或胶体在电场的作用下的移动，结合在可移动粒子上的污染物也随之而移动。在电动力学过程中最重要的发生在电极的电子迁移作用是水的电解作用：

$$H_2O \longrightarrow 2H^+ + 1/2O_2 \text{ (g)} + 2e^- \qquad\qquad 阳极反应$$
$$2H_2O + 2e^- \longrightarrow 2OH^- + H_2 \text{ (g)} \qquad\qquad 阴极反应$$

电解产生的 H^+ 在电迁移和扩散的作用下向阴极移动，降低了阳极附近的 pH。与此同时，电解产生的 OH^- 向阳极移动，提高了阴极附近的 pH。

富集于电极附近的污染物可以通过沉淀/共沉淀、泵出、电镀或采用离子交换树脂等方法去除。

二、电动修复技术的适用条件和特点

（一）电动修复技术的适用条件

电极是电动修复技术中最重要的设备。适合于实验室研究的电极材料包括石墨、白金、黄金和银。但在田间试验中，可以使用一些由较便宜的材料制成的电极，如钛电极、不锈钢电极或塑料电极。可以直接将电极插入湿润的土体中，也可以将电极插入一个电解质溶液中，由电解质溶液直接与污染土壤或通过膜与土壤接触。

电动修复技术可以影响的污染物包括：重金属、放射性核素、有毒阴离子（硝酸盐、硫酸盐）、高密度非水相的液体（DNAPLs）、氰化物、石油烃（柴油、汽油、煤油、润滑油）、炸药、有机-离子混合污染物、卤代烃、非卤化污染物、多环芳香烃。但最适合电动修复技术处理的污染物是金属污染物。

由于对于砂质污染土壤而言，已经有几种有效的修复技术，所以电动力学修复技术主要是针对低渗透性的、黏质的土壤。适合于电动力学修复技术的土壤应具有如下特征：水力传导率较低、污染物水溶性较高、水中的离子化物质浓度相对较低。黏质土在正常条件下，离子的迁移很弱，但在电场或水压的作用下得到增强。电动修复技术对低透性土壤（如高岭土等）中的砷（As）、镉（Cd）、铬（Cr）、钴（Co）、汞（Hg）、镍（Ni）、锰（Mn）、钼（Mo）、锌（Zn）、铅（Pb）的去除效率可以达到 85%～95%。但并非对所有黏质土的去除效率都很高。对阳离子交换量高、缓冲容量高的黏质土而言，去除效率就会下降。要在这些土壤上达到较好的祛除效率，必须使用较高的电流密度、较长的修复时间、较大的能耗和较高的费用。可以添加增强溶液以提高络合物的溶解度，或改善重金属污染物的电迁移特征。

对大多数土壤而言，在获得较好的费用效益比例的前提下，最合适的电极之间的距离是 3～6m。各部分费用的大致比例是：电极费用约占 40%，电费占 10%～15%，劳力约占 17%，其他物质约占 17%，许可证和其他固定开支约占 16%。影响原位电动力学修复过程费用的主要因素是：土壤性质、污染深度、电极和处理区设置的费用、处理时间、劳力和电费。

（二）电动修复技术的优点和不足

电动修复技术的主要优点有以下几个方面：①适用于任何地点，因为土壤处理仅发生在两个电极之间；②可以在不挖掘的条件下处理土壤；③最适合于黏质土，因为黏质土带有负的表面电荷，水力传导率低；④对饱和及不饱和的土壤都潜在有效；⑤可以处理有机和无机污染物；⑥可以从非均质的介质中去除污染物；⑦费用效益之比较好。

　　但该技术也有以下局限：①污染物的溶解度高度依赖于土壤 pH；②要添加增强溶液；③当高电压使用到土壤时，由于温度的升高，过程的效率降低；④如果土壤含碳酸盐、岩石、石砾时，去除效率会显著降低。

三、电动修复技术在不同污染物类型土壤中的应用

（一）在重金属污染土壤中的应用

　　目前，电动修复技术在重金属污染土壤中的应用广泛，主要集中在镉（Cd）、铜（Cu）、铅（Pb）、锌（Zn）、镍（Ni）、汞（Hg）和铬（Cr）等重金属。该技术已经成功地去除了土壤中多种重金属，国内外部分关于重金属污染电动修复研究的简况如表 4-3 所示。

表 4-3　重金属污染电动修复研究简况

金属	土壤类型（自然/人工）	污染物形式（污染/投配）	强化技术（阴极 C/阳极 A）	研究者及时间
镉（Cd）	高岭土（人工）	投配	无	Acar et al.，1994
	砂土（人工）	投配	电导液（阴极）	Li et al.，1997a
	高岭土、黏土、壤土（自然）	投配	无	Reddy et al.，1997
	砂土（人工）	投配	铁（阳极）	Haran et al.，1996
铬（Cr）	砂土（人工）	投配	电导液（阴极）	Li et al.，1997a
	高岭土（人工）	投配	无	Reddy et al.，1997
	高岭土（自然）	投配	碱（阳极）、N_aClO（阴极）	LeHecho et al.，1998
	碱化土（自然）	污染	模拟雨水和 pH 控制（阳极和阴极）	Weng et al.，1994
	壤质砂土（自然）	污染	离子交换膜（阳极、阴极）	Hansen et al.，1997
	壤土（自然）	污染	电解质（阴极）	Li et al.，1997b
铜（Cu）	高岭土（人工）	投配	柠檬酸钠、硝酸（阴极、阳极）	Eykholt et al.，1994
	粉质砂土（人工）	投配	无	Runnells et al.，1986
	砂土（人工）	投配	无	Runnells et al.，1993
	砂土（人工）	投配	电解质（阴极）	Li et al.，1996
	砂土（人工）	投配	电解质（阴极）和离子交换膜	Li et al.，1998
	砂质壤土（人工）	污染	离子交换膜	Hansen et al.，1997
	壤土（人工）	污染	离子交换膜（阴极、阳极）	Ribeiro et al.，1997
汞（Hg）	壤土（自然）	投配	I_2+I^-（阴极、阳极）	Cox et al.，1996
	砂质壤土（自然）	污染	I_2+I^-（阴极、阳极）	Cox et al.，1996
	砂土（自然）	污染	离子交换膜（阴极、阳极）	Hansen et al.，1997
镍（Ni）	高岭土（人工）	投配	无	Reddy et al.，1997
	高岭土（人工）	投配	无	Hamed et al.，1991
	高岭土（人工）	投配	无	West et al.，2000

（续）

金属	土壤类型 （自然/人工）	污染物形式 （污染/投配）	强化技术 （阴极 C/阳极 A）	研究者及时间
	高岭土（人工）	投配	无	Eykholt et al.，1994
	高岭土（人工）	投配	无	Acar et al.，1996
	高岭土（人工）	投配	乙二胺四乙酸（EDTA）（阴极）	Menon et al.，1996
铅（Pb）	砂土（人工）	投配	电导液（阴极）	Yeung et al.，1997
	砂土（人工）	投配	乙二胺四乙酸（阴极）	Wong et al.，1997
	砂质壤土（自然）	投配	醋酸（阴极）＋盐酸（阳极）	Reed et al.，1995
	黏土（自然）	投配	HCl 酸化土壤	Sah et al.，1998
	砂质壤土（人工）	投配	离子交换膜	Hansen et al.，1997
	高岭土（人工）	投配	$NaCl$（阳极）＋NH_4OH	Paunkcu et al.，1991
锌（Zn）	高岭土（人工）	投配	电导质（阴极）	Li et al.，1996
	高岭土（人工）	投配	水（阴极）	Jacobs et al.，1994
铀（U）	高岭土（人工）	投配	醋酸（阴极）	Acar et al.，1995

从上述国内外对电动修复技术在重金属污染土壤的研究可以看出，电动修复技术是一种绿色、高效的去除技术，其在处理重金属污染土壤过程中效果显著。且该技术可以通过对污染场地原位修复的方式实现污染去除，避免了异位修复对环境的扰动以及高昂的修复成本，是一种具有前景的修复技术。但是该技术在应用过程中，尤其是在现场应用中，还存在运行稳定性差、运行一段时间修复效率降低等弊端。

（二）在有机物污染土壤中的应用

与重金属污染土壤修复相比，电动修复技术应用于有机物污染的修复起步较晚，这主要是由有机污染物自身的理化性质所决定的。土壤中的有机污染物多为疏水性、高脂溶性物质，其辛醇水分配系数高，导致其在电场作用下很难在土壤中发生迁移或者随土壤孔隙水移动，因此，增大了其在电场作用下的去除难度，制约了电动技术修复有机类污染土壤研究的开展。

自 20 世纪 90 年代开始，电动力学开始尝试抽取地下水和土壤中的有机污染物或者用清洁的流体置换受污染的地下水和洗刷受有机物污染的土壤。实验室研究表明，电动修复可使六氯苯（ACB）和三氯乙烯达到 $60\%\sim70\%$ 的去除率，其他多环芳香化合物的去除效率高低不一，但都显示出了在电场作用下的迁移作用，迁移程度与这类化合物的溶解度和极性相关。

多环芳烃类污染物由于其强疏水性、稳定性和难降解性，也是土壤中一类重要、常见的有机污染物。近年来，国内外关于电动技术修复多环芳烃类污染物的报道较多，并且修复思路发生了变化，即由原来的迁移去除，改变为降解去除。现有的关于电动技术修复多环芳烃类污染物的报道主要侧重于两方面：一方面是电动技术与其他技术联用或是通过一定的强化手段或调控措施来提高多环芳烃的降解效率；另一方面是电动现象对多环芳烃类物质降解过程的影响。尤其是国内研究，更加注重对电动-微生物联合修复的过程机制性研究。现今，国内外电动技术修复有机污染物的概况如表 4-4 所示。对于疏水性有机物污染土壤的电动力学修复研究相对较少，而且研究主要集中在寻找有效的化学助剂来增强电动力学技术对污染物的去除。

表 4-4　有机污染物电动修复研究简况

污染物	土壤类型	主要技术指标及修复效果	研究者及时间
多环芳烃	冰碛物	初始菲含量 26mg/kg，处理 127d 后，菲去除 43%	Maturi et al.，2008
	高岭土	初始菲含量 500mg/kg，镍（Ni）含量 500mg/kg，阳极电解液为溶于 0.01mol/L NaOH 溶液的 10% 和 20% 正丁胺，阴极电解液为水。2V/cm 电压梯度间歇通电（5d 通电，2d 不通电），实验最佳去除效果：37d 后菲去除 7%	Reddy et al.，2000
	高岭土	初始菲含量 500～800mg/kg，$0.8mA/cm^2$ 电压梯度，阳极电解液为 30g/L 烷基聚葡糖苷，14d 后菲去除 98%	Yang et al.，2005b
	高岭土	苯并[a]芘初始含量 300mg/kg，3V/cm 的电压梯度，对污染物采取污染土壤电动修复—浸出液电化学氧化方式去除。33d 后苯并[a]芘去除 76%	Gómez et al.，2009
	实际污染场地	多环芳烃（16 种），应用吐温 80 表面活性剂，多环芳烃的去除率达到 30%	Lima et al.，2011
氯苯和三氯乙烯	掺混土壤	应用 TritonX-100（聚乙二醇辛基苯基醚）、OS-20ALM（甲基硅氧烷-聚合氯化铝）表面活性剂，去除率 85%	Kolosov et al.，2001
柴油	掺混砂土	加入十二烷基磺酸钠（SDS），作为表面活性剂，形成乳浊液去除油污，乳化和去污效果很强	Kim et al.，1999
	掺混土壤	去除率达 87%	Gonzini et al.，2010
总石油烃（TPH）	掺混壤土	电动—微生物联合修复，石油烃的总去除率达到 45%	Li et al.，2010a
	实际污染土壤	电动和芬顿氧化联用，去除率达 97%	Tsai et al.，2010
2，4-苯氧乙酸	掺混土壤	生物处理 4d 和电动处理 22d，电压梯度 1.75V/cm，去除率 39%	Jackman et al.，2001
六氯苯	掺混土壤	电动和芬顿氧化，10d 后，去除率达到 89%	Yang et al.，2001
	掺混砂土	电动和纳米四氧化三铁芬顿氧化，7～14d 后 100% 去除	Kim et al.，2011a
	掺混高岭土	0.76V/cm 电压梯度，电动-芬顿化学氧化耦合，15d 后六氯苯去除达 76%	Oonnittan et al.，2009
	捧混尚岭土	1V/cm 电压梯度，15d 后六氯苯去除率达 64%	
全氯乙烯	掺混土壤	10d 后去除率达到 90%	Chang et al.，2006
六氯苯、菲和荧蒽	掺混高岭土	超声波强化电动修复，1.5V/cm 电压梯度，15d 后三种物质的去除率分别达到 70%～83%、82%～96% 和 82%～97%	Pham et al.，2009
五氯酚	掺混土	电动-可渗透反应墙（PRB），2V/cm 电压梯度，15d 后去除 49%	Li et al.，2011
DDT	掺混土	应用吐温 80 和十二烷基苯磺酸钠（SDBS）作为表面活性剂，去除率达 13%	Kim et al.，1999

（三）在复合污染土壤中的应用

通常土壤污染过程所涉及的污染物包括几种或多种，因此土壤污染的复合特性已成为一种普遍存在的现象。污水灌溉、废旧电器、电缆电线等的回收和处置过程中，导致土壤可能同时受重金属和有机物复合污染，这些有毒污染物不仅污染当地农田，还通过食物链进入人体并危害人体健康。除了农田土壤，城市土壤也存在着可能比农田土壤污染更为严重的重金属［铅（Pb）、铜（Cu）、锌（Zn）、锰（Mn）等］和有机物［多环芳烃、多氯联苯、多氯萘（PCNs）等］的复合污染问题。

电动修复技术可通过电迁移、电渗析流和电泳等方式或者与其他技术的联合应用，有效修复复合污染土壤。美国、荷兰、加拿大、德国和韩国等国家已经在复合污染土壤电动修复领域相继开展了有关研究工作，并在实验室和现场研究方面取得了一定成果。近几年国内也开展了相关研究，如樊广萍等（2011）以铜-芘复合污染土壤为研究对象，研究了控制 pH和加羟丙基-β-环糊精（HPCD）对污染物在土壤中迁移过程的影响；比较了不同氧化剂与电动相结合对污染物的迁移影响和去除效果；阐明了不同类型土壤性质差异对电动过程中污染物迁移的影响机制。从复合污染物类型、修复土壤类型、主要技术指标和修复效果以及研究团队等方面汇总国内外电动技术在复合污染土壤修复方面的应用，具体见表 4-5。

表 4-5　复合污染电动修复研究简况

污染物	土壤类型	主要技术指标/修复效果	研究团队
重金属和多环芳烃	高岭土	添加了乙二胺四乙酸和非离子型表面活性剂	美国伊利诺伊大学芝加哥分校（Reddy et al.，2002）
二甲苯、苯丙氨酸（PHE）+Cu、Pb	高岭土	垂直电场实验 6d，土壤中菲、二甲苯、Cu、Pb 的去除率分别为 67％、93％、62％、35％	新加坡南洋理工大学（Wang et al.，2007）
Cd、Pb、Zn、苯丙氨酸、芘（PYR）	—	8d，土壤含水率 60％，Cd（82％）、Zn（73％）、Pb（37％）。土壤含水率增大可以提高重金属的去除率；土壤中有机物的去除采用电动-淋洗联用技术。菲去除率 29％，苯并［a］芘去除率 19％	新加坡南洋理工大学（Giannis et al.，2012）
Ni、Cd、Pb、Cu、有机物	染料废水排放到农田污染土壤	重金属通过电迁移和电渗流从土壤中去除，氯离子和硫酸根离子向阳极迁移，并有效去除	印度（Annamalai et al.，2014）
萘、菲，Cd、Cr、Pb	黏土	电动-植物联合技术	美国伊利诺伊大学芝加哥分校（Chirakkara et al.，2015）
润滑油+Zn	污染土壤	去除率达到 45％	韩国国立金乌工科大学（Park et al.，2009）
菲+Ni	掺混高岭土	采用 HPCD 强化去除菲和镍污染高岭土，增加 HPCD 浓度可以促进菲的去除	美国伊利诺伊大学芝加哥分校（Maturi et al.，2006）
苯酚三氯乙稀和 Cd	掺混土壤	EK-PRB 联用，电压梯度为 2V/cm，200h 后去除达 90％	韩国建筑技术研究所（Chung et al.，2007）

(四) 其他应用

电动修复技术除了上述介绍的在重金属污染土壤、有机污染土壤以及复合污染土壤修复中的应用，还作为一种绿色、高效技术应用于以下多个领域：

①污泥、泥浆、尾矿和疏浚弃土的浓缩、脱水和固化；

②注入灌浆控制地下水流速；

③注入清洗剂净化污染土壤；

④注入微生物所需的主要营养物质，提高污染物的生物降解效率；

⑤提高污染物在黏质土壤中的迁移速率；

⑥产生/强化活性反应墙；

⑦从污染土壤中进行污染物的电萃取；

⑧改变地下水流形式，控制污染物运动方向；

⑨对黏土垃圾填埋场的原位修复可提供快速土壤水力渗透系数；

⑩对地下的土壤—水系统中污染物进行原位修复。

第三节　热脱附技术

一、热脱附的原理

热脱附技术主要通过热交换的方式，将污染介质升温至特定温度（通常为 150～540℃），从而使污染物从介质中以挥发等形式分离的过程。空气、燃气或惰性气体常被作为被蒸发成分的传递介质。热脱附技术是将污染物从一相转化成另一相的物理分离过程，热脱附并不是焚烧，因此修复过程并不出现对有机污染物的破坏作用，而是通过控制热脱附系统的床温和物料停留时间有选择地使污染物得以挥发，而不是氧化、降解这些有机污染物（图4-8）。因此，人们通常认为，热脱附是一种物理分离过程，而不是一种焚烧方式。热脱附技术的有效性可以根据未处理的污染土壤中污染物水平与处理后的污染土壤中污染物水平的对比来测定。与化学氧化、生物修复、电动力学修复、土壤洗涤等技术相比，土壤热脱附技术具有高去除率、速度快等优势，成为常见的有机污染物修复技术。热脱附技术可应用在广泛意义上挥发性有机物和挥发性金属（如 Hg）、半挥发性有机化合物（SVOCs）、农药，甚至高沸点氯代化合物、二噁英和呋喃类污染土壤的治理与修复上。

基于运行温度的不同，热脱附系统分为高温热脱附（HTTD）和低温热脱附（LTTD）两种。高温热脱附系统的运行温度为 320～560℃，常与焚烧、固定/稳定化、脱卤等技术联用，能够将目标污染物的最终排放浓度降低到 5mg/kg。低温热脱附系统的运行温度为 90～320℃，能够成功修复石油烃污染土壤。在后燃室，污染物的处理效率大于 95%，如略做改进，处理效率可以满足更严格的要求。除非低温热脱附系统的运行温度接近其温度区间的上限，所分离的污染物仍保留其物理特性，处理后土壤的生物活性也能够满足后续生物修复的要求。由 CESC（Canonice Environmental Services Corporation）开发的LTTD 低温热脱附系统是目前应用最广泛的技术之一。

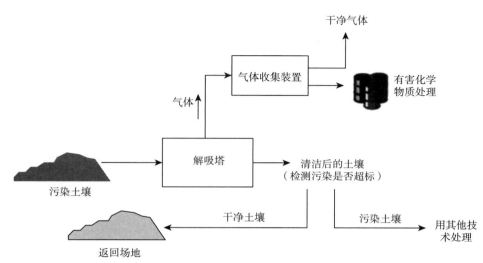

图 4-8 热脱附技术工作原理示意图

近年来的工程实践表明，除可通过升高加热温度或延长停留时间等方式提高脱附效果以外，同样可以通过提高真空度来提高热脱附效率，从而降低所需能耗和相应的修复成本。固定温度下，土壤中多环芳烃的热脱附过程符合一级动力学模型，与常压相比，在负压0.08MPa条件下，土壤中 2～3 环多环芳烃、4 环多环芳烃和 5～6 多环芳烃的热脱附常数分别提高了 1.6 倍、3.1 倍和 4.6 倍，表明真空度的增加能够显著促进高分子量多环芳烃的脱附效率。因此，在设定的残留量限制下，提高真空度可以有效减少脱附时间，从而降低能耗。

二、热脱附的系统构成和主要设备

按照脱附方式分，热脱附系统可分为直接热脱附和间接热脱附；按照脱附温度分，可分为高温热脱附和低温热脱附。

直接热脱附由进料、脱附和尾气处理系统构成。进料系统进行破碎、筛分等处理，并将土壤运送至脱附系统。脱附系统将土壤进行加热至污染物达到汽化温度以上，从而实现分离的目的。尾气处理系统富集尾气，并进行统一的无害化处理。

间接热脱附由进料、脱附和尾气处理系统构成。与直接热脱附的区别在于脱附和尾气处理系统。在脱附系统，污染土壤被间接加热至污染物的沸点后，实现与污染物分离。在尾气处理系统，富集汽化污染物的尾气通过过滤器、冷凝器、超滤设备等环节去除尾气中的污染物。气体通过冷凝进行有机污染物和水的收集。

主要设备包括：进料系统，如破碎机、筛分机、振动筛、传送带、除铁器等；脱附系统，回转式设备或传送式设备；尾气处理系统，旋风除尘器、二燃室等。

三、热脱附的典型分类

开展修复工作时，既可以进行原位热脱附，也可以进行异位热脱附。

（一）原位热脱附

1. 概述

土壤的原位热脱附是通过一定的方式加热土壤介质，促使污染物蒸发或分解，从而达到污染物与土壤分离的目的。地下温度的升高有利于提高污染物的蒸气压和溶解度，同时促进生物转化和解吸。增加的温度也可降低非水相液体的黏度和表面张力。

土壤原位热脱附系统主要包括土壤加热系统、气体收集系统、尾气处理系统、控制系统等。这种方法可视为SVE技术的强化，能够处理传统SVE技术所不能处理的土壤（含水量较高的土壤），当污染物变为气态时，通过抽提井收集挥发的气体，送至尾气处理部分。

使用原位热脱附技术时需注意，由于加热会造成局部压力增大，可能会造成热蒸气向低温地带迁移，并有可能污染地下水。还需注意下潜的易燃易爆物质的危害。

2. 加热方式

主要的加热方式有蒸气注入、射频加热（RF）、电阻加热、电磁波加热、热传导加热等，也可以根据场址情况考虑其他潜在的原位加热技术。以下着重介绍前三种。

（1）蒸气注入。

蒸气注入是通过将热蒸气注入污染区域，导致温度升高，产生热梯度，利用蒸气的热量降低污染物的黏度，使其蒸发或挥发，蒸气注入还能增加污染物的溶解和非水相液体的回收。有大量报告证明了蒸气注入的优点，整治不饱和区的注入蒸气实验在美国利弗莫尔国家实验室取得了成功。

实践工作已表明，由嗜热菌生物降解众多烃类物质也是蒸气注入过程中的一个重要贡献，尤其是作为土壤冷却剂的空气被作为微生物氧源时。地下土层脉冲注入蒸气并紧接着迅速降压，土层不太厚的情况下可以停止注入蒸气，依靠孔隙中液体的自发蒸发及通过对相邻高渗透区土层施加高真空度所带来的突然压降，增加低渗透层的污染物的去除。单独注入热空气或与蒸气同时注入，都可加速土壤/地下水污染物的去除。使用热空气时较少的水被注入地下，可减少污染物的溶解和迁移，须被泵输送和处理的水也较少。但因为空气的热含量比蒸气的总热含量低得多（主要是由于从蒸气到水的相变过程中释放热量），注入相同体积蒸气比注入相同体积热空气的热效应更加明显。

（2）射频加热。

射频电能也可以用来加热土壤，通过蒸发和蒸气辅助联合作用造成地下温度升高，促进土壤中污染物挥发，然后可以用SVE系统除去挥发的污染物。电极被安装在一系列钻孔中，和地面的点源相连。原理上使用这种方法可以使土壤的温度高于300℃，小试实验中射频加热过程远高于100℃的情况容易实现，但对于实际修复规模，不能在热传导器附近超过100℃，特别是潮湿的土壤。由于表面效应，射频电能在热传导器转换成熟，并且依靠热传导进行热传递，而非热辐射。射频加热过程影响成本的其他因素还有土壤体积、土壤水分含量和最终处理温度。

（3）电阻加热。

电阻加热是依靠地下电流电阻耗散加热的一种方法。当土壤和地下水被加热到水的沸点后，发生汽化并产生气提作用，从孔隙中气提出挥发性和一些半挥发性污染物，一般用于渗透性较差的土壤，如黏土和细颗粒的沉积物等。这一技术应用最为广泛的是六相电土壤加热。

（二）异位热脱附

1. 概述

异位热脱附通过异位加热土壤、沉积物或污泥，使其中的污染物蒸发，再通过一定的方式将蒸发的气体收集并处理，从而达到修复目的，主要由原料预处理系统、加热系统、解吸系统、尾气处理系统和控制系统组成。主要的加热方式有辐射加热、烟气直接加热、导热油加热等。异位热脱附可分为土壤连续进料型和间接进料型可用于处理含有石油烃、挥发性有机化合物、半挥发性有机化合物、多氯联苯、呋喃、杀虫剂等物质的土壤。

2. 影响因素

（1）粒径分布。

划分细颗粒和粗颗粒的界限是 0.075mm，黏土和粉土中细颗粒较多。在旋转干燥系统中，细颗粒可能会被气体带出，从而加大对尾气处理系统设备的负荷，有可能超过除尘设备的处理能力。

（2）土壤组成。

从传热和机械操作角度考虑，粒径较大的物质，如砂粒和砾石，不易形成团聚体，有更多的表面积可暴露于热介质，比较容易进行热脱附。对于团聚的颗粒，热量不易传递到团聚颗粒内部，污染物不易蒸发，因而质量传递也较困难。一般在旋转干燥系统中，进料最大的直径为 5cm。

（3）含水量。

由于加热过程中水分蒸发会带走大量的热，因而含水量增加则能耗加大。同时，水分的蒸发也会使尾气湿度增加，会加大尾气处理的负荷和难度。在旋转热脱附系统中，原料含水量 20% 以下都不会对后续操作和费用造成显著影响。当含水量超过 20% 时，则需要进行含水量与操作费用的影响评价。原料含水量也不能过低，一方面少量的水分能够减少粉尘；另一方面，由于水蒸气的存在，会降低污染物气相中的分压，促进污染物挥发。一般进料含水量 10%～20% 为宜。

（4）卤化物含量。

土壤中卤化物有可能造成尾气酸化，当尾气中相应的卤代酸含量超过排放标准时，需要增加相应的除酸过程。

四、热脱附技术的关键参数

（一）土壤特征

（1）土壤质地。

土壤中砂土、壤土和黏土的比例，直接影响土壤热脱附的速率和效果。

（2）水分含量。

水分蒸发会消耗大量热量。当土壤含水率为 5%～35% 时，需要热量为 490～1197kJ/kg。

含水率须低于 25% 以保证处理效果。

（3）土壤粒径分布。

细颗粒土壤可能会对尾气处理系统造成堵塞等，最大土壤粒径不应超过 5cm。

（二）污染物特性

（1）污染物浓度。

污染物浓度升高会增加热值，可能会损坏热脱附设备，甚至有爆炸的危险。因此，尾气中有机物浓度要低于爆炸下限的 25%，当有机物含量高于 3% 时，不适用直接热脱附系统，宜采用间接热脱附处理。

（2）沸点范围。

常见直接热脱附的处理温度为 150～650℃，间接热脱附为 120～530℃。

（3）二噁英的形成。

多氯联苯的高温分解过程极易产生二噁英。废气燃烧后的冷却装置，须将高温烟气迅速降低至 200℃ 以减少二噁英的生成。

五、典型热脱附系统

（一）直接接触热脱附系统

直接接触热脱附系统属于连续给料系统，已经至少经过了三个发展阶段，最高处理排放量达到 160t/h。

第一代直接接触热脱附系统采用最基础的处理单元，依次为旋转干燥器、纤维过滤设备和喷射引擎再燃装置。这些设备价格便宜，也很容易操作，但是只适用于低沸点（低于 260℃）的非氯代污染物的修复处理。整个系统加热温度为 150～200℃。系统运作流程如图 4-9 所示。限于过滤设备在系统的位量，该系统不能处理高沸点有机物，因为相对分子质量较高的化合物可能会发生浓缩，从而会使设备的筒压升高。

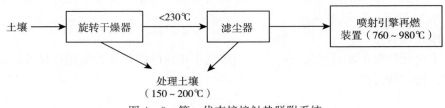

图 4-9　第一代直接接触热脱附系统

第二代直接接触热脱附系统在第一代基础上扩大了应用范围，对高沸点（＞315℃）的非氯代污染物也适用。由于系统中的干燥设备能把污染物加热到很高的温度，同时将滤尘器后置，不破坏过滤装置，因此可以用来处理高沸点的有机污染物（图 4-10）。第二代直接接触热脱附系统能加热到 260～650℃，可以用在重油污染修复上。

第三代直接接触热脱附系统是用来处理高沸点氯代污染物的。旋转干燥器内的物料通常被加热到 260～540℃；接下来，处理尾气在 760～980℃ 的温度下被氧化，有时温度可达 1 100℃；然后，尾气被冷却，通过过滤装置。与第二代系统不同的是，第三代热脱附系统在处理流程的最后，有个酸性气体中和装置，以控制盐酸向大气的释放。对于富含化学降解剂的水喷淋设备，湿气体清洗器是最常用到的气体控制系统（图 4 - 11）。由于这个清洗器是用加强的纤维玻璃塑料制成的，因此具有相对低的温度传导力，从过滤设备里出来的流体通常在进入清洗器之前用来冷却气流。湿气体清洗器的应用增加了热解系统和环境工程的复杂性，因为它涉及了水组成、废液释放，以及水化学的监测和控制。另外，清洗系统也收集到一些尘粒，这些尘粒经过浓集变成了水处理系统中的污泥，必须在达标排放前去除。这一代处理系统能够处理较大范围内的潜在有害污染物，包括重油和氯代化合物。

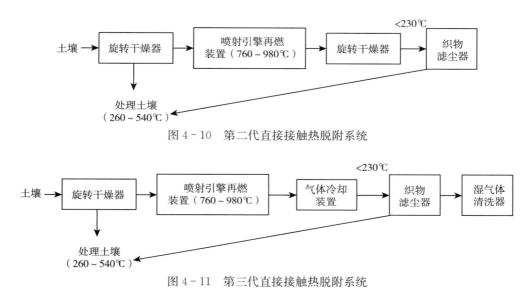

图 4 - 10　第二代直接接触热脱附系统

图 4 - 11　第三代直接接触热脱附系统

（二）间接接触热脱附系统

间接接触热脱附系统也是连续给料系统，它有多种设计方案。其中，有种双板旋转干燥器，在两个板的旋转空间中放置几个燃烧装置，双极在旋转时加热包含污染物的内部空间。由于燃烧装置的火焰和燃烧气体都不接触污染物或处理尾气，可以认为这种热脱附系统采用的是非直接加热的方式。只要燃烧气体采用的是相对清洁的燃料如天然气、丙烷，燃烧产物就可以直接排到大气中。在直接接触旋转干燥热解系统中，内板的旋转动作将物料打碎成小块，以此提高热量传递效率，并将土壤最后输送到干燥器的下倾角行进线路。在这个单元中，处理尾气温度限制在 230℃，因为尾气一离开旋转干燥器就要依次穿过过滤系统。气体处理系统采用浓缩和油水分离步骤去除尾气中的污染物，这样得到的浓缩污染物液体需要进一步进行原位或异位修复处理，最后将其降解为无害的组分。

间接接触热脱附系统包括两个阶段：在第一阶段，污染物被解吸下来，也就是在相对低的温度下使污染物与污染土壤相分离；在第二阶段，它们被浓缩成浓度较高的液体形式，运送到特定地点的工厂进行进一步的"传统"处理，例如商业焚烧厂。在这种热脱附系统中，污染物不通过热氧化方式降解，而是从污染土壤中分离出来在其他地点进行后续处理。这种处理方法减少了需要进一步处理的污染物体积（图4-12）。

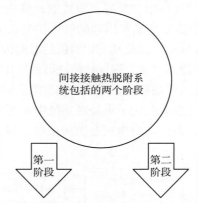

第一阶段	第二阶段
污染物被解吸下来，也就是在相对低的温度下使污染物与污染土壤相分离。	它们被浓缩成浓度较高的液体形式，适合运送到特定地点的工厂进行进一步的"传统"处理，例如商业焚烧厂

图4-12　间接接触热脱附系统流程

　　无论是直接接触热脱附系统，还是间接接触热脱附系统，都要对设备上各仪表进行连续监测，为实时监测设备运行及焚烧处置效率提供重要依据。主要监测参数如表4-6所示。

表4-6　热脱附系统的主要监测参数

项目	监测参数
土壤预处理系统	振荡筛运行频率
	破碎机运行频率
进料系统	皮带输送机速度
	输送土壤重量
螺旋式加热器加热系统	土壤温度
	烟气温度
	烟气流量
	螺旋式加热器内气压
	回转窑回转速度
尾气冷凝系统	烟气温度
	烟气流量
	冷凝水温度
不凝气与水处理系统	循环洁净尾气流量
	净化冷却水水压
尾气净化系统	系统内各区域烟气温度
	系统内各区域烟气流量
	系统内各区域气压
	在线监测尾气中 CO、SO_2、NO_x 及含尘量

六、热脱附技术应用

目前土壤热脱附技术已经在欧美国家实现了工程化，并广泛应用于高污染场地、有机污染土壤的离位或原位修复。热脱附技术应用案例如表4-7所示。但是，热脱附技术也存着一定的不足，如相关设备价格昂贵、脱附时间过长、处理成本过高等。

表4-7　热脱附技术应用案例

场地名称	目标污染物	规模
新泽西州工业乳胶场地	有机氯农药、多氯联苯、多环芳烃	41 045m³
FCX华盛顿场地	农药、氯丹、DDT、DDE	10 391m³
佛罗里达空军基地	石油烃和氯代溶剂	11 768t
美国某杂酚生产厂	多环芳烃污染物	129 000m³
美国某西部农药厂	汞（Hg）	26 000t

第四节　水泥窑协同处置技术

一、水泥窑协同处置技术的原理

水泥窑协同处置技术是一种比较成熟的处理技术，其原理是利用废物在水泥窑中的高温作用下发生热氧化过程，而使废物分子裂解并与氧气反应生成气体和不可燃的无机固体，从而实现对有机污染物的破坏。

制作水泥渣的过程大体可以根据准备入窑物的方法分为干式和湿式两种。在湿式过程中，以泥浆作为入窑物，将其直接灌入窑中；在干式过程中，水泥窑产生的气体被用于在生料（石灰石和其他生料的混合物）粉碎过程中对其进行干燥。目前回转窑在持久性有机污染物共处置方面应用最为广泛，回转窑一般包括一个50～150m长的圆柱体，与水平面成小的斜角（3％～4％的斜度），以每分钟1～4转的转速旋转，原料被输入转窑的上端即冷端。坡度和旋转使原料向窑的下端即热端运动，窑在其下端燃烧温度达1 400～1 500℃。随着原料穿过窑体，经历了干燥和高温冶金处理反应形成熟料。水泥窑排放的气体经过一个静电除尘器去除其中所含的颗粒物，而除尘器所收集到的粉尘又可以重新回用到水泥窑处理过程中。水泥窑处理过程如图4-13所示。

从水泥的成分上看，水泥生产的原料主要以硅（Si）、钙（Ca）化合物为主，同时需要少量的铝（Al）、铁（Fe）等元素，允许产品中存在少量的其他杂质（主要是一些惰性物质）。因此，从水泥的成分上看，土壤和水泥的原料非常相似，可以作为水泥生产的原料之一。在水泥的生产过程中，在高温条件下，有机物的去除率可以达到99％以上，因此对于有机污染土壤具有较好的修复效果，同时有机物在燃烧过程中释放的热量也可以得到充分利用。同时，高温气流与碱性物料（CaO、CaCO₃等）充分接触，可以有效地抑制酸性物质的排放，使得硫和氯等转化成无机盐类固定下来，这一特性使得水泥窑处置技术特别适合于有机污染的土壤，特别是稳定性强的氯代有机化合物污染的土壤，通过水泥窑协同处置，能达到较好的处置效果。

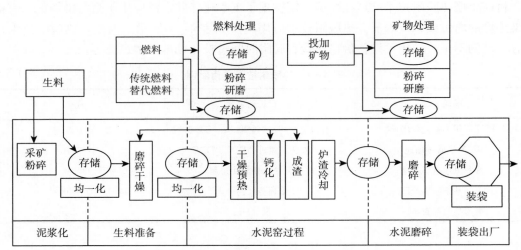

图 4-13　水泥窑处理过程

与普通焚烧炉比较，水泥回转窑处理持久性有机污染物类物质具有如下优势：有毒有害成分分解彻底，排放有害气体较少，可燃的持久性有机污染物类物质通过燃烧提供了熟料煅烧所需要的部分热量，且燃烧产物为无害气体，同时达到了废弃物处理、能源节约和 CO_2 排放减少的多重效果；废弃物焚烧残渣通过固相和液相反应进入水泥熟料中，均以分子形式被固化在熟料中，无法逸出，不会造成二次污染。水泥窑协同处置技术同时存在一定的缺点：一方面，要对原有的窑体进行改造；另一方面，如果水泥窑处置过程中控制不当，发生不完全燃烧，将会同高温焚烧技术一样产生有毒的产物。

目前水泥窑协同处置技术对于化工农药重度污染土壤的修复具有较高的优势，也是现阶段的主流技术。对于重金属污染土壤而言，土壤通过生料配料系统进入水泥窑，而重金属通过被固定在水泥熟料中的形式得到处置。

二、水泥窑协同处置技术的系统构成

水泥窑协同处置包括土壤预处理、投加、焚烧和尾气处理等过程。在原有水泥窑的基础上，若有需要还需对投料口进行改造，同时还需要必要的投料装置、贮存场所及可靠的监测系统。

由于水泥窑协同处置一般都是就近采用现有的水泥窑设备，因此，对于水泥窑协同处置污染土壤而言，主要的现场施工设备集中在预处理系统中。

土壤预处理系统主要在密闭的环境中进行（如大棚），包括筛分装置（筛分机）、尾气处理系统（如除尘设备等），尾气经收集后统一处理达标排放。上料系统有存料斗、提升机等，整个上料过程处于密闭环境中，避免二次污染。另外还有回转窑及配套设备、窑尾高温风机、回转窑燃烧器、螺旋输送机、槽式输送机。监测系统主要包括气体组分、水分、温度在线监测以及尾气和水泥熟料的定期监测，保证生产的安全进行。水泥窑协同处置工艺流程如图4-14所示。

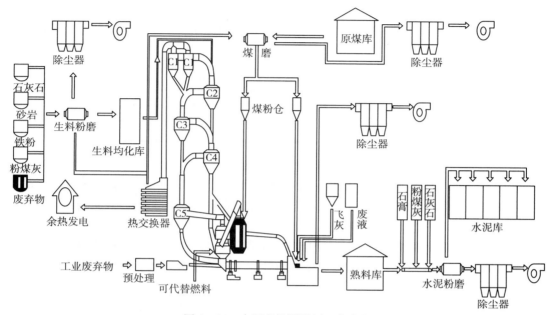

图4-14 水泥窑协同处置工艺流程

三、水泥窑协同处置技术的关键参数

为了使水泥窑协同处置污染土壤的过程中不影响水泥的品质，并保持水泥窑的正常运行，需要对协同处置的土壤成分进行分析。对于水泥窑协同处置而言，影响其处置效果的关键技术参数主要有水泥回转窑设备、污染土壤碱性物质的含量、污染物初始浓度（如重金属含量）、氯（Cl）和氟（F）元素含量、土壤硫（S）含量、污染土壤的添加量等。

（1）水泥回转窑设备。

主要应用于新型的干法回转窑，需要配备完善的延期处理系统和烟气的在线监测系统，单线设计的熟料生产规模不宜小于2 000t/d。

（2）污染土壤碱性物质含量。

水泥的主要成分为硅酸盐，土壤提供硅原料，但如果土壤中K_2O、Na_2O含量较高，会使水泥产品中碱当量过高，影响水泥品质，因此，在处置前，应根据污染土壤中的K_2O、Na_2O含量对污染土壤的添加量进行确定。

（3）污染物初始浓度。

污染物初始浓度应满足《水泥窑协同处置固体废物环境保护技术规范》的要求，如表4-8所示。

表 4-8　入窑重金属含量参考限值

重金属元素	砷（As）	铅（P）	镉（Cd）	铬（Cr）	铜（Cu）	镍（Ni）	锌（Zn）	锰（Mn）
参考限值/（mg/kg）	28	67	1	98	65	66	361	384

水泥熟料应当满足 GB/T 21372—2008 的要求，水泥熟料中重金属元素含量不宜超过表 4-9 的限值。

表 4-9　水泥熟料中重金属含量限值

重金属元素	砷（As）	铅（P）	镉（Cd）	铬（Cr）	铜（Cu）	镍（Ni）	锌（Zn）	锰（Mn）
参考限值/（mg/kg）	40	100	1.5	150	100	100	500	600

（4）土壤中的氯和氟元素含量。

根据水泥生产的特点，控制上述两种元素的含量，以保证水泥的正常生产和产品质量，入窑物料中氟元素的含量应低于 0.5%，氯元素含量不应大于 0.04%。

（5）污染土壤中硫元素含量。

协同处置污染土壤时，应控制其中的硫元素含量，配料后的物料中硫化物与有机硫中硫的总含量应小于 0.014%。整个体系中，硫酸盐中硫的总投加量不应大于 3 000mg/kg。

（6）污染土壤添加量。

根据污染物初始浓度和水泥相关元素含量确定污染土壤的最终添加量。

四、水泥窑协同处置技术的应用情况

目前，水泥窑协同处置技术在发达国家已经得到广泛的应用，即使难降解的有机物（包括持久性有机污染物）在水泥窑中的焚毁去除率也可以达到 99.99% 以上。

在我国，水泥窑协同处置常用于处置各种固体废物（如毒鼠强等剧毒农药）、不合格产品（如含三聚氰胺的奶粉、伪劣日化产品等）及事故污染土壤等。水泥窑协同处置技术受污染土壤性质及污染物性质影响较少，而且我国是水泥生产和消费大国，水泥厂数量多、分布广，因此，目前在国内水泥窑协同处置越来越多地被应用于污染土壤的处理，特别是重度污染土壤的处理。2011 年，由 16 个部门联合下发的《关于进一步加强城市生活垃圾处理工作的意见》成为固体废物行业扶持政策的发令枪。我国从 20 世纪 90 年代开始广泛研究水泥窑协同处置在处理固体废物方面的可行性。我国水泥窑协同处置污染土的应用始于 2005 年，某地修建地铁时，发现含六氯环己烷（HCHs）、DDT 等农药类污染土1.6 万 m³，首次采用水泥窑协同处置污染土。2007 年，该技术应用于某染料厂污染场地重金属及染料污染土的处置，处置规模达 2.5 万 m³。2011 年，该技术应用于某焦化厂污染场地多环芳烃污染土的处理，处理规模达到 6 万 m³。截至 2013 年，某地已处置约 40 万 m³ 含六氯环乙烷、DDT、多环芳烃、总石油烃和重金属的污染土。除此以外，一些地区还开展了水泥窑协同处置持久性有机污染物污染土的实践。

水泥窑协同处置技术的应用情况见表 4-10。

表4-10　水泥窑协同处置技术的应用情况

场地名称	目标污染物
美国得克萨斯州拉雷多市某土壤修复工程	多环芳烃
澳大利亚酸化土壤修复	多种有机污染物及重金属等
美国环境调查和清挖工程	多环芳烃、多氯联苯
德国海德尔堡某场地修复	多氯代苯并二噁英（PCDDs）/多氯代二苯并呋喃（PCDFs）
斯里兰卡锡兰电力局土壤修复工程	多氯联苯
我国某地铁路线规划途经某地原化工区	萘、苯并［a］蒽等

第五节　物理分离修复技术与热解吸修复技术

一、物理分离修复技术

（一）物理分离修复技术的原理

物理分离修复技术是指借助物理手段将重金属颗粒从土壤胶体上分离开来的异位修复技术，通常该技术可作为初步分选，以减少待处理土壤的体积，优化后续处理过程，但其本身一般不能充分达到土壤修复的要求，且要求污染物具有较高的浓度并存在于具有不同物理特性的相介质中。通常采用可移动装置在现场进行分离操作，1台处理单元的日处理能力一般为$7.6 \sim 380.0 \mathrm{m}^3$。

物理分离修复技术原理主要可分为以下几种：

①依据粒径的大小，采用过滤或微过滤的方法进行分离；

②依据分布、密度大小，采用沉淀或离心分离；

③依据磁性有无或大小，采用磁分离手段；

④根据表面特征，采用浮选法进行分离。

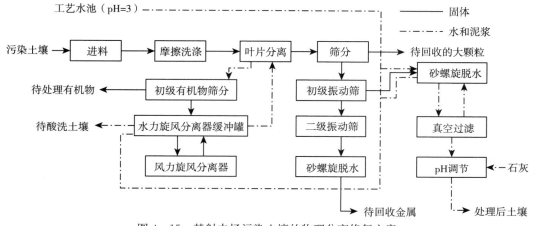

图4-15　某射击场污染土壤的物理分离修复方案

物理分离修复技术主要应用在土壤中无机污染物的修复技术，最适合用于处理小范围的受污染土壤。

某射击场污染土壤的物理分离修复方案如图4-15所示。

（二）物理分离修复技术的影响因素

在实际的分离应用过程中，物理分离技术可行性应考虑以下几类因素的影响：

①要求具有较高浓度的污染物且污染物存在于含不同物理特征的相介质中；

②对干燥的污染物进行筛分分离时可能会产生粉尘等；

③固体基质中含有的细粒径混合物与废液中的污染物需要进行再处理。

污染土壤的物理分离修复过程如图4-16所示。

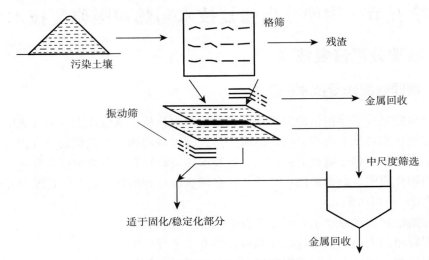

图4-16 污染土壤的物理分离修复过程

（三）物理分离修复技术的具体方法

1. 粒径分离法

粒径分离法是针对不同土壤颗粒粒级，通过特定网格大小的编织筛进行分离的过程。为了防止大颗粒将筛子的筛孔塞住，筛子通常要有一定的倾斜角度，让大颗粒滑下；或者筛子是水平的，采取某种运动方式（如振动、摆动或回旋），将堵塞筛孔大的颗粒除去。粒径分离过程中所需的主要设备有筛子、过滤器和矿石筛（湿或干）。常用的分离方式有摩擦-洗涤、干筛分和湿筛分。

（1）摩擦-洗涤。

摩擦-洗涤器通常作为颗粒或密度方式分离前的土壤前处理，它能够打碎土壤团聚体结构，将氧化物或其他胶膜从土壤胶体上洗下来。土壤洗涤不仅要靠颗粒与颗粒之间的摩擦和碰撞，也要靠设备（如桨板和推进器）和颗粒间的摩擦。摩擦洗涤器通过内置的两个方向相反、呈倾斜角、直径较大的推进器集中混合和洗涤土壤，有时还要配置挡板以引导土壤的行进方向。同时，要根据预计达到的土壤处理量设计相应的单室或多室处理设备。

（2）干筛分。

干筛分是将石砾、树枝或其他较大的物质从干的土壤中筛分出去的过程。干筛分方式通常能处理大或中等的土壤颗粒，但是，在实际应用时，对于小于 $0.06\sim0.09m$ 粒级的天然土壤（常常含有水分），情况变得很困难，容易发生阻塞现象。如果采用较细的筛子，需要在过筛前将土壤干燥，否则，就要采用湿筛分方式。

（3）湿筛分。

当土壤中有大量颗粒状重金属时，推荐采用湿筛分方式。湿筛分技术不仅能够使土壤无害化，而且不需要将土壤进一步的处理。同时，使用少量的化学试剂就可以将修复产生污水中重金属颗粒的体积降低到一定预期水平。

2. 水动力学分离法

水动力学分离技术是基于颗粒在流体中的移动速度将其分成两部分或多部分的分离技术。颗粒在流体中的移动速度取决于颗粒大小、密度和形状，可以通过强化流体在与颗粒运动方向相反的方向上的运动，提高分离效率。如果落下的颗粒低于有效筛分的粒径要求（通常是 $200\mu m$），此时采用水动力分离法。如筛分一样，水动力学分离也依赖于颗粒大小，但是与筛分方式不同的是，水动力学分离还与颗粒密度有关。

3. 密度（或重力）分离法

密度（或重力）分离技术是利用不同密度的颗粒在重力和其他一种或多种与重力方向相反的作用力的同时作用下富集起来分离的技术。该技术与颗粒密度、大小和形状有关。一般情况下，重力分离对粗糙颗粒比较有效。

4. 脱水分离法

除了干筛分方式，物理分离技术大多要用到水，以利于固体颗粒的运输和分离。脱水是为了满足水的循环再利用的需要，另外，水中还含有一定量的可溶或残留态重金属，因而脱水步骤是很有必要的。通常采用的脱水方法有过滤、压滤、离心和沉淀等，当这些方式联合使用，能够获得更好的脱水效果。

5. 泡沫浮选分离法

泡沫浮选分离技术是指根据不同矿物有不同表面特性的原理，通过向含有矿物的泥浆中添加合适的化学试剂，人为地强化矿物的表面特性而达到分离的技术。泡沫浮选分离过程所需要的主要设备有空气浮选室或塔。

6. 磁分离法

磁分离技术是指基于各种矿物磁性上的区别，尤其是针对将铁从非铁材料中分离出来的技术。磁分离过程所需的主要设备有电磁装置和磁过滤器。该技术通常是将传送带或转运筒送过来的移动颗粒流连续不断地通过强磁场，最终达到分离目的。

（四）物理分离修复技术的应用

物理分离修复技术主要用在污染土壤中无机污染物的修复处理上，从土壤、沉积物、废渣中富集重金属，清洁土壤、恢复土壤正常功能。

对分散于土壤环境中的重金属颗粒可以根据它们的颗粒直径、密度或其他物理特性得以分离。例如，根据重力分离法去除汞（Hg），用筛分或其他重力手段分离铅（Pb）。对于高价重金属如金（Au）、银（Ag）等，可采用膜过滤的方式。针对射击场或爆破点的铅污染土壤，最常用的修复方式是根据粒径等特点采用重力分离方式，把铅与土壤颗粒分开。

一般来讲，以单质态或盐离子态存在的重金属都易于被土壤黏粒和粉粒所吸附，因此可能被某一粒径范围的土壤颗粒或胶体所吸附。物理分离技术能够将砂和砂砾从黏粒和粉粒中分离出来，将待处理土壤的体积缩小，使土壤中存在的污染物浓度浓集到一个高的水平，然后再采用高温修复技术或化学淋洗技术修复污染土壤。

物理分离修复技术有许多优点，比如设备简单，费用低廉，分离方式没有高度的选择性，采用高梯度的磁场时，可以恢复较宽范围的污染介质等。但是在具体分离过程中，其技术的有效性，物理分离修复技术在应用过程中也有局限性，要考虑各种内在和外在因素的影响。比如用粒径分离时易塞住或损坏筛子；用水动力学分离和重力分离时，当土壤中有较大比例的黏粒、粉粒和腐殖质存在时很难操作；用泡沫浮选法分离时，颗粒必须以较低浓度存在；用磁分离时处理费用比较高等。这些局限性决定了物理分离修复技术只能在小范围内应用，不能被广泛地推广。

二、热解吸修复技术

热解吸修复技术是以浓缩污染物或高温破坏污染物的方式处理土壤热解吸而产生的废气中的污染物。使土壤污染物转移到蒸气相所需的温度取决于土壤类型和污染物存在的物理状态，通常为150～540℃。热解吸修复技术适用的污染物有挥发和半挥发有机污染物、卤化或非卤化有机污染物、多环芳烃、重金属、氰化物、炸药等，不适用于多氯联苯、二恶英、呋喃、除草剂和农药、石棉、非金属、腐蚀性物质。

污染土壤热解吸修复过程示意图如图4-17所示。

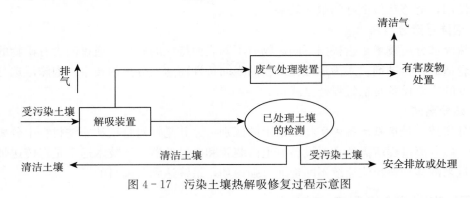

图4-17　污染土壤热解吸修复过程示意图

依据不同操作原理和方式，热解吸修复技术可分为不同的类型。根据土壤和沉积物的加热温度，分为高温热解吸和低温热解吸。根据加热方式，分为直接加热系统和间接加热系统，直接加热系统又可分为直接火焰加热和直接接触加热，间接加热系统可分为间接火焰加热和间接接触加热。根据给料方式，分为连续给料系统和批量给料系统。应用较为广泛的热解吸修复技术有间接接触热螺旋解吸技术、直接接触旋转干燥热解吸技术、间接接触旋转干燥热解吸技术等。

土壤热解吸修复技术广泛应用于发挥态有机物、半挥发态有机物、农药甚至是高沸点氯代化合物和二噁英等的处理。对于挥发性的重金属，如汞，采取加热的方法能将汞从土壤中解吸出来，然后再回收利用。此种汞去除与回收技术包括以下几个方面的程序：①将被污染的土壤和废弃物从现场挖掘后进行破碎；②往土壤中加具特定性质的添加剂，此添加剂既能有利于汞化合物的分解，又能吸收处理过程中产生的有害气体；③在不断对小体积土壤以低速通入气流的同时，加热土壤，且加热分两个阶段，第一阶段为低温阶段（87.78～100℃），主要去除土壤中的水分和其他易挥发的物质，第二阶段温度较高（537.78～648.89℃），主要是从干燥的土壤中分解汞化合物并汽化汞，然后收集汞并凝结成纯度为99％的汞金属；④对低温阶段排出的气体通过气体净化系统，用活性炭吸收各种残余的汞类蒸气和其他气体，然后将水蒸气排入大气；⑤对在高热阶段产生的气体通过第四步程序净化后再排入大气。为了保证工作环境的安全，程序操作系统采用存在负压的双层空间，以防止事故发生时汞蒸气向大气中散发。不过，土壤热解吸修复技术对无机物无效。

第六节　固化/稳定化修复技术与客土法修复技术

一、固化/稳定化修复技术

固化/稳定化修复技术是指通过物理的或化学的作用以固定土壤污染物的一组技术。固化是指向土壤添加黏合剂而引起石块状固体形成的过程。固化过程中污染物与黏合剂之间不一定发生化学作用，但有可能伴生土壤与黏合剂之间的化学作用。将低渗透性物质包被在污染土壤外面，以减少污染物暴露于淋溶作用的表面，限制污染物迁移的技术称为包囊作用，也属于固化技术范畴。在细颗粒废物表面的包囊作用称为微包囊作用，而大块废物表面的包囊作用称为大包囊作用。稳定化技术指通过化学物质与污染物之间的化学反应使污染物转化成为不溶态的过程。稳定化技术不一定会改善土壤的物理性质。在实践上，商业的固化技术包括了某种程度的稳定化作用，而稳定化技术也包括了某种程度的固化作用，两者有时候是不容易区分的。

固化/稳定化技术采用的黏合剂主要是水泥、石灰、热塑塑料等，也包括一些有专利的添加剂。水泥可以和其他黏合剂（如飞灰、溶解的硅酸盐、亲有机的黏粒、活性炭等）共同使用。

固化/稳定化技术可以被用于处理大量的无机污染物，也可适用于部分有机污染物。固化/稳定化技术的优点是：可以同时处理被多种污染物污染的土壤，设备简单，费用较低。但它也有一些缺点，如不破坏、不减少土壤中的污染物，而仅仅是限制污染物对环境的有效性。随着时间的推移，被固定的污染物有可能重新释放出来，对环境造成危害，因此它的长期有效性受到质疑。有机污染物不易被固定化和稳定化，所以固化/稳定化技术不太适合于有机污染的土壤。

固化/稳定化技术可以原位处理也可以异位处理土壤。进行原位处理时，可以用钻孔装置和注射装置，将修复物质注入土壤，而后用大型搅拌装置进行混合（图4-18）。处理后的土壤留在原地，其上可以用清洁土壤覆盖。

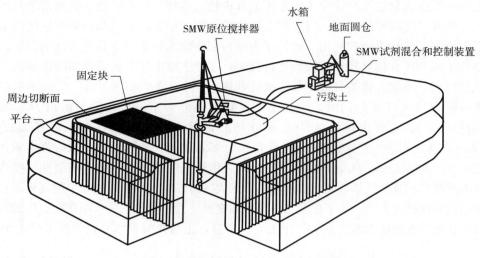

图4-18 原位固化/稳定化过程示意图

异位固化/稳定化技术指将污染土壤挖掘出来与黏合剂混合，使污染物固化的过程（图4-19）。处理后的土壤可以回填或运往别处进行填埋处理。许多物质都可以作为异位固化/稳定化技术的黏合剂，如水泥、火山灰、沥青和各种多聚物等。其中水泥及其相关的硅酸盐产品是最常用的黏合剂。异位固化/稳定化技术主要用于无机污染的土壤。

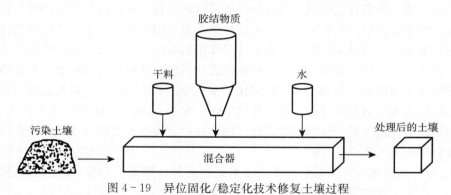

图4-19 异位固化/稳定化技术修复土壤过程

水泥异位固化/稳定化技术曾被用于处理加拿大安大略省一个沿湖的多氯联苯污染的土壤。该地表层土壤多氯联苯含量达到$50\sim700mg/kg$。处理时使用了两类黏接物质，10%的波特兰水泥与90%的土壤混合，12%的窑烧水泥灰加3%的波特兰水泥与85%的土壤混合。黏合剂和土壤在中心混合器中被混合，然后转移到弃置场所，该弃置场距地下水位$2m$。计算表明，堆放处理后的土壤以后，地下水中多氯联苯的可能浓度低于设计的目标浓度。

二、客土法修复技术

客土法是在被污染的土壤上覆盖上非污染土壤。实践证明，这是治理农田重金属严重污染的切实有效的方法。在一般情况下，换土厚度愈大，降低作物中重金属含量的效果愈显著。但是，此法必须注意以下两点。

一是用作客土的非污染土壤的 pH 等性质最好与原污染土壤相一致，以免由于环境因素的改变而引起污染土壤中重金属活性的增大。例如，如果使用了酸性客土，可引起整个土壤酸度增大，使下层土壤中重金属活性增大，结果适得其反。另外，为了安全起见，原则上要使换土的厚度大于耕作层的厚度。

二是应妥善处理被挖出的污染土壤，使其不致引起次生污染。在有些情况下也可不挖除污染土壤，而将其深翻至耕层以下，这对于防止作物受害也有一定效果，但效果不如换土法。客土法和换土法的不足之处是需花费大量的人力与财力，因此，只适用于小面积严重污染土壤的治理。

第五章
污染土壤化学修复技术

化学修复方法应用范围十分广阔，如污水处理的氧化、还原、化学沉淀、萃取和絮凝等；气体污染物治理的湿式除尘法、燃烧法，含硫、氮废气的净化等。在污染土壤修复方面，化学修复技术发展较早，并且相对成熟。化学修复技术基本原理在于对各种化学反应、物理化学反应或生物化学反应的应用及污染过程的控制，促进污染物的降解或降低污染物的毒性。化学修复技术主要包括化学氧化/还原、溶剂萃取、光催化降解、化学淋洗、微波化学处理、土壤性能化学改良修复等技术。

第一节　化学氧化/还原技术

一、技术原理

化学氧化/还原修复技术通过向受污染的土壤或地下水中添加氧化剂或还原剂的氧化或还原作用，使污染物转化为无毒或毒性相对较小的物质。常见的氧化剂有 MnO_4^-、H_2O_2、芬顿试剂（Fenton）、过硫酸盐（$S_2O_8^{2-}$）和 O_3 等；常见的还原剂包括 H_2S、连二亚硫酸钠（$Na_2S_2O_4$）、亚硫酸氢钠（$NaHSO_3$）、硫酸亚铁（$FeSO_4$）、多硫化钙（CaS_x）、Fe^{2+}、零价铁（Fe^0）和碱金属（Na、K）等。

二、关键控制参数

影响化学氧化/还原技术修复效果的关键技术参数包括：污染物的性质、浓度、药剂投加比、土的渗透性、土中活性还原性物质总量或土壤氧化剂耗量、氧化还原电位、pH、含水率和其他地质化学条件。以下主要就土壤的渗透性、土理化性质、污染物种类进行阐述。

（一）土壤的渗透性

高渗透性土壤有利于药剂的均匀分布，更适合使用原位化学氧化/还原技术。由于药剂难以穿透低渗透性土壤，在处理完成后可能会释放污染物，导致污染物浓度反弹。

土壤渗透性与化学氧化关系详见表5-1。自然界中的土壤并不是完全均质的，渗透性差异较大。土壤在大尺度和小尺度上的非均质性对修复效果也有影响。氧化剂优先进入渗透性较好的部分，如砂土土层。对于渗透性较差的部分，氧化剂不易进入，但一般这部分容易富集污染物。此外，渗透性较好的部分会成为将来土壤气体的优先通道。因此在土壤不是均质的情况下，有必要弄清楚地下污染物的具体分布。这是确立修复目标的重要参考，如果50%的污染物分布在低渗透区，则不可能使用单一的修复技术达到95%的污染物去除率。

表5-1　土壤渗透性与化学氧化的关系

渗透系数 $K/$（cm/s）	化学氧化效果
$K > 10^{-6}$	有效到普遍效应
$10^{-6} \leqslant K \leqslant 10^{-7}$	可能有效，需要进一步评估
$K < 10^{-7}$	效果较差或者没有效果

（二）土壤理化性质

土壤的理化性质对化学氧化法有重要影响。理想状态下，加入的氧化剂全部与污染物发生反应。实际上，由于氧化剂加入后，孔隙水的稀释作用以及消耗，都会造成氧化效率下降。这些非污染物降解引起的消耗称为自然氧化需求（nature oxidant demand，NOD）。土体中的天然有机质、Fe^{2+}、Mn^{2+}、S^{2-}等都消耗氧化剂，因此需要确定土的自然氧化需求，确定NOD值，从而达到修复目的。当污染物紧紧吸附于土壤有机质时，氧化降解难度大。此外，土体pH、缓冲容量和氧化还原电位会影响药剂的活性，药剂在适宜的pH、氧化还原条件下才能发挥最佳的化学反应效果。

（三）污染物种类

污染物种类不同决定适用的药剂不同。对化学氧化影响较大的污染物自身的性质主要是其溶解度和K_{OC}值（有机物的吸着系数）。石油烃类污染物在水中溶解度一般较小，其分配于土壤有机质的量通常要大于水中溶解的量。溶解度与K_{OC}值能够帮助判断平衡条件下污染物在有机质与水中分配的比例。化学氧化法更易于去除具有高溶解度和较低K_{OC}值的污染物。如存在非水相液体，由于溶液中的氧化剂只能和溶解相中的污染物反应，因此反应会限制在氧化剂溶液与非水相液体界面处。

三、氧化剂/还原剂的种类

（一）氧化剂

常用的氧化剂包括H_2O_2、O_3、$KMnO_4$，和过硫酸盐（$S_2O_8^{2-}$）等。不同的氧化剂/还原剂的氧化/还原能力、适用条件不同（表5-2、表5-3）。其选择原则主要有以下几点。第一，反应必须足够强烈，使污染物通过降解、蒸发及沉淀等方式去除，并能消除或降低污染物毒性。第二，氧化剂及反应产物应对人体无害。第三，修复过程应是实用和经济的。

表5-2　氧化剂的氧化能力

氧化剂	氧化电位（V）	相对氯氧化能力
氢氧自由基（·OH）	2.80	2.06
硫酸根自由基（·SO₄）	2.50～2.60	1.84～1.91
臭氧（O₃）	2.07	1.52
过硫酸根（S₂O₈²⁻）	2.01	1.48
H₂O₂	1.77	1.31
KMnO₄	1.70	1.24
Cl	1.36	1.00

表5-3　氧化剂的适用性

氧化物质	Fenton试剂	臭氧/过氧化物	过硫酸盐	臭氧	高锰酸盐
氧化势（地面水平）	2.80	2.80	2.60	2.60	1.70
适用	（氯）乙烯、（氯）乙烷、苯系物、轻馏分矿物油与多环芳烃、自由氰化物、酚类、邻苯二甲酸盐（或酯）、甲基叔丁基醚（MT-BE）	（氯）乙烯、（氯）烷醇、矿物油、苯系物、轻馏分多环芳烃、自由氰化物、酚类、邻苯二甲酸盐（或酯）、甲基叔丁基醚	（氯）乙烯、苯系物、轻馏分多环芳烃、酚类、邻苯二甲酸盐（或酚）、甲基叔丁基醚	（氯）乙烯、矿物油、苯系物、轻馏分多环芳烃、自由氰化物、酚类、邻苯二甲酸盐（或酯）、甲基叔丁基醚	（氯）乙烯、苯系物、酚类
不适用	重馏分矿物油、高级烷醇、重馏分多环芳烃、多氯联苯、络合氰化物	重馏分多环芳烃、多氯联苯、络合氰化物	重馏分多环芳烃、多氯联苯	（氯）烷醇、重馏分多环芳烃、多氯联苯、络合氰化物	苯、（氯）烷醇、矿物油多环芳烃、多氯联苯、氰化物
修复持续时间和被小/中型污染占据的空间	3～6个月大-地上系统，其他可能的活动很少或没有	污染源为1～2年污染羽；2～5年小-地下系统	0.5～1年小-一次性注入或地下系统	污染源为1～2年污染羽；2～5年小-地下系统	0.5～1年小-一次性注入或地下系统
氧化物在土壤中的稳定性	经常少于1天	1～2天	几个周至几个月	1～2天	几周
有利于使用的环境因数素	高度渗透性土壤对于典型Fenton试剂，地下水pH为2～6	高渗透性土壤	高渗透性土壤	土壤未饱和部分中的高渗透性土壤水分含量低	高渗透性土壤

（续）

氧化物质	Fenton 试剂	臭氧/过氧化物	过硫酸盐	臭氧	高锰酸盐
不利于使用的环境因素	渗透性不好的土壤、需要大量氧化剂的土壤，对于典型 Fenton 试剂，存在石灰石时的地下水 pH 为 7.5～8，改性 Fenton 试剂的适用 pH 为 10	渗透性不好的土壤地下水 pH 为 8～9	渗透性不好的土壤、需要大量的氧化剂	渗透性不好的土壤、需要大量氧化剂、地下水 pH 为 7.5 或更高	渗透性不好的土壤，土壤中的天然土需氧量高
备注	实施方法中的安全性是重要方面，有重金属活动的风险，氧化剂/催化剂中添加了重金属	实施方法中的安全性是重要方面，注意场地臭氧的发生	实施方法中的安全性是重要方面，过硫酸盐必须是活性的	实施方法中的安全性是重要方面，注意场地臭氧的发生	实施方法中的安全性是重要方面，地下水呈紫色，氧化剂中添加了重金属

不同氧化剂适用处理的物质类型如表 5-4 所示，优缺点对比如表 5-5 所示。

表 5-4　氧化剂适用处理物质

氧化剂	目标物质							
	石化类碳氢化合物	苯（C_6H_6）	酚类（ArOH）	甲基叔丁基醚	多环芳烃	氯乙烯（C_2H_3Cl）	四氯化碳（CCl_4）	氯乙烯（C_2H_5Cl）
H_2O_2	++	++	++	+	++	++	×/+	+/++
O_3	++	++	++	+	++	++	×/+	+
MnO_4^-	+	×	+	+	+	++	×	×
$S_2O_8^{2-}$	++	+/++	+/++	++	++	++	×/+	+/++

注：++表示优，+表示佳，×表示差；过氧化氢效果以 Fenton 试剂为例，过硫酸盐以硫酸根自由基为例。

表 5-5　不同氧化剂的优、缺点对比

氧化剂	优点	缺点
H_2O_2	氧化电位高，适用污染物范围广 应用场合多 可以与臭氧合并使用	反应产生热与氧，造成安全问题 半衰期短，有效距离短 最佳 pH 范围小（3～5） 碱性条件下效果不佳
O_3	氧化电位高，适用污染物范围广 气体输送方式，较液体容易应用 分解产物包括氧气，有助于微生物降解	非常不稳定，半衰期短 饱和层有效半径非常小 受压含水层中应用时需压力释放
MnO_4^-	水中溶解度高，有助于整体效率与扩散 无气体与热产生，相对较安全 适用 pH 范围广	氧化电位较低，故适用范围有限 产品中会含金属杂质 产物会形成沉淀物，造成阻塞

（续）

氧化剂	优点	缺点
$S_2O_8^{2-}$	氧化电位高，适用污染物范围广	应用经验少
		需借助热或还原性金属进行催化

1. Fenton 试剂

过氧化氢的氧化性很强，能与有机污染物反应生成水、二氧化碳、氧气。当过氧化氢遇到亚铁离子（Fe^{2+}）形成 Fenton 试剂时，更加有效。土壤和地下水中都可能存在 Fe^{2+}，也可以加入 Fe^{2+} 催化相关反应。研究发现在较低的 pH（2.5～4.5）条件下，会发生如下反应，该反应称为 Fenton 反应：

$$H_2O_2 + Fe^{2+} \longrightarrow Fe^{3+} + OH \cdot + OH^-$$

当 pH 高于 5 时，Fe^{3+} 会还原成 Fe^{2+}，因此该反应需在较低 pH 下进行。$OH \cdot$ 可以迅速地无选择地与含有不饱和键的化合物发生反应，如苯系物、多环芳烃等，也可与甲基叔丁基醚发生反应。早期的 Fenton 反应中，H_2O_2 的浓度约为 0.03%。现在修复中使用的无须添加 Fe^{2+} 的 Fenton，H_2O_2 浓度达到 4%～20%，并且反应条件为中性，避免了对土壤和地下水 pH 的改变。在没有有机物的情况下，过剩 Fe^{2+} 可与 $OH \cdot$ 发生反应：

$$Fe^{2+} + OH \cdot \longrightarrow Fe^{3+} + OH^-$$

这意味着如果 Fe^{2+} 浓度过高，试剂本身将消耗氧化剂。因此需要优化使用 Fenton 的条件。

Fenton 反应为放热反应，会加快土壤和地下水气体的蒸发，造成气体的迁移。另外 Fenton 反应可能产生易爆气体，使用时需要注意安全。

2. O_3 和过氧化物

O_3 和过氧化物与 Fenton 一样，形成自由基，O_3 反应在酸性环境中更为有效。O_3 的氧化性强于 H_2O_2，可与苯系物、多环芳烃、甲基叔丁基醚等有机污染物直接反应。采用原位氧化时，比生物降解过程更快，因此，具有缩短修复时间和减少处理费用的优点。与其他化学修复方式不同，O_3 修复技术需要引入气体，当 O_3 作用于非饱和区域内时，其在低湿度水平下的分布比高湿度水平下的分布状况好，当于饱和区域时，由于气体向上运动，并且土体通常水平成层，地下非均质活动造成的优先流动路径更快形成。对于 O_3 和臭氧/过氧化物，土体自身消耗的剂量不太重要，通常不需要进行室内试验确定，一般而言，每立方米土消耗的 O_3 量大概是 15g。理想的 pH 为 5～8，pH 为 9 被视为上限。通常 O_3 通过膜分离系统在线生成，通过喷射井注入地下，注入井通常要在污染区域附近。当污染物浓度较高时，使用 O_3 进行修复也会产生热量和挥发性有机化合物，因此需要类似 SVE 系统收集气体，避免其向周围迁移。

3. 高锰酸盐（MnO_4^-）

MnO_4^- 也是一种强氧化剂，常用的有 $NaMnO_4$ 和 $KMnO_4$，两者具有相似的氧化性，只是使用上有些差别。$KMnO_4$ 是由晶体而来，因此使用最大浓度为 4%，成本较低，便于运输与使用。$NaMnO_4$ 是溶液态的供给，可以达到 40% 的浓度，成本较高。若成本不是很重要的情况下，更倾向于使用 $NaMnO_4$。

高锰酸盐在较宽的 pH 范围内可以使用，在地下反应时间较长，因而能够有效地渗入土壤并接触到吸附的污染物，通常不产生热、蒸气或者其他与健康、安全因素相关的现象。然而，高锰酸盐容易受到土壤结构的影响，因为高锰酸盐的氧化会产生二氧化锰，这在污染负荷高时，会降低渗透性。当使用高锰酸盐时，有必要在修复前进行实验室实验，以便确定土壤消耗的氧化剂量。这一实验就是天然土需氧量（SOD 或 NOD）实验。天然土需氧量取决于实验条件下高锰酸盐的浓度，包括进行修复的浓度，这意味着必须在多个高锰酸盐浓度下进行实验。

使用高锰酸盐进行原位氧化修复会降低局部 pH 至 3 左右，以及造成较高的氧化还原电位，这可能使部分土壤环境中的金属发生迁移。这些金属离子可能被生成的 MnO_2 吸附。$KMnO_4$ 中可能含有砂粒，使用时注意防止其堵塞井屏。$NaMnO_4$ 浓度较高时，$NaMnO_4$ 可能会造成注入井口附近黏土膨胀并堵塞含水层。

（二）还原剂

常用的还原剂包括 Fe^0、重亚硫酸盐、连二亚硫酸盐（$S_2O_4^{2-}$）、$FeSO_4$、硫化物等。

其中 Fe^0 是很强的还原剂，属于活泼金属，Fe^{2+}/Fe 的电极电势为 $-0.440V$，具有还原能力，可将在金属活动顺序表中排于其后的金属置换出来，还可将氧化性较强的离子或化合物及一些有机物还原，Fe^0 适用处理的污染物如表 5-6 所示。Fe^{2+} 离子也具有还原性，Fe^{3+}/Fe^{2+} 电极电势为 $0.771V$，因而当水中有氧化剂存在时，Fe^{2+} 可进一步氧化成 Fe^{3+}。Fe^0 胶体能够脱掉很多氯代试剂中的氯离子，并将可迁移的含氧阴离子如 CrO_4^{2-} 和 TcO_4^- 以及 UO_2^{2+} 等含氧阳离子转化成难迁移态。Fe^0 既可以通过井注射，也可以放置在污染物流经的路线上，或者直接向天然含水土层中注射微米甚至纳米级 Fe^0 胶体。

表 5-6　Fe^0 适用处理的污染物

类型	污染物
甲烷氯代物	CCl_4、氯仿（$CHCl_3$）、CH_2Cl_2、CH_3Cl
氯代苯	C_6Cl_6、五氯苯（C_6HCl_5）、四氯苯（$C_6H_2Cl_4$）、三氯苯（$C_6H_3Cl_3$）、二氯苯（$C_6H_4Cl_2$）、C_6H_5Cl
其他氯代芳烃	五氯联苯、Dionxin、C_6HCl_5O
三卤甲烷	三溴甲烷（$CHBr_3$）、一溴二氯甲烷（$CHBrCl_2$）
氯代乙烯	C_2Cl_4、C_2HCl_3、C_2H_3Cl
其他有机污染物	N-二甲基亚硝胺（$C_2H_6N_2O$）、TNT、杀虫剂、DDT、林丹（$C_6H_6Cl_6$）
有机染料	酸性橙（$C_{16}H_{11}N_2NaO_4S$）、酸性红（$C_{20}H_{12}N_2Na_2O_7S_2$）、金莲橙（$C_{12}H_9N_2NaO_5S$）
重金属	Hg、Ni、Ag、Cd
无机阴离子	重铬酸盐（CrO_7^{2-}）、MnO_4^-、NO_3^-

四、工艺设备

氧化剂或还原剂的添加工艺对修复效果影响较大，一般原位修复主要通过注入系统。因此，该技术应用的关键是需合理的设定注入井的位置和数量，控制注入量和注入速率，监测注入过程中温度和压力变化，以确保注入系统能将药剂输送至给定目标位置。异位方法主要将受污染土挖出，置于反应槽或设备中将污染土与药剂进行充分混合搅拌。按照设备的搅拌混合方式，可分为两种类型：采用内搅拌设备，即设备带有搅拌混合腔体，污染土和药剂在设备内部混合均匀；采用外搅拌设备，即设备搅拌头外置，需要设置反应池或反应场，污染土和药剂在反应池或反应场内通过搅拌设备混合均匀。该系统设备包括行走式修复设备、搅拌机等。因此异位化学氧化/还原需控制好设备的搅拌均匀性。

五、应用情况

氧化/还原处理技术反应周期短、修复效果可靠，在国外已经形成了较完善的技术体系，应用广泛，应用案例见表5-7。该项技术的优势和应用限制见表5-8。

表5-7 化学氧化/还原技术的应用案例

场地名称	修复药剂	目标污染物	规模
美国明尼苏达州某木材制造厂	Fenton试剂和活化过硫酸盐	五氯苯酚（C_6HCl_5O）	656t
韩国光州某军事基地燃料存储区	H_2O_2	总石油烃	930m³
美国马里兰州某赛车场地	某K药剂	苯系物、$C_{11}H_{10}$	662m³
加拿大亚伯达某废弃管道场地	H_2O_2	苯系物	8 800m³
美国亚拉巴马州某场地	某D药剂（强还原性铁矿物质+缓释碳源）	毒杀芬、DDT、DDD和DDE	4 500t
美国犹他州图埃勒县军方油库	某D药剂（强还原性铁矿物质+缓释碳源）	TNT、环三亚甲基三硝胺（$C_3H_6N_6O_6$）	7 645m³

表5-8 化学氧化/还原技术的优势和应用限制

优势	应用限制
可有效处理土壤和地下水中的有机污染物	初期和总的投资可能较高，化学药剂费用比例高
能够实现快速分解、降解污染物的效果，一般在数周或数月显著降低污染物	药剂不易到达渗透性低的地方
除Fenton，副产物较少	Fenton会产生大量易爆炸的气体
操作成本低	溶解的污染物在氧化数周之后可能产生"反弹"现象
与后处理固有的衰减的监测相容性较好	修复至背景值或浓度极低的情况下，代价大

第二节 溶剂提取技术和化学淋洗修复技术

一、溶剂提取技术

（一）技术原理

溶剂提取技术是一种异位修复技术。在该过程中，污染物转移进入有机溶剂或超临界液体（SCF），而后溶剂被分离以备进一步处理或弃置。

溶剂提取技术使用的是非水溶剂，因此不同于一般的化学提取和土壤淋洗。处理之前首先准备土壤，包括挖掘和过筛，过筛的土壤可能要在提取之前与溶剂混合，制成浆状，是否预先混合取决于具体处理过程。溶剂提取技术不取决于溶剂和土壤之间的化学平衡，而取决于污染物从土壤表面转移进入溶剂的速率。被溶剂提取出的有机物连同溶剂一起从提取器中被分离出来，进入分离器进行分离。在分离器中由于温度或压力的改变，使有机污染物从溶剂中分离出来。溶剂进入提取器中循环使用，浓缩的污染物被收集起来进一步处理，或被弃置。干净的土壤被过滤、干化，可以进一步使用或弃置。干燥阶段产生的蒸气应该收集、冷凝，进一步处理。典型的有机溶剂包括一些专利溶剂，如三乙基胺。溶剂提取技术适用于挥发和半挥发有机污染物、卤化或非卤化有机污染物、多环芳烃、多氯联苯、二噁英、呋喃、除草剂、农药、炸药等，不适合于氰化物、非金属和重金属、腐蚀性物质、石棉等。黏质土和泥炭土不适合于该技术。

（二）关键控制参数

1. 溶剂类型

提取是根据相似相溶原理，指由于极性分子间的电性作用，使得极性分子组成的溶质易溶于极性分子组成的溶剂，难溶于非极性分子组成的溶剂；使得非极性分子组成的溶质易溶于非极性分子组成的溶剂，难溶于极性分子组成的溶剂。不同的污染物所选取的溶剂也不尽相同，常用的溶剂主要有醇类、酯类、烃类、酮类、卤代烃以及不同物质的混合物等。研究表明，使用液态的丙烷提取土壤中的多氯联苯，三级提取后，多氯联苯去除率达到 $91.4\%\sim99.4\%$。正戊烷与正己烷配置的溶剂对石油浓度为 3% 左右的污染土进行了两次提取后，脱油率达到 98%。

2. 水分含量

由于所用的大部分溶剂和土中的有机物为憎水有机物，土体中水分的存在通常会影响石油污染物的去除效果，对于水分含量较高（$>20\%$）的污染土，需要进行预脱水。通常情况下，可先自然风干进行初步脱水处理，水分含量降低至一定程度后再进行提取处理。

3. 操作温度

温度对于物质的溶解性有较大影响。一般而言，适当提高温度能够提高物质的溶解度，但对于超临界提取而言，操作温度有特定范围，超过一定范围后，溶解度可随着温度的升高而降低。

4. 液固比

液固比是指溶剂的体积与污染土质量的比例，一般溶剂对污染土中有机污染物的去除率随着液固比的增大而不断上升。

5. 提取级数

在相同的液固比下，提取级数的增加会大幅度增加溶剂的提取效率，但级数增加到一定值后，效果不再显著。

（三）应用情况

在含水量高的污染土壤中使用非水溶剂，可能会导致部分土壤区域与溶剂的不充分接触。在这种情况下，要对土壤进行干燥，会提高成本。使用 CO_2 超临界液体要求土壤干燥，此法对小分子量的有机污染物最为有效。研究表明，多氯联苯的去除取决于土壤有机质含量和含水量。高有机物含量会降低 DDT 的提取效率，因为 DDT 强烈地被有机物吸附，处理后会有少量的溶剂残留在土壤中，因此溶剂的选择是十分重要的环节。最适合于处理的土壤条件是黏粒含量低于 15％，水分含量低于 20％。

在美国加利福尼亚州北部的一个岛上，曾采用此法对多氯联苯浓度为 $17\sim640mg/kg$ 的污染土壤进行了处理。该处理系统采用了批量溶剂提取过程，使用的溶剂是专利溶剂，以分离土壤的有机污染物。整个提取系统由 5 个提取罐、1 个微过滤单元、1 个容积纯化站、1 个清洁容积存储罐和 1 个真空抽提系统组成。处理每吨土壤需要 4L 溶剂。处理后的土壤中多氯联苯的浓度从 170mg/kg 降到大约 2mg/kg。

二、化学淋洗修复技术

（一）技术原理

化学淋洗修复技术借助能促进污染物溶解或迁移作用的化学/生物化学溶剂（水或酸或碱溶液、螯合剂、还原剂、络合剂以及表面活化剂溶液），在重力作用下或通过水力压头推动淋洗剂，将其注入被污染土层中，利用其增溶、乳化或改变污染物化学性质，然后再把包含有污染物的液体从土层中抽提出来，从而实现污染土的修复。在应用中，可采用原位淋洗方式也可采用异位淋洗方式。

（二）淋洗剂

淋洗剂是包含化学冲洗助剂的溶液，具有增溶、乳化效果，或能改变污染物的化学性质。提高污染土中污染物的溶解性和在液相中的可迁移性，是实施该技术的关键。到目前为止，化学淋洗技术主要围绕着用表面活性剂处理有机污染，用螯合剂或酸处理重金属污染。常用的淋洗剂有以下几种。

1. 无机淋洗剂

酸、碱、盐等无机化合物相对其他淋洗剂具有成本较低，效果好，作用速度快等优点。其作用机制主要是通过酸解、络合或离子交换作用来破坏土与重金属形成的络合物，从而将重金属交换解吸下来，进而从土中溶出。

酸淋洗剂一般对重金属的去除效果好，但其使用带来的负面影响也相当严重。由于重金属的溶解主要受 pH 影响，通常 pH 小于 3 或 4 时，大部分重金属才以离子形态存在，但过高的酸度会严重破坏土的理化性质及结构。

2. 螯合剂

常用的螯合剂大致可分为人工螯合剂和天然螯合剂两类，人工螯合剂包括乙二胺四乙酸、羟乙基乙二胺三乙酸（HEDTA）、二乙基三乙酸（NTA）、乙二醇双四乙酸（EGTA）、乙二胺二乙酸（EDDHA）、环己烷二胺四乙酸（CDTA）等。天然有机螯合剂包括柠檬酸（$C_6H_8O_7$）、苹果酸（$C_4H_6O_5$）、丙二酸（$C_3H_4O_4$）、乙酸（CH_3COOH）、组氨酸（$C_6H_9N_3O_2$）以及其他类型天然有机物质等。螯合剂的作用机理是首先通过螯合作用，将吸附在土壤颗粒及胶体表面的重金属离子解吸下来，然后利用自身的螯合作用和重金属离子形成强的螯合体从而分离出来。

3. 表面活性剂

表面活性剂分为非离子、阴离子、阳离子、非离子混合以及生物表面活性剂等类型。表面活性剂是用增加疏水性有机物的溶解度、生物可利用性、离子交换、吸附及配合等作用对污染土壤进行修复。在重金属存在的情况下，表面活性剂本身在土中的吸附性较弱。因此，表面活性剂已被用作去除重金属的助剂。

（三）两种典型方式

化学淋洗修复技术的两种典型方式即原位化学淋洗和异位化学淋洗。

1. 原位化学淋洗修复技术

原位化学淋洗修复技术是在原地搭建修复设施，包括淋洗剂投加系统、污染土下层淋出液收集系统和淋出液处理系统，如图 5-1 所示。同时，由于污染物在与化学淋洗剂相互作用过程中，通过解吸、螯合、溶解或络合等物理化学过程而形成了可迁移态化合物，因此通常需采用隔离墙等物理屏障把污染区域封闭起来。为了节省工程费用，该技术还应包括淋出液再生系统。

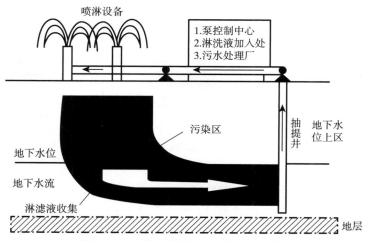

图 5-1　原位化学淋洗修复技术各系统

化学淋洗剂投加系统需根据污染物在土中所处的位置来设计，采用漫灌、挖掘或沟渠和喷淋等方式向土壤投加淋洗剂，使其在重力或外力的作用下穿过污染土并与污染物相互作用。既可以通过具有良好渗透性的浸渗沟和浸渗床使分散剂扩散，也可以采用压力驱动的方式加快淋洗剂的分散。除了要考虑地形因素，还要形成人为的水力梯度，以保证流体的顺利渗入和向下穿过污染区的速度均一。

含有污染物的淋滤液可以利用梯度井或抽提井等方式收集。对来自污染土的淋滤液的处理，石油和其轻馏分产物可采用空气浮选法，如果浓度足够高，对羟基类化合物可以在添加额外的碳源后，采用生物手段处理。重金属污染土的淋出液处理则利用化学沉淀或离子交换手段进行。如果系统包括淋出液再生设备，纯化的淋洗剂可以再次注入而得以循环利用。注射井和抽提井示意图如图 5-2 所示，典型的布井模式示意图如图 5-3 所示。

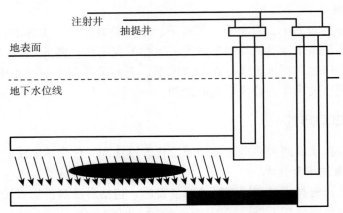

图 5-2　注射井和抽提井示意图

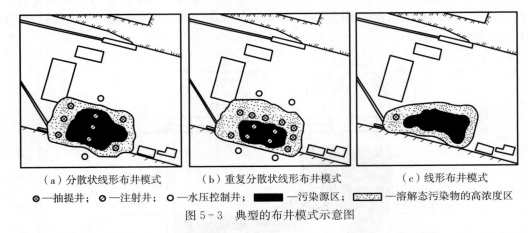

（a）分散状线形布井模式　　　（b）重复分散状线形布井模式　　　（c）线形布井模式

⊗—抽提井；●—注射井；○—水压控制井；███—污染源区；▒▒▒—溶解态污染物的高浓度区

图 5-3　典型的布井模式示意图

　　原位淋洗修复技术是为数不多的可以从土壤中去除重金属的技术之一。影响原位淋洗修复技术有效性的重要因素是土壤的性质，其中最重要的是土壤质地和阳离子交换量。原位淋洗修复技术适合于粗质地的、渗透性较强的土壤。一般来说，原位淋洗修复技术最适合于砂粒和砾石占 50% 以上的、阳离子交换量低于 10cmol/kg 的土壤。在这些土壤上容易达到预期目标，淋洗速度快，成本低。质地黏重的、阳离子交换量高的土壤对多数污染物的吸持较强烈，淋洗技术的去除效果较差，难以达到预期目标，成本高。原位淋洗修复技术既适合于无机污染物，也适合于有机污染物。但迄今为止采用原位淋洗技术处理重金属污染土壤的例子较少，大多数应用例子涉及有机污染的土壤。采用原位淋洗修复技术时应考虑土壤污染物可能产生的环境负效应并加以控制。由于可能造成对地下水的二次污染，因此，最好是在水文学上土壤与地下水相对隔离的地区进行。

2. 异位化学淋洗修复技术

异位化学淋洗修复技术是指将污染土壤挖掘出来，用水或其他化学溶液进行清洗使污染物从土壤分离出来的一种化学处理技术。该技术把污染土挖掘出来放在容器中，用溶于水的化学试剂来清洗、去除污染物，再处理含有污染物的废水或废液，修复后的土壤可以回填或运到其他地点。通常情况下，先将修复后的土壤按粒径大小分成不同的部分，再基于二次利用的用途和最终处理需求，清洁到不同的程度。一般采用的单元操作系统，包括矿石筛、离心装置、摩擦反应器、过滤压榨机、剧烈环绕分离器、流化床清洗设备和悬浮生物泥浆反应器等。异位化学淋洗修复技术示意图如图5-4所示，异位化学淋洗修复技术流程图如图5-5所示。

土壤性质严重影响化学淋洗修复技术的应用。土颗粒尺寸的最低下限是9.5mm，大于这个尺寸的石砾和粒子才会很容易用淋洗方式洗去。适合操作异位化学淋洗技术的装备应该是可运输的，可随时随地搭建、拆卸、改装。质地较轻的土壤适合于本技术，黏重的土壤处理起来比较困难。一般认为，黏粒含量超过30%~50%的土壤就不适用本技术。有机质含量高的土壤处理起来也很困难，因为很难将污染物分离出来。土壤化学淋洗修复技术适用于各种污染物，如重金属、放射性核素、有机污染物等。憎水的有机污染物难以溶解到清洗水相中。清洗液可以是水，也可以是各种化学溶液（如酸和碱的溶液、络合剂溶液、表面活性剂溶液等）。酸溶液通过降低土壤pH而促进重金属的溶解。络合剂溶液则通过形成稳定的金属络合物而促进重金属的溶解。碱性溶液和表面活性剂溶液可以去除土壤的有机污染物（如石油烃化合物）。土壤淋洗已经成为一个广泛采用的、修复效率较高的重金属和有机污染物污染土壤的修复技术。

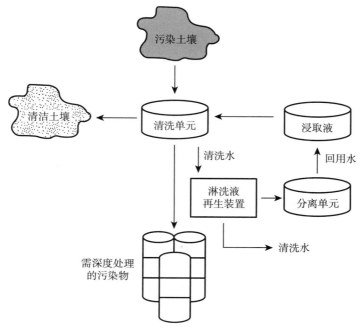

图5-4 异位化学淋洗修复技术示意图

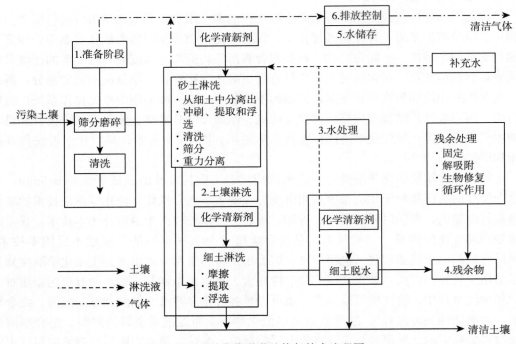

图 5-5　异位化学淋洗修复技术流程图

（四）关键控制参数

1. 土的性质参数

（1）土壤的有机质含量。

土壤有机质的含量与污染物的吸附量成正比，有机质含量较高时不利于污染物的去除。如土壤中的有机物质特别是腐殖质对重金属有比较强的螯合作用，这种螯合作用的强弱和重金属螯合物在淋洗剂中的可溶性对重金属污染土壤的淋洗效率有较大影响。

（2）土壤的阳离子交换容量。

一般阳离子交换容量越大，土壤胶体对重金属阳离子吸附能力也就越大，从而增加重金属从土壤胶体上解吸下来的难度。所以阳离子交换容量大的土壤不适合用化学淋洗技术修复。

2. 污染物的种类及含量

不同的重金属与土壤矿物质的结合力大小不同，从而影响它们的淋洗效率。石油类污染物从土中洗出的难易程度与其性质、浓度及老化时间密切相关；对原油来说，其组分比较复杂，各组分与土结合的紧密程度不同，去除的难易程度也不尽相同，一般胶质和沥青质等成分较难洗出，因而胶质和沥青质含量较高的稠油则较难去除；柴油也有类似情况。

3. 污染物在土壤中的存在形态

如重金属元素常常以不同的形态存在于土中，各种不同形态的重金属具有不同的迁移能力和可解吸性。一般地可交换态、碳酸盐结合态重金属容易被淋洗剂从土壤中提取出来，而铁锰氧化物结合态和残留态重金属不易被淋洗出来。

4. 淋洗剂种类与浓度

各种淋洗剂对重金属的螯合作用能力以及重金属螯合物的水溶性不同，均影响淋洗剂对重金属的淋洗效率。一般情况下，具有强的螯合作用或具有强酸性的化学试剂对重金属的淋洗效果好。

表面活性剂性质对淋洗剂增溶作用的影响程度远小于有机物本身性质的影响，对于同一种有机污染物，不同表面活性剂的 K_{OC} 值相差不大，都与该有机污染物的 K_{OW}（有机物的辛醇-水分配系数）在同一数量级。

对于淋洗试剂浓度来说，污染物的去除效率通常随淋洗试剂浓度增大而提高，并在达到某一定值后趋于稳定。

不同淋洗剂对不同重金属污染物的提取有不同的最合适浓度，在此浓度下能取得高的去除效率和低的淋洗剂消耗量，该浓度值需通过实验测定。

5. 淋洗条件的优化

（1）淋洗时间。

当到达一定的淋洗时间后，继续淋洗对淋洗效果的提高可能无效或者效果不明显，因此每一次淋洗都有一个最佳时间。在最佳淋洗时间以内，随着淋洗时间的加长，淋洗效率一般都有明显的提高。

（2）pH。

淋洗剂的 pH 影响到螯合剂和重金属的螯合平衡以及重金属在土壤颗粒上的吸附状态，从而对重金属的提出有一定的影响。一般低的 pH 具有高的酸度，使得重金属更容易被解吸下来。

（3）淋洗温度。

淋洗温度对土壤中石油类污染物的去除效率影响很大，升高温度一般可以大大提高污染物的去除率。但是，淋洗温度的选取要合适，过小不利于石油类污染物的去除，过大则能耗较高而增加成本，通常淋洗温度在 50～80℃较为适宜。

（4）液固比。

液固比是指淋洗剂与污染土的质量比，提高液固比一般会提高污染物的去除率。液固比的选取要合适，过小不利于搅拌，过大则会增加设备的负荷量，同时也大大增加淋洗剂的消耗量和废液产生量，通常液固比为 4∶1～20∶1 比较合适。对于较难修复的稠油和沥青砂污染土宜于选择较大的液固比。

（五）应用情况

土壤清洗技术大都起源于矿物加工工业。在矿物加工工业中，人们可以从低品位的杂矿中分离有价值的矿石。最新的加工方法可以从含量低于 0.5% 的原材料中提取金属。典型的土壤清洗系统包括如下几个步骤：①用水将土壤分散并制成浆状；②用高压水龙头冲洗土壤；③用过筛或沉降的方法将不同粒径的颗粒分离；④利用密度、表面化学或磁敏感性等方面的差异进一步将污染物浓缩在更小的体积内；⑤利用过滤或絮凝的方法使土壤颗粒脱水。在实践中，人们将污染土壤挖掘起来，在土壤处理厂中进行清洗。清洗土壤用的土壤处理厂有两类，即移动式土壤处理厂和固定式土壤处理厂。移动式土壤处理厂的优点是设备小，可以随地移动，但由于移动性大，较难控制处理过程中产生的二次污染（如对地下水的渗透污染和对大气的污染）。固定式土壤淋洗厂厂址固定，有利于控制处理过程中污染物的排放。所有污染点的污染土壤都必须运往固定式土壤淋洗厂进行处理。处理不同类型污染土壤的程序有所不同，固定式土壤淋洗厂的处理程序比较复杂。

污染土壤异位淋洗修复技术在加拿大、美国、欧洲及日本等已有较多的应用案例，目前已应用于石油烃类、农药类、重金属等多种污染场地。美国的新泽西州曾对 19 000t 重金属严重污染的土壤和污泥进行了异位清洗处理。处理前铜（Cu）、铬（Cr）、镍（Ni）的浓度超过 10 000mg/kg，处理后土壤中镍（Ni）的平均浓度是 25mg/kg，铜（Cu）的平均浓度是 110mg/kg，铬（Cr）是 73mg/kg。

化学淋洗修复技术的优势和应用限制如表 5-9 所示。

表 5-9　化学淋洗修复技术的优势和应用限制

技术类型	优势	应用限制
原位化学淋洗修复技术	操作简便、成本低、处理量大、见效快等，适用于大面积、重度污染场地的治理	存在二次污染风险
	适用于多孔隙、易渗透土壤，特别适用于轻质土和砂质土	对渗透系数很低的土壤效果不好
	适合金属、具有低辛醇-水分配系数的有机化合物、羟基类化合物、低分子量醇类和羟基酸类等污染物	不适用于非水溶性液态污染物，如强烈吸附于土壤的呋喃类化合物、极易挥发的有机物及石棉等
异位化学淋洗修复技术	适用于各种类型污染物的治理，如重金属、放射性元素，以及许多有机物，包括总石油烃、易挥发有机物、多氯联苯及多环芳烃等	不适用于强吸附性、极易挥发的物质
	适用于污染物集中于大粒级土颗粒上的情况，沙砾、砂和细砂以及相似土壤组成中的污染物更容易处理	含有 25%～30% 黏粒的污染土不建议采用这项技术
	淋洗装备通常是可运输的灵活方便，可随时随地搭建、拆卸、改装的，有利于技术推广	产生的废液处理难度大

第三节　光催化降解技术与微波化学处理技术

一、光催化降解技术

土壤光催化降解技术是一项新兴的深度土壤氧化修复技术，广泛应用于农药等污染土壤的修复。光催化降解机理主要是自由基反应，而体系产生的活性中间体 H_2O_2 则是形成自由基的重要引发剂。

光催化降解技术是指在光和光催化剂同时存在的条件下发生的光化学反应，该过程将光能转化为化学能。土壤质地、粒径、pH、水分、氧化铁含量及土壤厚度等对光催化氧化有机污染物有着很大的影响。在高孔隙度的土壤中污染物迁移速率较快；黏粒含量越低降解越快；有机质可以作为一种光稳定剂；土壤水分能调解吸收光带；自然土壤中氧化铁对有机物降解起着重要调控作用；土壤厚度影响滤光率和入射光率。

光催化降解技术因具有处理效率高、成本相对较低、容易工业化等优点，逐渐成为高级氧化技术的主要方法之一。光催化法是在常温常压下利用半导体材料（常用 TiO_2）作催化剂，在太阳光（紫外光）作用下将污染物降解为 H_2O、CO_2 等无毒物质，无二次污染，可实现对污染物的完全矿化。根据光催化剂形态不同，光催化反应可分为均相光催化和异相光催化，均相光催化剂主要有 Fenton、H_2O_2、O_3、$K_2S_2O_8$ 等，异相光催化剂主要有 TiO_2、铁基材料、ZnO 等。光催化降解技术可以用于修复农用地土壤中的有机磷类、有机氯类、氨基甲酸酯类、拟除虫菊酯类，以及酰胺类、有机氟、杂环类等农药，另外，还能修复农用地土壤中的抗生素、多环芳烃、多氯联苯、重金属。

目前常用的催化剂是 TiO_2，对于 TiO_2 光催化降解污染物机理研究尚不成熟，一般以价带理论为基础。TiO_2 的带隙能为 3.2eV，相当于 387.5mm 的光子能量。当 TiO_2 被能量等于或者大于其带隙能的光照射时，处于价带上的电子被光子激活迁移至导带上，在导带上产生带负电的高活性电子（e^-），并在价带上留下带正电荷的空穴（h^+），形成电子-空穴对。其在电场作用下，分离并迁移至粒子表面，一方面可直接将吸附的有机物分子氧化，另一方面也可与吸附在 TiO_2 表面的有机物或水分子、溶解氧发生一系列反应，生成强氧化性的羟基自由基（·OH）或超氧自由基（O_2^-）。自由基是一种非选择性的强氧化剂，可以氧化各种有机物，当然也可以氧化大多数农药化合物，将其彻底氧化为 H_2O、CO_2、无机物等无毒物质。

二、微波化学处理技术

（一）原理

微波化学是研究物质在微波场作用下的物理化学行为的一门科学。微波是一种电磁波，一般是指分米波、厘米波、毫米波三种，波长在 1mm～1m，频率范围在 300MHz～300GHz，目前微波加热常用的频率是 2 450MHz。微波与不同材料的相互作用，可以分为三种，即对导体（如铜、银、铝等金属）的反射性，对陶瓷、玻璃和塑料等绝缘材料的穿透性，以及对水或脂肪等物质的吸收性。对能吸收微波的物质，微波具有非常有效的瞬时深层加热作用，在较短时间内达到较高的温度。微波化学主要是基于微波加热和微波诱导催化反应两种机理。

1. 微波加热机理

与传统的加热方式相比，微波加热具有独特的优点。传统的加热方式是从物质外部向内部依次加热的，利用的是热传导与热对流。微波加热是利用物质内部的分子运动产生的热量，对物体内外部进行"整体"加热。因此，同传统的加热方式相比，微波加热具有加热速率快、同加热物质无直接接触，可选择性加热以及加热设备小、便于控制等优点。微波加热和传统加热方式的对比如图 5-6 所示。

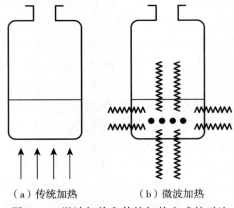

（a）传统加热   （b）微波加热

图 5-6　微波加热和传统加热方式的对比

2. 微波诱导催化反应机理

许多化合物一般都不直接吸收微波，所以通过某种能够强烈吸收微波的物质（敏化剂）把微波能量传递给这些有机物而引发化学反应，这就是微波诱导催化。这种敏化剂在反应过程中作为催化剂或催化剂的载体，主要有金属催化剂，如铁磁性金属镍（Ni）、钴（Co）、铁（Fe）、过渡元素和 p 区元素的氧化物等。

在微波诱导催化反应中，将高强度短脉冲的微波辐射到固体催化剂表面上，由于表面金属点位与微波的强烈作用，微波能转变成热能，使某些表面点位选择性被快速加热到很高的温度，随后被激活的催化剂再催化相应的反应。

（二）应用

20 世纪 80 年代以来，微波化学处理技术被应用在污水处理中，并取得了一定的研究进展。微波辅助催化氧化法处理高浓度含醛废水，采用活性炭做催化剂，在消除活性炭吸附作用后，在微波作用下对含醛废水进行处理的结果表明，含醛废水的 COD_{Cr} 去除率为 94%，TOC 去除率为 99%。

微波化学处理技术主要通过以下三种机制来去除土壤中的污染物：

①对非挥发性污染物（如重金属或难挥发性有机污染物）的固定化作用；

②对半挥发性、难挥发性有机污染物的高温分解作用；

③对挥发性污染物的热解吸作用。

这三种机制有时单独作用，大多数情况下则是共同作用。

微波化学处理技术加速了污染物从土壤上的解吸过程。有研究表明，土壤中的水分在微波加热下，加速了污染土壤中多氯联苯的去除。

第四节　土壤性能化学改良修复技术

对于污染程度较轻的土壤，可以根据污染物在土壤中的存在特性向土壤中施加某些化学改良剂和吸附剂，如石灰、磷酸盐、堆肥、硫黄、高炉渣、铁盐及黏土矿物等，修复被重金属和有机物污染的土壤。该方法可使重金属形成沉淀以减少植物对重金属的吸收，同时增加土壤对有机、无机污染物的吸附能力，具体改良措施包括施用改良物料和调节土壤氧化还原状况等，施用改良物料指直接向污染土壤施用改良物质以改变土壤污染物的形态，降低其有效性和移动性，这些技术包括添加石灰等无机材料、有机物和还原物质（如多硫碳酸盐和硫酸亚铁）。施用改良物料虽然不能去除土壤中的污染物，但能在一定时期内不同程度地固定土壤污染物，抑制其危害性。具体而言，土壤性能化学改良修复技术有中性化技术、有机和无机改良物料修复技术、氧化还原技术。

一、中性化技术

中性化技术指利用中性化材料（如石灰、钙镁磷肥等）提高酸性土壤 pH 以降低重金属的移动性和有效性的技术。中性化技术在酸性土壤的改良方面的应用有悠久的历史，在重金属污染的酸性土壤的治理方面也有十分广泛的应用。该法属于原位处理方法，其费用低，取材方便，见效快，可接受性和可操作性都比较好。最大缺点是不能从污染土壤中去除污染物，而且其效果可能有一定时间性。需要注意的是，并非所有酸性土壤上的污染物的有效性都随 pH 的升高而降低。以金属污染物为例，铜（Cu）、铅（Pb）、锌（Zn）、镍（Ni）、镉（Cd）等元素的有效性随 pH 的升高而降低，而部分元素的可溶性和生物有效性随 pH 的升高而升高，如砷（As）。如图 5-7 所示，中性化作用使土壤 pH 升高，而土壤 pH 升高使土壤有效铜降低，从而降低了春小白菜地上部镉（Cd）浓度的降低。

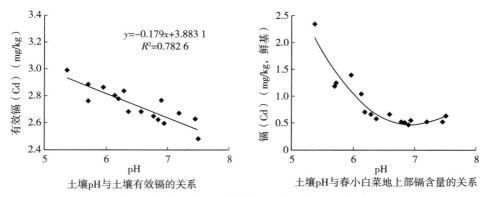

图 5-7　土壤 pH 的改变对土壤有效镉和春小白菜地上部镉含量的影响

中性化作用的本质在于通过提高酸性土壤的 pH，促使一些金属污染物产生沉淀、降低有效性。因此中性化作用属于沉淀作用的一种，但沉淀作用还包括中性化作用以外的作用。土壤中的重金属除因 pH 的升高而产生沉淀，还可能与其他物质形成沉淀，如与钙（Ca）、镁（Mg）产生共沉淀，与磷酸根、碳酸根形成沉淀，与土壤硫离子（S^{2-}）形成硫化物沉淀等。在实践中也可以利用这些沉淀作用抑制土壤重金属的有效性。在利用沉淀作用降低土壤重金属的有效性时，要慎重使用在不含土壤的溶液中得到的溶解度数据，因为在土壤中由于受到溶液中的其他离子、矿物表面和有机配位体等的影响，重金属的溶解度状况会发生很大的变化。

二、有机改良物料修复技术

有机改良物料包括各种有机物料，如植物秸秆、各种有机肥、泥炭（或腐殖酸）、活性炭等。进入土壤的有机物分解后，大部分以固相有机物的形式存在，有小部分以溶解态有机物的形式存在。土壤有机质的这两种形态对重金属的有效性有截然不同的影响，前者主要以吸附固定重金属、降低其有效性为主，而后者则以促进重金属溶解、提高有效性为主。有机物料的作用机理包括直接作用和间接作用两方面。直接作用指通过与重金属的配合作用而改变土壤重金属的形态，从而改变其生物有效性；间接作用指通过改变土壤的其他化学条件（如 pH、E_h、微生物活性等）而改变土壤重金属的形态和生物有效性。必须指出的是，有机物料绝对不是在任何情况下都能抑制土壤重金属的有效性，其可能抑制土壤重金属的有效性，也可能促进土壤重金属的有效性。有机物料对土壤重金属形态及有效性的影响还随时间变化，对比较容易分解的有机物料而言更是如此。因此，有机物料作为土壤重金属污染的改良剂具有较大的不确定性和可变性，应用时必须根据具体条件灵活处理。

三、无机改良物料修复技术

除了石灰和钙镁磷肥等中性化材料，还可以使用其他无机改良剂以降低土壤重金属的有效性，抑制作物对土壤重金属的吸收。常用的无机改良剂包括有石灰、钙镁磷肥、沸石、磷肥、膨润土、褐藻土、铁锰氧化物、钢渣、粉煤灰、风化煤等。不同无机改良剂的作用机理也不同，而且往往是多重的，可能同时包括中性化机制和吸附固定机制。无机改良剂与有机改良剂一样，也具有费用低廉、取材方便、可接受性和可操作性较好的优点。但这些无机材料中的大部分改良效果比较有限，要求的用量比较高，而且其本身可能含有较高的污染物，如钢渣、粉煤灰和风化煤等其本身重金属的含量常常较高，如果大量施用，势必导致新的土壤污染。因此，当考虑采用上述材料时，除了应该针对目的地的污染状况检验其可行性，还应严格按照有关农用污染物的限量规定，不使用超标的物料，要在确保不对土壤造成新的污染的前提下使用。

四、氧化还原技术

有些重金属元素本身会发生氧化态和还原态的转变（如砷、铬、汞等），不同的氧化态有不同的溶解性以及不同的生物有效性和毒性。有些重金属虽然本身不会发生氧化还原状态的变化，但在不同的氧化还原环境中，其溶解性和生物有效性不同。因此在农业上可以利用这种性质，调控土壤重金属的有效性。土壤氧化还原状态的控制，一般可以通过水分管理而实现。一般认为，铬污染土壤可以采用淹水种稻的方法抑制其有效性，而且在种稻期间应尽可能避免落干和烤田。铜污染土壤也可以采用淹水种稻的方式抑制铜的有效性。但对于土壤有机质含量高的土壤，如果淹水期间土壤 pH 升得过高，可能反而会使有效铜含量升高，因此要十分注意，不可笼统对待。使用有机物料也可以在一定程度上影响土壤的氧化还原状况，但效果有限。

第六章
污染土壤联合修复技术

协同两种或两种以上的修复方法，形成联合修复技术，不仅可以提高单一污染土壤的修复速率与效率，而且可以克服单项修复技术的局限性，实现对多种污染物的复合、混合污染土壤的修复，这已成为土壤修复技术中的重要研究内容。当前，尽管复合污染研究取得了很大进展，但仍存在着很多尚未解决的问题，复合污染研究在很多方面还有待加强。很多复合污染研究的结果带有猜想性，总的来说并不统一。就土壤复合污染修复技术而言，物理、化学、生物等多种技术的综合利用将会成为未来的发展趋势，近年来发展起来的化学生物联合修复技术以及植物-微生物联合修复技术、动物-植物联合修复技术就是典型的代表。以下就植物-微生物联合修复、动物-植物联合修复等技术进行简要的阐述。

第一节　植物-微生物联合修复技术

一、植物-微生物联合修复的概念

植物-微生物联合修复是利用由土壤、植物、微生物组成的复合体系来共同降解污染物。该体系在植物修复的同时，还通过光合作用以及植物脱落物（其中含有糖、醇、蛋白质和有机酸等）为微生物提供氧气和养料，促进微生物的生长代谢，加速其降解污染物的速率。联合修复技术是土壤过滤器、植物净化器和微生物反应器的有效结合，提高降解率的同时，改善了土壤肥力，绿化了周边环境。

二、植物-微生物联合修复的基本原理

植物-微生物联合修复的污染物清除作用主要发生在根区而非植物体内。1904 年德国微生物学家希尔特纳首先提出根际概念，主要研究根际微生物效应。1964 年詹尼应用电子显微镜观察了根土界面的显微形态，证明了植物根系、微生物和土壤存在相互作用关系。由于植物根系活动的作用，根际微生物生态系统的物理、化学与生物学性质明显不同于非根系环境，如在一定的生长条件下，活的且未被扰动的根释放到根际环境中的有机物，统称为根系分泌物，占年光合作用产量的 $10\%\sim20\%$。植物可向根际转移氧气，但

根际呼吸和有机物质分解消耗氧，根周氧压变低，还原电位高。上述各项条件改变，形成了根周的特殊生态环境，称为根际。根际范围随植物种类及土壤气候条件有所不同，影响显著的仅有 2～3mm，影响距离达 2～3cm；距根愈远，根际效应愈小，生态条件愈接近于一般土壤。根际植物与微生物的相互作用是复杂的，在某些情况下是互惠的，这种相互作用是促进根际污染物降解的重要原因。具体而言，植物-微生物联合修复的基本原理主要体现在以下几个方面。

（一）根系生长改善土壤理化性状

已有研究表明，具有发达根系的植物能够促进根际菌群对有机污染物的吸附和降解。适宜进行生物修复的植物应具备：根系深，能穿透较深土层；有较大须根系，根表面积尽可能大；能适应多种有机污染物，生长旺盛，生物量大。实验植物常选用受污染区内具有较强代表性的粮食作物或经济作物，如玉米、稻（*Oryza sativa*）、小麦（*Triticum aestivum*）、油菜、棉花（*Gossypium hirsutum*）、茶（*Camellia sinensis*）及各种果树等。

植物的根系活动使得根际微生物生态系统的物理、化学与生物学性质与非根系环境明显不同。根-土界面微生态系统中，植物根系可改善污染土壤的持水能力，根系对根际土壤中阴阳离子吸收不平衡，根呼吸、微生物呼吸和土壤动物代谢产生 CO_2，以及根系分泌有机酸和其他化学成分，可诱导根际界面 pH 的响应变化；根和根际微生物呼吸耗氧，以及根系分泌的部分还原性物质，可诱导根际界面 E_h 的响应变化。

（二）增加微生物多样性并富集特异菌群

根系分泌物可增加土壤与根系接触程度，增加土壤团聚体结构的稳定性。根系分泌物形成的黏液层，其厚度可达 10～50μm，其外沿先吸附土壤中的黏粒，再伸展到土壤空隙中与土壤相混合，黏液与土壤的混合层可扩展到离根表 1～4mm。

根系分泌物含有大量有机物质，具有亲水性，是微生物繁殖生存的天然培养介质，为根际微生物提供大量的营养和能量物质，使土壤微生物的活性和生态分布发生改变。根系分泌的有机物中，可溶性物质包括碳水化合物、氨基酸和有机酸，可供植物吸收利用，还通过改善根际缓冲性能促进土壤中难溶态物质活化为有效态；天然化合物中有肽、维生素、核苷、脂肪酸和酶类等，可为根际土壤微生物提供所需的能源；还有对植物有抑制作用的物质，如酚类化合物、苯甲酸和阿魏酸等。当根-土界面因污染物出现而产生化学胁迫时，植物会建立体外抗性机制，并主动释放特异性根系分泌物，提高微生物群落对毒性物质的转化率。

植物存在条件下，土壤中微生物的数量和活性能够显著提高。国外许多研究者发现无论是石油烃还是多环芳烃污染土壤，在种植植物条件下，土壤微生物总数以及降解菌数量都会发生显著变化，微生物的总数会有所提高；然而，很多情况下，微生物总数并没有太大变化，有机污染物的特异性降解菌的数量会显著提高。

微生物数量和活性的变化是根-土界面微生态系统的调节过程之一，另外，植物也可能诱导微生物多样性发生改变。微生物多样性包括群落功能多样性、结构多样性以及遗传多样性。目前，多数研究采用美国 Biolog 微生物鉴定系统，根据土壤细胞悬液对 95 种碳源的利用模式来说明微生物代谢多样性的变化。

除了对微生物数量和群落结构的影响，植物根系渗出物或分泌物的类型和数量，也是影响微生物定植的不可忽视的因素。有研究表明，植物的健康状态与携带的微生物区系关系十分密切，同时也证实了植物基因型对其所具有的微生物群落的种群密度、组成、微生物的种类均有影响。

污染胁迫下的根际动态是植物对环境刺激响应的集中表现，不同的植物可能具有不同的响应机制。植物可能通过增加分泌物选择性地增加根际降解菌的数量，也可能仅仅增加微生物的数量，其中一部分是降解菌或者具有其他的对抗污染物的机制。根系释放到根际营养成分的转变对根际微生物的选择性促进作用也可能是植物对污染物胁迫的一种解毒机制，或者根系分泌物通过诱导、促进根际微生物对污染物的解毒能力而使植物免遭毒害。根际条件下，微生物的数量、活性都会不同于非根际条件；微生物的群落结构变化也可能受到不同植物的不同影响。

（三）根系分泌物及脱落物提供共代谢降解底物

根系分泌物是在一定的生长条件下，活的且未被扰动的根释放到根际环境中的有机物的总称，有来自健康植物组织的释放，也有老组织或植物残根的分解产物。大致分为：渗出物，即由根细胞中扩散出来的低分子有机物质；分泌物，即高分子粘胶物质；分解物，即植物残体（含根系）的分解产物。根系分泌物组成和含量的变化是植物响应环境胁迫最直接、最明显的反应，它是不同生态型植物对其生存环境长期适应的结果。

不同芘污染处理对根系分泌氨基酸种类的影响不大，而对各氨基酸分泌量的变化幅度影响较大。芘处理条件下，丛枝菌根真菌（AMF）与玉米联合对根系分泌物的组成有明显影响。AMF 处理能够促进玉米根系分泌琥珀酸和水杨酸，为芘的共代谢降解提供底物；能够提高玉米的根系活力，降低叶片丙二醛（MDA）浓度和过氧化氢酶（CAT）活性，缓解芘对叶片的氧化损伤，从而提高玉米对芘污染的抗性。有研究也认为，植物分泌有机物能为微生物共代谢提供基质底物。黑麦草根系分泌有机酸、总糖以及氨基酸的量都随菲质量浓度的上升而变化；在不同菲处理下，低分子有机酸的组成无明显变化，但含量随菲质量浓度上升而提高；总糖和氨基酸含量均随菲质量浓度上升出现先升高后下降的趋势。在芘、菲、蒽、萘污染胁迫下，黑麦草根系分泌物中可溶性有机碳、草酸和可溶性总糖的含量均高于无污染对照，在较低污染强度下，供试多环芳烃对根系分泌物的促分泌效应由强到弱依次为芘、菲、蒽和萘。4 种多环芳烃对可溶性糖类的促分泌作用最强，其分泌量的增加幅度明显大于可溶性有机碳和草酸。

（四）根系释放酶催化降解污染物

在某种污染物作用下，根际生物酶的响应可能是数量的增大和活性的增强，或者是特定酶（系）的诱导表达，并由此改变生物体对另一类化合物的代谢行为。这些响应变化过程均将直接或间接地影响污染物在根-土界面中的存在。大量研究通过分析土壤酶活性的变化来揭示根-土界面微生态环境的动态变化。越来越多的研究证实，在根际与非根际条件下与土壤的物质以及能量转化有重要关系的氧化还原酶如脱氢酶活性、过氧化氢酶活性以及用于评价土壤微生物总体活性的荧光素二乙酸酯酶活性都存在显著差异。例如，苜蓿（*Medicago sativa*）和披碱草（*Elymus dahuricus*）的植物根际土壤荧光素双醋酸酯（FDA）活性高出对照 0.29～0.36 个单位。经过 150d 的降解，植物根际油污土壤中石油烃的降解率比无根系土壤高 9.1%～15.5%。

（五）提高污染物的迁移转化能力

研究表明，在烃污染土壤的植物修复过程中，与根际微生物作用相比，植物通过吸收作用导致的土壤污染物浓度的降低程度是较弱的。例如，比奈特等（2000）研究发现，只有土壤初始浓度 0.000 3%～0.016% 的多环芳烃被黑麦草组织吸收，根际土壤中污染物的降低绝大部分是由于生物降解或生物转化所致。安德森等（1993）的实验表明，植物能帮助微生物转化，根际环境能加速脂肪烃类、多环芳烃的降解。陈嫣等（2005）的研究表明，植物根际的调控作用对污染土壤石油烃的降解具有促进作用。鲁莽等（2009）研究了高羊茅（*Festuca elata*）对石油烃降解的影响，结果表明相比无草被体系，种植高羊茅具有强化石油污染土壤修复的作用，总石油烃在根际土壤体系比非根际土壤消失得更快，高羊茅能强化饱和烃的降解，但对多环芳烃降解的促进作用不明显。刘鹏等（2006）利用高效石油降解菌结合种植大豆、披碱草等植物对石油污染土壤进行联合修复，135d 后石油烃的降解率达 65%～83%，同时发现根际土壤的石油烃含量明显低于非根际土壤，植物可以促进根际微生物的繁殖及对污染物的分解转化，进而提高修复效率。

三、污染土壤的植物-微生物联合修复

（一）重金属污染土壤的植物-微生物联合修复

相对于微生物修复而言，植物修复具有修复量较大的特点，但过量的重金属往往对植物生长产生抑制，修复过程缓慢。而微生物修复具有不能降解和破坏重金属，且微生物个体太小，吸附的重金属难以从土壤中除去的特点，使得单纯依赖微生物修复解决土壤重金属污染变得举步维艰。因此，利用微生物和植物对重金属污染土壤进行联合修复是提高生物修复效果的有效措施，目前对植物-微生物联合修复的研究主要集中于根际微生物与其宿主植物，但由于土壤环境不稳定，且土壤中存在很多原生动物，会对根际微生物进行吞噬，造成根际微生物在实际应用中往往效果不稳定。

植物内生菌是寄生在植物体内，但并不对植物造成伤害的一类微生物。该类真菌生活在植物组织内部，与宿主植物形成了互惠互利的共生关系，在生物修复与植物病害防治中均显示出独特的优点。

长期以来，土壤环境中的内生菌与其宿主植物之间建立了和谐的共生关系，和植物根际微生物相比，能提高植物抵抗病原菌、盐碱、干旱、重金属甚至食草动物方面的能力。内生菌可通过为宿主植物提供矿物营养物，从而增强宿主植物抵抗外界生物或非生物压力，最终促进宿主植物健康生长。另外，内生菌可通过调整宿主植物的渗透压、修饰根际形态、增强矿物元素的吸收及代谢等方式促进植物的生长。有研究显示在植物内接种具有对重金属抗逆性的内生菌，可显著提高植物对重金属的修复能力，这也凸显了内生菌在植

物修复中的巨大潜力。

重金属污染土壤中，来源于内生菌的植物激素对植物的生长发育发挥着重要作用。内生菌如假单胞菌、肠杆菌、金黄色葡萄球菌、固氮菌和固氮螺菌能产生植物激素如生长激素及细胞分裂素等，这些激素与赤霉素一起构成植物生长发育的诱导剂。内生菌不但可以促进植物生长，还能减轻重金属对植物的毒性，如通过产生螯合剂、酸化作用、有机酸、铁载体、活化金属磷酸盐等方式协助宿主植物抵抗重金属。利用内生菌进行植物-微生物联合修复重金属污染土壤，既能克服单独微生物修复中微生物不易收集与不易存活的缺点，还可以提高植物修复效果，应用前景十分广阔。

（二）石油污染土壤的植物-微生物联合修复

生物修复由于其操作技术简单、成本低、修复效果好以及无二次污染等特点，已经成为治理石油污染土壤最具前景的途径之一。其中植物能够通过根际效应促进土壤微生物对石油污染物的降解。因此，植物与微生物联合修复能够显著提高治理效果。植物-微生物联合修复技术是把植物修复与微生物修复两种方法的优点结合起来，植物和微生物之间的互利作用导致了根际石油污染物的降解。一方面，植物为微生物提供了生存场所，通过光合作用产生的氧气提供给根部好氧菌；根部的脱落物、分泌物可为微生物提供大量营养，促进根际不同菌群的生长繁殖，提高微生物的联合降解作用；有些情况下，植物根部的分泌物可作为微生物天然的共代谢底物，从而促进有机污染物的高效降解；在植物根部形成的有机碳可有效阻止有机化合物向地下水转移，同时微生物也可对污染物进行矿化。另一方面，由于植物的根系可伸展到不同层次的土壤中，因此降解菌便可逐层分散在土壤中，实现对有机污染物的降解，通过微生物的降解，使得有机污染物转换成植物可以吸收利用的形态，降低了有机污染物对植物的毒害，增强了植物对有机污染物的耐受性。微生物与植物的联合弥补了单一修复方式的不足。

目前，我国石油污染土壤的生物修复研究以实验室研究为主，真正应用到实际的还比较少，但由于植物-微生物联合修复技术的特点，实现未来的大范围使用必将变为现实。因此，对于植物-微生物联合修复技术需要在实践中不断完善和改进，以期获得更好的处理效果。

第二节　动物-植物联合修复等技术

一、动物-植物联合修复技术

动物修复技术以研究蚯蚓修复居多。蚯蚓的活动不仅可以增加土壤中的速效养分，提高植物的生物量，而且可以通过吞食、排泄等生命活动调整土壤 pH，改变土壤中重金属的赋存形态，提高重金属有效态含量。Ma Y et al.（2002）在"利用大本豆科植物修复铅（Pb）、锌（Zn）重金属污染土壤的同时引入蚯蚓，结果植物生物量提高了 10%～30%，重金属提取率提高了 16%～53%"。学者田伟莉通过田间实验的方法，采用动物-植物联合修复镉（Cd）、铜（Cu）、铅（Pb）重金属污染土壤。实验结果显示，Cd、Cu、Pb 的修复效果较单一的植物修复分别提高了 11.5%、7.2%、5.0%。在广东省 Pb、Zn 复合污染的矿区土壤上种植植物并引种蚯蚓，结果使植物产量提高了 30％，植物对重金属吸收效率最高可提升至 53％。动物的活动强化植物修复重金属污染土壤的效果明显，且低能耗，无二次污染。但可用于修复重金属污染土壤的动物种类少，且对环境的适应性较差，在一定程度上限制了其应用和发展。

二、生物-物理联合修复技术

生物修复的一系列优点使其越来越得到人们的重视，但也存在一些难以克服的缺点，如生物修复周期长、微生物在实验室模拟与现场原位修复差别大、引入外源微生物对原土著微生物产生威胁等。目前，生物修复与物理化学修复联合的研究已经展开，但方法主要是以一种修复技术为主，其他修复为辅来完善修复技术，如微生物进一步降解物理修复中的污染物使其去除效率更高。

一些研究发现，不同土壤在电动修复时微生物群落的变化不同，因此电动修复对土壤微生物的影响还无法辨别。据目前报道，还未发现电动修复给土壤微生物环境造成很大破坏，所以该技术还是具有广泛的应用前景，且该技术安装操作简单，成本低廉，使得电动强化原位生物修复和能够适应于各种不同成分污染（如有机物-重金属复合污染）的多技术联合成为今后电动修复技术发展的重要方向。例如，在电压作用下，电极附近土壤溶液发生电化学反应，改变了土壤中的氧化-还原电位、pH 等理化性质，加快了土壤固体上重金属的解吸，提高了土壤溶液中重金属的含量，从而有利于植物的吸收、积累，加快修复过程。

三、植物-化学物理联合修复技术

石油中含有多种有机物质，如何治理石油污染也是一个世界性的难题。有报道用化学氧化剂和微生物共同降解土壤中石油污染的方法。用化学氧化剂预处理过的土壤再用微生物降解，其降解效率明显比单独使用其中任何一种方法都高。报道还指出，在联合修复过程中，控制氧化剂在合适的范围之内，才能保证较高的降解效率；另外，土壤的结构及其他理化性质对于降解的效果也有影响。在土壤中加入土壤改良剂（包括磷酸盐、石灰、硅酸盐等）调节土壤营养及其物理化学条件，例如，在低石灰条件下，土壤中有机质的主要官能团羟基和羧基与 OH^- 反应促使其带负电，土壤可变电荷增加，土壤有机结合态的重金属就比较多。

另外一个有价值的方向是研究不同的物理、化学修复手段对土壤中土著微生物的影响。外部环境的变化会引起土壤中微生物的群落结构、代谢等一系列的变化，掌握了它的变化规律，一方面可以针对不同的土壤特征选择行之有效的修复手段，另一方面也为将来在更复杂的情况下进行多种手段的联合修复打下基础。

四、物理-化学联合修复技术

物理-化学联合修复是利用污染物的物理、化学特性，通过分离、固定以及改变存在状态等方式，将污染物从土壤中去除。这两种方法具有周期短、操作简单、适用范围广等优点。但传统的物理、化学修复也存在着修复费用高昂、易产生二次污染、破坏土壤及微生物结构等缺点，制约了此方法从实验室向大规模应用的转化。土壤物理-化学联合修复技术是适用于污染土壤离位处理的修复技术。溶剂提取-光降解联合修复技术是利用有机溶剂或表面活性剂提取有机污染物后进行光解的一项新的物理-化学联合修复技术。例如，可以利用环己烷和乙醇将污染土壤中的多环芳烃提取出来后进行光催化降解，也可以利用光调节的 TiO_2 催化修复农药污染土壤。

近年来，研究者们通过对一些物理和化学修复方法的结合，有效地克服了某些修复方法存在的问题，在提高修复的效率、降低修复成本方面，取得了一定的进展。有学者"先用亚临界的热水作为介质，将多环芳烃从土壤中提取出来，然后用氧气、过氧化氢来处理含有污染物的水。通常状况下，由于极性较强，水对很多有机物的溶解度不高，但随着温度的升高，其极性降低，在亚临界状态已经成为多环芳烃的良好溶剂。用这种方法，土壤中 $99.1\%\sim99.9\%$ 的多环芳烃都被提取到水中，而经过氧化在水中残留的不超过 10%"。此方法用水作为溶剂，具有成本低、对环境友好等优点。

第七章
废弃土地修复方法

我国是耕地面积稀缺的国家，尤其随着人口增长和城市化的迅速发展，耕地资源不足的矛盾更加突出。据国家土地管理局统计，目前，我国因各种人为因素破坏、废弃了大量的土地，开采矿产资源、烧制砖瓦、燃煤发电等生产活动破坏废弃的土地占大多数。此外，兴修水利、修筑铁路和公路等建设活动也废弃了不少土地。工业和采矿活动不可避免地会对其场地和植被带来影响，而且几乎所有受影响的土地都相对贫瘠。为了缓解人口与土地的矛盾，保护和合理利用土地资源，我们应重视和加强废弃土地的复垦，从当地的实际出发，采取有力措施进行修复。

第一节　固体废弃物地修复

一、固体废弃物的概念

固体废弃物是指在生产建设、日常生活和其他活动中产生、在一定时间和地点无法被利用而被丢弃的污染环境的固体、半固体废弃物质。半固体废弃物质包含液态和气态两种。液态和气态废弃物常以污染物的形式掺混在水和空气中，通常直接或经处理后排入水体或大气中。在我国，那些不能排入水体的液态废弃物和不能排入大气的置于容器的气态废弃物，由于具有较大的危害性，也称之为固体废弃物。

固体废弃物具有以下特征：

（1）成分的多样性和复杂性。

现代的固体废弃物成分十分复杂，品种繁多，从单一物质到聚合物质，从边角废料到设备配件，从无机到有机，从金属到非金属，从无味到有味，从无毒到有毒，等等。

（2）环境与资源的双重性。

人类对固体废弃物的处理和利用关系着人类对资源的有效利用，变无用为有用，变一用为多用，变废为宝，防止和推延某些自然资源枯竭耗尽时代的出现。

（3）有用与无用的大集合。

固体废弃物总的来说是人类废弃之物。但是，固体废弃物一词中的"废"是相对的，它仅仅意味着就目前的科学技术与经济条件下尚无法利用，但随着科学技术的发展，今日

139

的废弃物质可能成为明日的资源。

（4）生产性废弃物逐渐减少，消费性废弃物逐渐增加。

随着科学技术的发展、生产力水平的提高，生产性废弃物逐渐减少，主要表现在废次品的减少和材料利用率的提高；随着人们收入的提高，消费者购买更多的商品，消费性废弃物大量增加。

（5）彼此依赖，相互循环。

随着固体废弃物对自然环境及人类生存压力的增加，人们保护环境和资源意识的增强，人类也就不能不进一步反思自己的思维方法和技术过程的不轨行为，从而把产品的生产和消费看作是构想、设计、制造、消费及再生的大循环，生产过程与再生资源的处理、利用过程的界限将逐渐缩小。

固体废弃物是各种污染物的终态，特别是从污染控制设施排出的固体废弃物，浓集了许多种污染成分。在自然条件影响下，固体废弃物中的一些有害成分会进入大气、水体和土壤中，参与生态系统的物质循环，因而具有长期的、潜在的危害性。固体废弃物的污染途径如图7-1所示。因此，从固体废弃物产生到运输、储存、处理、处置，每一个环节都必须妥善控制，使其不危害环境。

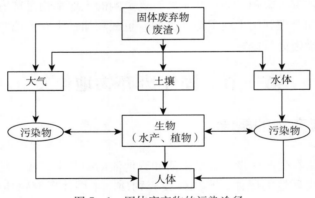

图7-1　固体废弃物的污染途径

二、固体废弃物的来源与分类

固体废弃物主要来源于社会的生产、流通、消费等一系列活动中，它不仅包括工农业企业在生产过程中丢弃而未被利用的副产物，也包括人们在生活、工作及社会活动中因物质消费而产生的固体废弃物。习惯上将农业固体废弃物、矿业固体废弃物和工业固体废弃物合称为产业固体废弃物；将家庭生活垃圾和公共场所垃圾合称为生活消费固体废弃物。一般按固体废弃物的来源进行分类，详见表7-1。

表7-1　常见固体废弃物的来源与种类

分类	来源	主要组成物
矿业废物	矿山选冶	废矿物、尾矿、金属、砖瓦灰石

（续）

分类	来源	主要组成物
工业废物	冶金、交通、机械、金属结构等工业	金属、矿渣、砂石、模型、陶瓷、边角料、涂料、管道、绝热和绝缘材料、黏合剂、塑料、橡胶、烟尘等
	煤炭	矿石、木料、金属
	食品加工	肉类、谷物、果类、蔬菜、烟草
	橡胶、皮革、塑料等工业	橡胶、皮革、塑料、布、纤维、染料、金属等
	石油化工	化学药剂、金属、塑料、橡胶、陶瓷、沥青、油毡、石棉、涂料等
	造纸、木材、印刷等工业	刨花、锯末、碎木、化学药剂、金属填料、塑料、木质素
	电器、仪器仪表等工业	金属、玻璃、木材、橡胶、塑料、化学药剂、陶瓷、绝缘材料
	纺织服装业	布头、纤维、橡胶、塑料、金属
	建筑材料	金属、水泥、黏土、陶瓷、石膏、石棉、沙石、纸、纤维
	电力工业	炉渣、粉煤灰、烟尘
城市垃圾	居民生活	食物垃圾、纸屑、布料、木料、庭院植物修剪物、金属、玻璃、塑料、陶瓷、燃料废渣、碎砖瓦、废弃具、粪便、杂品
	商业、机关	管道、沥青及其他建筑材料，废汽车、废电器、废器具，含有易爆、易燃、易蚀性、放射性的废物，以及类似居民生活栏内的各类废物
	市政维护、管理部门	碎砖瓦、树叶、死禽兽、金属锅炉灰渣、污泥、脏土等
农业废物	农林	稻草、其他秸秆、蔬菜、水果、果树枝条、落叶、废塑料、人畜粪便、禽粪、农药等
	水产	腐烂鱼、虾、贝壳，水产加工的污水、污泥等
危险废物	核工业、化工工业、医疗单位、科研单位	放射性废渣、粉尘、污泥，医院使用过的器具、化学药剂、制药厂药渣、炸药、废油等

三、固体废弃物的处理和综合利用

固体废弃物污染控制应遵循防治污染和综合利用的原则，控制措施主要有以下四个方面。

（一）改革生产工艺

（1）采用清洁生产。

生产工艺落后是产生固体废弃物的主要原因，因而首先应当结合技术改造，从改革工艺着手，采用无废或少废的清洁生产技术，消除发生源或减少污染物的产生。

（2）采用精料。

原料品位低、质量差，也是造成固体废弃物大量产生的主要原因。如一些选矿技术落后、缺乏烧结能力的中小型炼铁厂，渣铁比相当高。如果在选矿过程提高矿石品位，便可少加造渣熔剂和焦炭，大大降低高炉渣的产生量。

（3）提高质量。

提高产品质量和使用寿命，使其不过快地变成废物。

（二）发展物质循环利用工艺

发展物质循环利用工艺，使第一种产品的废物成为第二种产品的原料，使第二种产品的废物又成为第三种产品的原料等，最后只剩下少量废物进入环境，以取得经济、环境和社会的综合效益。

（三）进行综合利用

有些固体废弃物中含有可以回收利用的成分。如高炉渣中的主要成分是 CaO、SiO_2、Al_2O_3 和少量 MgO，与水泥、砖瓦、砌块等的成分相似，可用来生产水泥和砖瓦等硅酸盐制品。再如，硫铁矿烧渣、废胶片、废催化剂等含有金（Au）、银（Ag）、铂（Pt）等贵金属，只要采用适当的物理、化学熔炼等加工方法，就可以将其中的有价值物质回收利用。

（四）进行无害化处理与处置

用焚烧、热解等方法，可改变危险固体废弃物中有害物质的结构和性质，使之转化为无害物质或使有害物质含量降低到国家规定的排放标准。

四、固体废弃物地的处置技术

人们对固体废弃物的简单处置形成了垃圾处置场地废弃地。在垃圾处置场地废弃地中，较难进行生态恢复的是城市垃圾填埋场地，由于对土地的占用和覆盖，城市垃圾填埋会完全破坏原生生态系统。垃圾填埋场的主要成分是生活垃圾，垃圾在降解的过程中，会产生垃圾渗滤液和主要成分为甲烷的逸出气体，这些物质可以改变土壤的理化性质，影响植物成活，并对周围的生态环境产生不良影响。在垃圾填埋场上进行生态恢复，首先要克服这些填埋产物的负面作用，这也在一定程度上给垃圾填埋场生态恢复造成了一定的难度。对已经关闭的城市生活垃圾填埋场，要注意填埋气体对植物生长的影响，生活垃圾渗滤液含有较多的有机成分，反而利于植物生长。对于工业废渣场，采用较多的方法是在上面覆盖不同厚度的土层，将其恢复为公园等公共场所或直接恢复为建设用地。但是，无论工业还是生活垃圾处置场地，都要注意由于废弃物降解而引起的地面沉降。

目前在垃圾处置场地废弃地的生态恢复实践中，基本上都是先对原有的废弃物进行表土的更换和覆盖，然后采用植物恢复技术对原有的废弃地进行生态恢复。国内的一项研究比较了八种覆盖材料在垃圾填埋场中的应用情况（表 7-2），证明这种恢复手段完全可以应用于垃圾处置场地废弃地的恢复。

表 7-2　各种垃圾填埋场地表面覆盖材料的特点和适用范围

材料	特点	适用范围
壤土	分布广泛，可在填埋场就地取材，方便易得，不需运输	坑式、逐级分层填埋方案，普通恢复设计方案
沙土	透气透水性强，便于沼气外逸，对植物危害小，降水易下渗，易增加渗滤液量，易滑动，不适于坡面使用	以获经济效益为目的且其产品为非直接食用的设计方案
黏土	透气透水性差，沼气在土壤中积累，对植物根系危害大，可阻碍降水下渗，减少渗滤液量，适于坡面使用	普通恢复设计方案
底土	植物产出效益较低，可在填埋场就地取材，数量多于壤土	坑式，逐级分层填埋方案，普通恢复设计方案
活性污泥	植物产出效益较好，营养元素含量高，但数量少，难以满足大规模处理的需要，使用前需测定重金属含量	小批量处理，且土壤肥力要求高的设计方案，如苗圃
垃圾土	植物产出效益较好，营养元素含量高，可在填埋场就地取材，方便易得，不需运输，使用前需发酵分解，过筛，并测定重金属含量	普通恢复设计方案
粉煤灰	通气透水性似砂土，颗粒轻，易形成扬尘，重金属含量较高，来源广泛，易滑动，不适于坡面使用，运输费较低	以大面积增加绿地为目的的设计方案，如近郊绿化带
炉渣	通气透水性强，颗粒大，需适当粉碎，重金属含量较高，来源广泛，易滑动，不适于坡面使用，运输费较低	以大面积增加绿地为目的的设计方案，如近郊绿化带

对垃圾处置场地进行生态恢复，主要的技术方法可以参考前面讨论过的生态恢复方法，采用物理、化学和生物等多种方法进行生态恢复，但是除了上述的方法，垃圾处置场地的生态恢复还是要注意，无论是垃圾堆放场，还是垃圾填埋场，限制生物修复的仍是基质的不和谐性，表现为"垃圾土"的水、肥、气、热、毒等，难于适宜大多数植物的生长。研究者分别按垃圾占混合基质的 0%、25%、50%、75%、100% 等比例配置垃圾营养土，然后按土壤重的 25%、垃圾重的 50% 加水（相当于田间持水量），陈化 7d 后测定一次，以后每隔 7d 测定一次，考察垃圾土的养分变化特征。结果表明，垃圾土与普通土壤中的速效氮、磷、钾随时间的变化趋势基本一致，但垃圾土中速效养分含量明显高于普通土壤，因而具有较高的肥力，具有持续、稳定提供养分的能力，可以保证植物生长的需要。

有许多调查发现，定居在城市生活垃圾填埋场上的植物，特别是具有较深根系的木本植物，往往面临着相当大的生存压力。一般认为，土壤中填埋气体的存在是影响植物在垃圾填埋场上生长的重要因素，另外，垃圾渗滤液以及土壤层的物理化学性质也会严重地制约着植物的定居和生长。

土壤中填埋气体（CO_2 和 CH_4）的存在，可导致植物产生生长不良、高死亡率、植株矮化、生理失调等种种问题，是填埋场植物生长的最主要限制因子。可以在封场时建立填埋场导排气系统，减少最终覆土层中填埋气体的量以利于生态恢复。另外，选择耐性植物也是一种实际可行的方法，实践证明浅根系的草本植物更能在填埋气体较多的地方生长。可以在种植草本植物 1~2 年以后再开始种植乔灌木，因为如果草本植物因填埋气体的大量释放而无法生长时，其他深根系的植物类群更加难以幸免。

固体废弃物地生物修复也应注意垃圾处置场地中的垃圾渗滤液。垃圾渗滤液是垃圾经过长期的微生物降解而产生的一种高浓度难降解的有机污水，它通常含有大量的胺，从而对许多生物体造成致畸的毒性反应。除此之外，渗滤液中还含有许多重金属、酚类、单宁、可溶性脂肪酸等有机污染物，所有这些物质均对植物生长具有潜在的危害作用。而且，由于渗滤液来自垃圾层，故此渗滤液本身也充满了填埋气体。目前对垃圾渗滤液的处理方法主要有两大类，一类是包括好氧和厌氧过程的生物学处理方法，另一类是物理和化学处理方法。但迄今为止，虽然已经研究过很多包括物理的、化学的甚至微生物的垃圾渗滤液处理方法，但具有一定规模的渗滤液污水处理厂仍然很少。研究表明，由于含有多种有毒物质如胺、挥发性酸和重金属等，高浓度的垃圾渗滤液会对周围的植物产生伤害作用。实际上，垃圾渗滤液的具体组成和基本特征变动很大，它和填埋的垃圾种类、当地的气候条件、垃圾填埋方式方法和时间都有很大的关系，故此垃圾渗滤液对生态恢复的植物群落的毒害作用主要取决于使用垃圾渗滤液的方式和浓度。如果通过稀释或降低施用的频率，将垃圾渗滤液中的有害成分控制在很低的水平，则其完全可以作为灌溉用水来减少水分胁迫对植物生长的影响。

第二节 废弃矿区地修复

一、概述

矿产资源是经济、社会发展的重要物质基础，但在矿产资源的大量开发过程中，不可避免地要破坏自然环境，造成大气、水体、土壤污染。矿山开采带来的最直接的环境问题是矿区生态破坏。矿山开采不仅造成山体崩塌、地面沉陷，使地形、地貌发生巨大改变，同时大量的废石、尾矿等固体废弃物数量越积越多，不仅占用大量土地，还成为严重的污染源。加强恢复利用矿山开采破坏的土地，搞好矿山生态建设已成为矿业可持续发展面临的重要问题。

废弃矿区地是指在采矿过程中所破坏的、未经处理而无法使用的土地，包括以下几种：①排土场，即由剥离表土、开采岩石碎块和低品位矿区堆积而成的废石堆积地；②采场，即矿体采完后留下的采空区和塌陷区形成的采矿废弃地；③尾矿区，即开采出的矿石经过选出精矿后产生的尾矿堆积形成的尾矿废弃地；④其他，如采矿作业面、机械设备、矿区辅助建筑物和道路交通等先占用后废弃的土地。

二、废弃金属矿区地修复

金属矿床的开采、选治，使地下一定深度的矿物暴露于地表环境，大量的金属元素释放到土壤环境中，超过土壤自净能力，造成土壤污染。尤其是有色金属矿产的开采会导致大量尾矿的产生，废渣、尾矿的堆放不仅占用土地，而且由于暴露在环境中，风吹雨淋使包含其中的有害元素转移到土壤中，对该区域绝大多数生物的生长发育都将产生严重抑制和毒害作用，引起土壤重金属污染。由于重金属在土壤中移动性差、滞留时间长、不易被微生物降解，并可经水、植物等介质最终影响人类健康，所以采取措施对重金属污染土壤进行修复是必要的。目前，治理工矿区土壤重金属污染的方法主要有：改变重金属在土壤中的存在形态，使其固定，降低其在环境中的迁移性和生物可利用性；从土壤中去除重金属；隔离污染土壤。具体修复利用技术分为化学淋洗修复、电动修复、固化稳化修复及生物（包括植物、微生物）修复、农业工程修复等技术。

按照目前我国金属矿区生产经营状况，矿区普遍存在重金属污染土地面积大、污染严重、环境污染治理投资有限等问题，所以在污染土壤修复中应注意以下几个问题：第一，污染土壤修复应以资金投入较低的植物修复为主；第二，每个矿区的条件和污染的程度各有不同，在选用具体修复技术前，要做好必要的场地评估和土壤污染现状分析；第三，根据土壤污染情况，进行不同修复功能的植物搭配种植，既可以提高修复效果又可以节省修复时间；第四对土壤理化性质差，不利于植物生长的土地，可以先采用化学修复技术对土壤性能进行改良，然后再种植物的综合修复技术。

总之，废弃金属矿区地修复要严格遵守"预防为主，防治结合，综合治理""谁污染，谁治理""强化环境管理"的环境政策，开展矿区污染土壤修复与利用。矿区土壤污染修复实施者应该以矿山开发建设者为主，并将责任落实。根据金属矿区土壤污染面积不断扩大，污染程度不断加剧的特点，在矿区环境污染综合治理中要重点解决土壤污染问题，实施有效的污染土壤的修复技术，不让污染物发生迁移、扩散，降低其对周围环境的影响。

三、废弃非金属矿区地修复

非金属矿区土地修复技术主要是指采用工程、生物等措施，对在生产建设过程中因挖损、塌陷、压占造成破坏、废弃的土地进行整治，使其恢复到可利用的状态。根据用途可以分为农业修复、林业修复、牧业修复、自然保护修复、水资源修复和工业修复等。矿山土地修复基本模式按修复顺序，一般包括工程和生物修复两个阶段。工程修复是指根据采矿后形成废弃地的地形、地貌现状，按照规划修复后土地利用方向的要求，并结合采矿工程特点，对破坏土地进行回填、平整、覆土及综合整治，其核心是造地，为生物修复建立平台，创造一个良好的生态环境。生物修复包括土壤培肥、植被重建，其核心是建成人工植被群落。目前，国内外在采煤塌陷地、露天开采以及废弃物堆积地等修复方面已有比较成熟的技术。从总体来讲，土壤质量的恢复分为两个部分，即稳定化处理和土壤改良。

（一）稳定化处理

矿区稳定化处理主要指对采矿形成的洼坑进行回填形成平地，对排土场的边坡进行处理，不致造成塌陷，形成渗漏和边坡。对于出现地面积水、土壤盐渍化等现象的土地要进行脱盐排水；对于积水塌陷区，可以采取充填修复和疏排法等非充填方法治理；对于水土流失地区，可建立防洪护矿拦渣工程，采用涂层法、网席法、抗侵蚀法进行稳定化处理。

（二）土壤改良措施

矿区土壤由于采矿活动对矿区地表的破坏，以及固体废弃物堆积造成的污染，使得矿区土壤系统生物多样性低，重金属含量过高，pH 低，植物生长所必需的营养物质缺乏，给矿区生态重建带来不利的影响。在恢复植被前首先要对土壤进行改良，最简单有效的方法是采取客土法，在其上覆盖一定厚度的土壤，该方法效果显著，但费用很高，适用于经济条件好、生态环保意识较强的矿区。对于 pH 中性偏酸的土壤可以通过施用石灰来调节酸性；pH 过低的土壤，可以用磷矿粉来改良土壤酸性，既可以提高土壤肥力，又可以长时间内控制土壤 pH。此外，通过种植豆科植物、增施有机肥料和化学肥料提高土壤的养分含量，改善土壤理化性质；也可以在植物根系接种真菌菌株，促进植物根系对土壤中氮、磷、钾、钙等矿质元素的吸收，扩大根系吸收面积，提高植物抗旱、抗涝能力，增强植物对病虫害的抵抗能力。根据生态学原理，将乔、灌、草、藤多层配置结合起来进行植被恢复，建立稳定的生态系统。

四、废弃矿区地生态恢复

（一）废弃矿区地生态恢复规划

废弃矿区地的生态恢复不仅涉及自然科学（地质学、土力学、农学、林学、生态学、生物学、环境科学等）、技术科学（采矿、生态工程、水利、水土保持等）、社会科学（人口学、经济学等）等学科，而且涉及国民经济的许多部门（采矿业、土地管理、农业、林业、水利等），具有明显的综合性和复杂性，是一项复杂的系统工程。对废弃矿区地进行生态恢复之前，必须对生态恢复工程进行规划和设计。

1. 废弃矿区地生态恢复规划的原则

（1）因地制宜原则。

根据矿区所在地的自然、气候条件，按照土地适宜性评价的结果，宜农则农、宜林则林，合理安排各类用地，使遭破坏的土地发挥最大效益，将有潜在可能性的生产力变为现实生产力。

（2）持续性原则。

可持续发展思想对于矿区土地恢复规划显得特别重要，因为废弃矿区地、塌陷地的产生正是源于资源开发利用的不可持续性。只有土地恢复规划以可持续发展为基础，立足于土地资源的持续利用和生态环境的改善，才有利于保证社会经济的可持续发展，变"废弃"为可利用，达到永续利用。

（3）综合效益原则。

矿区土地恢复追求的目标是融社会、经济和生态效益为一体的综合效益最优，也就是使土地恢复寓于社会经济发展和维持生态系统平衡之中，谋求社会、经济、生态三效益的统一。

（4）统一的原则。

坚持开采工艺设计与恢复设计相统一是国外矿山通行的做法，也是采矿法规明确要求的。把恢复内容纳入采矿计划之中，统一规划、统一管理，使开采程序和排土程序及排土工艺根据土地恢复的要求做出相应的调整，既可节省恢复费用，更能使遭破坏的地表尽快恢复其功能。这也是我国矿山规划必须重视的一点。

2. 废弃矿区地生态恢复的内容与步骤（表 7 - 3）

表 7 - 3　废弃矿区地生态恢复规划阶段的目标和内容

阶段	内容	目标
勘测与调查分析	地质采矿条件调查与评价 社会经济现状调查与评价 社会经济发展计划 自然资源调查与评价 环境污染现状调查与评价 地形勘测	明确土地恢复的问题性质，为总体规划提供详细的基础条件
总体规划	结合开采范围和地质条件，确定规划区范围 确定规划时间 选择土地利用方向与恢复工程措施 制订分类、分期恢复方案 恢复规划方案的优化论证 投资效益预测 对相关问题的说明	为区域土地利用的合理性质提供保证，为生态恢复工程设计提供依据
生态恢复工程设计	明确工程对象（位置、范围、面积、特征） 设计工艺流程、措施、机械设备选择、材料消耗和劳动用工等 实施计划安排（物料来源、资金来源等） 施工起止日期安排，工程投入与收益的详细预算	供施工单位施工

（1）废弃矿区地现状调查与分析。

明确废弃矿区地生态恢复的重点，获取必需的基础资料。

（2）总体规划。

确定规划范围和规划时间，编写恢复目标和任务，然后将恢复对象分类、分区，并做分区实施计划，对总体规划方案进行投资效益预算，并形成一个可行的规划方法。

（3）恢复工程设计。

在总体规划的基础上，对近期要实施的恢复项目进行详细设计。

（4）审批实施、工程验收与评估。

在恢复工程进行后，土地管理部门应该对恢复工程进行验收，土地的使用者应该对恢复后的土地进行动态的监测管理。

（二）废弃矿区地生态恢复技术

矿山开采过程中对当地的生态环境造成毁灭性的灾害，使原先正常健康的生态系统变成了一个组成成分发生改变、结构不完整、功能不健全，较脆弱的生态系统，所以废弃矿区地的生态恢复就是使这些废弃地重新变成功能正常的、健康的生态系统。一般来说，废弃矿区地的生态恢复技术包括以下几方面：微地形改造技术、受损土壤基质改良技术、植被恢复技术。

1. 微地形改造技术

废弃矿区地微地形改造技术包括充填恢复技术和非充填恢复技术两大类，其中充填恢复技术有煤矸石充填和粉煤灰充填等；而非充填恢复技术有挖深垫浅法、疏排法、梯田式复垦法、泥浆泵复垦法等。

（1）充填恢复技术。

所谓充填恢复技术就是使用一些固体废弃物质，对采矿留下的矿坑或塌陷区进行充填，对于一些留有积水的区域或者地势不平整的区域也可以利用充填恢复技术进行地形地貌的平整和恢复。

①煤矸石充填恢复技术。煤矸石是煤炭开采、洗选加工过程中产生的废弃岩石，约占煤炭产量的15%。煤矸石虽然对环境造成危害，但如果加以适当的处理和利用，仍是一种有用的资源。利用煤矸石作为复垦采煤塌陷区的充填材料，既可使采煤破坏的土地得到恢复，又可减少煤矸石的占地及对环境的污染。

按照充填方式，煤矸石充填可以分为分层充填和全厚充填。分层充填是将煤矸石充填一层，压实一层；全厚充填是一次充填至设计高度后再采取压实措施。在煤矸石充填的时候应注意将下层的矸石压紧或者加入一定的辅助材料（如黏土）进行压实，以形成一定的隔水层。这样做有两个目的：一是尽量减少地面水下渗，减缓煤矸石的淋溶速度，保证土壤中水分、养分充分的同时，防止煤矸石中的有毒元素进入；二是可以防止地下水面上升造成的土地盐碱化。在煤矸石底质之上要覆盖一定厚度的表土，根据地区的不同和开采矿业的不同，表土的厚度各不相同，中国的充填表土一般在1m以上，有的甚至在2m以上。

②粉煤灰充填恢复技术。粉煤灰占用土地，影响景观的同时也会随着风力扩散，造成环境污染。而沉陷区形成的巨大容积正好是矿区废弃地附近燃煤电厂排灰的理想场所。使用粉煤灰充填恢复之前应该在计划恢复的区域内修筑储灰场，将恢复区的表土预先取出筑成储灰场围堰，然后利用管道将电厂的粉煤灰水输送到沉陷区，排入储灰场。灰场内粉煤灰不断沉积积累，而水则由储灰场排水口流出，循环使用。当粉煤灰的积累达到预计高度的时候，停止充灰，在粉煤灰的表面覆盖表土，形成新的土地。

（2）非充填恢复技术。

①挖深垫浅法。在各治理单元内，根据地表沉陷量大小分布情况，在积水较深的区域继续深挖建设深水养殖塘，水深较浅的主要用于种植水产经济作物，浅水域周边地区可治

理为蔬菜基地。这种方法利用开采沉陷形成积水的有利条件，把沉陷前的单纯种植型农业，变成了种植、养殖相结合的生态农业。

②疏排法。疏排法是通过建立合理的排水系统，选择排除塌陷区积水和降低地下潜水位，以达到防洪、除涝、降渍的目的。疏排法通常采取整修堤坝和分洪的方法，是解决高潜水位矿区塌陷地大面积积水问题的有效办法，而且复垦费用低，复垦后土地利用方式改变不大。

③梯田式复垦法。在采矿形成的塌陷区，如土地的坡度在 2°以内，通过土地平整或不平整就能耕种；塌陷后地表坡度在 2°~6°时，可沿等高线修整成梯田，并略向内倾以拦水保墒，土地利用时可布局成农林相间，耕作时可采用等高耕作，以利水土保持。这种土地复垦形式为梯田式复垦。在丘陵山区或中低潜水位采层厚度较大的矿区，耕地受损形成台阶状地貌、塌陷盆地，或中低潜水位矿区开采沉陷后地表坡度较大时，梯田式复垦较为适用。

2. 土壤改良技术

废弃矿区地中一般缺乏氮、磷、钾等营养元素，但这些营养元素难以由自然过程所恢复，或者需要很长时间，必须通过人为方式恢复。土壤作为植物生长的介质，其理化性质和营养状况是生态恢复与重建成功与否的关键。

废弃矿区地土壤条件的改良可分为两种情况，一是废弃地上根本没有土壤层，必须先覆土，再改良；二是废弃地上有土壤层，可直接进行改良。

3. 植被恢复技术

植被恢复是废弃矿区地生态恢复的一个重要环节。主要包括立地评价、植物选择、整地措施、种植、施肥管理、监测与评价等方面。

（1）立地评价。

植被恢复前，应首先进行立地分类，按矿区地表将立地质量划分为不同立地类型，比如塌陷区、废渣区、开采区等，然后对每种矿区立地类型的土地土壤进行评价。土壤条件是植被恢复的前提，根据废弃矿区地的立地土壤和气候条件及人力资源情况制订土壤改良计划，正确选择适宜不同立地类型的植物，才能使废弃生态恢复工作取得成功。一般对废弃矿区地土壤的分析和评价应考虑土粒组成、土壤有机质、土壤盐碱度、土壤结构、土壤养分、土壤有毒物质等方面。

（2）植物选择。

植物种类选择是废弃矿区地生态恢复研究的重要内容。植物种类选择的适当与否是废弃矿区地植被恢复成败的关键，树种的组成以及植被群落的组成和密度是创造良好生态环境的基础。废弃矿区地的植物选择主要包括树种选择和植物配置两个方面。

①树种选择。废弃矿区地植物种类的选择要坚持"适地适树"的原则，以乡土树种为主，适当选用经过多年引种和驯化的外来植物品种，以增加生物多样性和景观的多样性；选择树种要有利于矿区的水土保持和土壤的改良，优先选择抗干旱和耐贫瘠的肥料树种，如一些豆科植物，要考虑乔灌草植物品种的合理选择，尤其要考虑优良的灌木树种在植被的防护和土壤改良功能方面的特点，它们是植被群落结构中不可缺少的一个层次，可以使废弃矿区地提早郁闭，加快绿化和生态恢复的速度，并具有保持水土的作用。表 7-4 列

举了部分适宜矿区防尘和抗有害气体绿化植物的种类。

表 7 - 4　主要的防尘和抗有害气体绿化植物

防污染种类		绿化植物
防尘		构树、桑树（*Morus alba*）、广玉兰（*Magnolia grandiflora*）、刺槐、蓝桉（*Eucalyptus globulus*）、银桦（*Grevillea robusta*）、黄葛榕（*Ficus virens var. sublanceolata*）、槐树、朴树（*Celtis sinensis*）、木槿（*Hibiscus syriacus*）、梧桐（*Firmiana platanifolia*）、泡桐、三球悬铃木、女贞、臭椿（*Ailanthus altissima*）、乌桕、桧柏（*Sabina chinensis*）、楝树（*Melia azedarac*）、夹竹桃、丝棉木（*Euonymus maackii*）、紫薇（*Lagerstroemia indica*）、沙枣（*Elaeagnus angustifolia*）、榆树（*Ulmus pumila*）、侧柏（*Platycladus orientalis*）等
二氧化硫（SO₂）	抗性强	夹竹桃、日本女贞（*Ligustrum japonicum*）、厚皮香（*Ternstroemia gymnanthera*）、海桐、大叶黄杨（*Buxus megistophylla*）、广玉兰、山茶（*Camellia japonica*）、女贞、珊瑚树（*Viburnum odoratissimum*）、栀子（*Gardenia jasminoides*）、棕榈、冬青（*Ilex chinensis*）、梧桐、青冈栎（*Cyclobalanopsis glauca*）、栓皮栎（*Quercus variabilis*）、银杏（*Ginkgo biloba*）、刺槐、垂柳（*Salix babylonica*）、三球悬铃木、构树、黄杨、蚊母（*Distyliun racemosu*）、华北卫矛（*Euonymus hamiltoniana*）、凤尾兰（*Trichoglottis rosea var. breviracema*）、白蜡、沙枣、皂荚（*Gleditsia sinensis*）、臭椿等
	抗性较强	香樟、枫香、桃（*Amygdalus persica*）、苹果（*Malus pumila*）、欧洲酸樱桃（*Cerasus vulgaris*）、李（*Prunus salicina*）、各种杨树、各种槐树、合欢（*Albizia julibrissin*）、麻栎（*Quercus acutissima*）、丝棉木、山楂（*Crataegus pinnatifida*）、桧柏、白皮松（*Pinus bungeana*）、华山松（*Pinus armandii*）、云杉（*Picea asperata*）、朴树、桑树、玉兰（*Magnolia denudata*）、木槿、泡桐、梓树（*Catalpa ovata*）、罗汉松（*Podocarpus macrophyllus*）、楝树、乌桕、榆树、桂花（*Osmanthus fragrans*）、枣树（*Ziziphus jujuba*）、侧柏等
氯气（Cl₂）	抗性强	丝棉木、女贞、棕榈、白蜡、构树、沙枣、侧柏、枣树、地锦（*Parthenocissus tricuspidata*）、大叶黄杨、黄杨、夹竹桃、广玉兰、海桐、蚊母、龙柏（*Sabina chinensis*）、青冈栎、山茶、木槿、凤尾兰、乌桕、玉米、茄子（*Solanum melongena*）、草地早熟禾（*Poa pratensis*）、冬青、辣椒（*Capsicum annuum*）、大豆等
	抗性较强	珊瑚树、梧桐、小叶女贞（*Ligustrum quihoui*）、泡桐、板栗（*Castanea mollissima*）、臭椿、麻栎、玉兰、朴树、香樟、合欢、罗汉松、榆树、皂荚、刺槐、国槐（*Sophora japonica*）、银杏、华北卫矛、桧柏、云杉、黄槿（*Hibiscus tiliaceus*）、蓝桉、蒲葵（*Livistona chinensis*）、蝴蝶果（*Cleidiocarpon cavaleriei*）、黄葛榕、银桦、桂花、楝树、杜鹃、菜豆（*Phaseolus vulgaris*）、黄瓜、葡萄（*Vitis vinifera*）等
氟化氢（HF）	抗性强	刺槐、黄杨、蚊母、桧柏、合欢、棕榈、构树、山茶、青冈栎、蒲葵、华北卫矛、白蜡、沙枣、云杉、侧柏、五叶地锦（*Parthenocissus quinquefolia*）、接骨木（*Sambucus williamsii*）、月季、紫茉莉（*Mirabilis jalapa*）、常春藤（*Hedera nepalensis var. sinensis*）等
	抗性较强	各种槐树、梧桐、丝棉木、大叶黄杨、山楂、海桐、凤尾兰、杉松（*Abies holophylla*）、珊瑚树、女贞、臭椿、皂荚、朴树、桑树、龙柏、香樟、玉兰、榆树、泡桐、石榴（*Punica granatum*）、垂柳、罗汉松、乌桕、白蜡、广玉兰、三球悬铃木、苹果、大麦（*Hordeum vulgare*）、樱桃（*Cerasus pseudocerasus*）、柑橘、高粱（*Sorghum bicolor*）、向日葵、核桃（*Juglans regia*）等
氯化氢（HCl）		黄杨、大叶黄杨、构树、凤尾兰、无花果（*Ficus carica*）、紫藤（*Wisteria sinensis*）、臭椿、华北卫矛、榆树、沙枣、柽柳、刺槐、丝棉木等
二氧化氮（NO₂）		桑树、泡桐、石榴（*Punica granatum*）、无花果等

（续）

防污染种类	绿化植物
硫化氢（H$_2$S）	构树、桑树、无花果、黄杨、海桐、泡桐、龙柏、女贞、桃、苹果等
二硫化碳（CS$_2$）	构树、夹竹桃等
臭氧（O$_3$）	香樟、银杏、柳杉（*Cryptomeria fortunei*）、日本扁柏（*Chamaecyparis obtusa*）、海桐、夹竹桃、刺槐、冬青、日本女贞、三球悬铃木、连翘（*Forsythia suspensa*）、黑松、樱花（*Cerasus serrulata*）、梨（*Pyrus pyrifolia*）等

②植物配置。植物配置就是运用恢复生态学、景观生态学和植被群落理论等原理，对废弃矿区植被群落的组成、结构和密度等进行设计，创造适宜的植物生存空间，避免种间竞争。植被的群落组成根据多样性促进稳定性的原理，废弃矿区造林应尽量配置成混交林，以增加植物生态系统的物种多样性和层次结构，增强改善生态环境的功能；植被的群落结构应该模拟天然植被结构，实行乔灌草复层混交；植被的群落密度要坚持效益最优的原则，在树种的规划和配置时要充分重视种间关系，重视树种选择文化背景的影响，重视树种选择的景观效果，配置以合理的密度，使之发挥最大的效益。

（3）整地措施。

整地措施包括场地平整、覆盖表土等。一般的，根据土壤风化程度和种植植物品种的不同，选择无覆盖、薄覆盖和厚覆盖三种表面覆盖方式，主要取决于技术和经济两个重要因素。除平整、覆土措施外，整地措施还包括对酸碱土壤的中和、树木种植时提前挖穴等。

（4）种植。

对于草本植物，一般采用播种方式。为了保证草种的发芽率，目前大多采用喷播技术。对于木本植物，大多采用栽植技术，常用的栽植技术有以下几种：覆土栽植技术、无覆土栽植技术、抗旱栽植技术（保水剂技术、覆盖保水技术）、容器苗造林技术、ABT 生根粉技术等。

（5）施肥管理。

在废弃矿区地造林抚育管理的目的是通过对林地、植被的管理与保护，为植物的成活、生长繁殖、更新创造良好的环境条件，使之迅速成林。种植后的管理一般在第一年度需要较高强度的管理，如灌溉、追肥、植被的抚育等。以后的管理强度可以逐年降低，第三、第四年度则应该让其自然生长，以促进其建立稳定的自维持的生态系统。依据废弃矿区地立地条件、植被恢复与生态重建的目标，废弃矿区地植被科学的抚育管理技术主要应做好土壤管理（灌溉、施肥等）、植被管理（平茬、修枝等）、植被保护（防止病虫害、火灾和防止人畜对植被的破坏）等工作。

（6）监测与评价。

矿区植被恢复是困难立地条件下比较艰巨的工程，因此对恢复植被的监测比较重要。对于取得初步成功的矿区恢复植被，通过监测和评价，适时地引进期待的树种，使之能够按照人为设计的方向创建希望恢复的生态系统。另外监测和评价植被重建的环境和生态效益，深入研究生态恢复的过程与机制，可以推广和发展植被恢复技术理论，为矿区的生态重建提供理论和技术的支持。

第三节　城市工业废弃地修复

伴随着后工业时代的来临，世界经济格局、城市产业结构发生了巨大转变，第三产业逐渐代替了第二产业在产业结构中的主导地位，导致许多传统工业基地的结构性衰退，甚至沦为废弃地，有的已经被严重污染，对人体健康和周围环境安全造成极大的威胁。科学合理的工业废弃地开发整治将对城市经济、社会、生态环境产生积极影响。工业废弃地开发整治已成为城市实现可持续发展战略的必然选择。

一、城市工业废弃地的概念

在欧美国家，城市工业废弃地被称为"棕地"，美国国家环保局（1997）对"棕地"的定义是："棕地是指废弃的、闲置或没有得到充分利用的工业或商业用地及设施，在这类土地的再开发和利用过程中，往往因存在着客观上的或意想中的环境污染而比其他用地开发过程更为复杂。"而我国学者认为城市工业废弃地是指曾经用于工业生产或与工业生产相关，由于资源枯竭、产业结构调整和经济的衰退等原因不再利用而弃置的用地，涉及的用地主要包括：废弃的工厂、矿区（含露天开采挖损的地坑、井下开采造成的采空塌陷区）、工业废料堆积区（例如煤矸石山）用地、工业交通用地、工业排土场用地、工业仓储用地等。

工业废弃地是工业化进程的产物，通常位于城市中区位较好、商业价值较高的黄金地段，在许多发达国家与发展中国家都普遍存在。良好的区位条件使得工业废弃地的开发蕴涵着巨大的经济利益。但工业废弃地中常常包含许多有害物质［如多氯联苯、苯及铅（Pb）等重金属］，对人体健康与生态环境都存在现实或潜在的危害。我国正处在大规模城市更新、旧城改造阶段，开发整治工业废弃地，对于节约土地资源、实现我国城市经济振兴具有十分重要的意义。

二、城市工业废弃地的生态恢复

将城市工业废弃地恢复为园林景观早已有人尝试。绍兴的东湖就是将采石基址改建为山水园林的范例。这种生态恢复在西方较早的实例有 1863 年巴黎将垃圾填埋场恢复建成的比特绍蒙公园。

20 世纪 70 年代后，随着传统工业的衰退、环境意识的加强和环保运动的高涨，城市工业废弃地的更新与改造项目逐渐增多；而科学技术的不断发展、生态和生物技术的成果也为城市工业废弃地的改造提供了技术保证。如 1972 年美国西雅图煤气厂公园是应用景观设计的方法对工业废弃地进行再利用的先例，它在公园的形式、景观的美学、文化价值等方面对景观设计都产生了广泛的影响。

1977 年，英国一个志愿者团体在伦敦塔桥附近建了具有典范意义的威廉·柯蒂斯

（William Curtis）生态公园，该公园建于以前用于停放货车的场地上，面积为 $1hm^2$，成为城市居民接触自然、学习生态知识的场所。随后伦敦先后利用废弃煤场、废弃码头等地建造了 10 余个生态公园。

到了 20 世纪 90 年代，人们开始尝试用景观设计的手法来处理城市工业废弃地这种具有历史意义但又被破坏弃置的土地，其间工业景观的设计作品更是大量涌现。设计师运用科学与艺术的综合手段以达到废弃地环境的更新、生态的恢复和文化的重建，同时这也促进了经济的发展。这时候城市工业废弃地改建的生态公园纷纷涌现，如德国萨尔布吕肯市港口的生态恢复公园、德国海尔布隆市砖瓦厂的生态恢复公园、美国波士顿海岸水泥总厂的生态恢复公园、美国丹佛市污水处理厂的生态恢复公园、韩国金鱼渡的生态恢复公园。

目前，基于城市工业废弃地的特点，对它进行生态恢复的主要方向是将城市工业废弃地建设成城市休憩、娱乐场所。也有一些学者提出将城市工业废弃地作为自然保留地予以保留的观点。

（一）城市工业废弃地生态恢复的模式

根据城市工业废弃地的生态系统受损程度，生态恢复也有两种不同的模式。

一种是生态系统的损害没有超负荷，并且在一定的条件下可逆。对于这种生态系统，只要消除外界的压力和干扰，就可以利用本身的恢复能力达到对废弃地的生态恢复，可以采取保留自然地的方法使其进行自然恢复。

另一种是生态系统受到的损伤已经超过了系统的负荷，或者有害的生态系统损害是不可逆的。对于这种生态系统，需要人工加以干预才可能使受损的生态系统恢复。不过根据生态系统恢复目的的不同，也可以有所选择地使用恢复方法。比如对于不需要大面积栽种植物的区域，就不需要对该地的土壤生态系统进行全面修复。

一般来说，对城市工业废弃地进行生态恢复往往需要深入理解生态学的思想。要在消除废弃地环境有害因素的前提下，对废弃地进行最小的干预。

（二）城市工业废弃地生态恢复的方法

由于城市工业废弃地生态恢复的便利性和局限性，对其进行生态恢复在一定的程度上不需要利用先进的技术方法，用简单的工程方法和一些植物恢复技术就可以达到恢复的目的。这里从城市工业废弃地的景观再利用、废弃物再利用、生态技术利用和自然地保留几个方面介绍城市工业废弃地的生态恢复方法。

1. 景观再利用

城市工业废弃地往往具有独特的景观，如一些古老的厂址、码头等，隐含着历史的底蕴，从而具有景观再利用的价值。

对于城市工业废弃地上的原有景观，可以将整体保留，也可部分保留。整体保留是将以前景观的原状，包括所有的地面、地下构筑物、设备设施、道路网络、功能分区等全部承袭下来，仅仅对景观中带来负面环境影响的部分进行生态恢复。这种生态恢复手法可以用于城市居住区的改造中，利用原有的民居建成一些博物场馆，既保留了原有景观的历史氛围，还可以在生态恢复后的景观中，感受到浓厚的生活气息。部分保留是在生态恢复规划中保留原有景观的片段，成为生态恢复后的标志性建筑。这种生态恢复方法可以用于城市工业厂址的生态恢复中，保留下废弃工业景观中具有典型意义的片段，使其成为生态恢复后的景观标志，这些片段可以是代表工厂企业文化特征的独特设施，也可以是有历史价值的工业建筑。

另外，对于建设废弃地上独特的地表痕迹，如工业生产形成的渣山、居住区开挖的人工池塘等，也可以保留下来，使其成为代表其历史文化的景观。还可以基于地表痕迹进行艺术加工，如厂址废弃地就是一些艺术家偏爱艺术创作的地方，通过艺术创作，提升这些地方的景观价值。

2. 废弃物再利用

一些建设废弃物和工业建筑物可以恢复处理成雕塑，强调视觉上的标志性建筑效果，但并不赋予其使用功能。在这些构建中，可以看到从前该景观的蛛丝马迹，从而引发人们的联想和记忆。

大多数情况下废弃的工厂经过维修改造后可以重新使用。例如，运输的铁路是联系着工厂各个生产节点的线形系统，很容易保留并改造成贯穿全园的步行道体系；四面围合的储料仓可以布置成微型的小花园；建筑性的柱框架可以成为攀缘植物的支架等。

城市工业废弃地上的废弃物还包括废置不用的工业材料、残砖瓦砾和产生的废渣等，对环境没有污染的废弃物，可以就地使用或加工；对于具有环境污染效应的废弃物要经过技术处理后再利用。

3. 生态技术利用

城市工业废弃地的生态技术利用有相对广泛的含义，包括利用植物、动物或微生物的活动来进行废弃地的土壤系统、水系甚至大气微环境的改造，还包括利用地面生态景观如河道、池塘、小面积湿地等对生态环境进行的恢复，还有一些景观设计可以对雨水进行处理并循环再利用，从而体现对景观生态恢复的一个方面。在这里所表述的生态技术都是在废弃地的污染得到初步控制的前提下进行的，如果城市建设废弃地的污染相当严重以至于自然及人工植被无法存活，则需要先使用生态修复技术对废弃地进行彻底改造，然后再进行生态系统的恢复。

4. 自然地保留

从一定的角度来说，并不是一定要对城市工业废弃地进行生态恢复，如果废弃地不存在环境负面影响因素或者这种影响很小，或者在废弃地上已经开始了自然生态系统的自我恢复，这种废弃地可以在城市中心继续弃置。这种城市工业废弃地不会对生态环境造成不利影响，而且自然生态系统可以吸引大量的植物和动物，形成城市动物的避难所和栖息地，成为城市生态系统的一个独特风景。除此之外，城市工业废弃地的保留还给城市留下了发展潜力，可以形成城市土地的潜在升值空间。

但是，把城市工业废弃地作为城市自然保留地需要具有一定的条件。首先，城市工业废弃地的自然保留不能对城市的经济发展造成太大的影响。其次，城市工业废弃地的生态保留必须和城市景观相适应。另外，城市工业废弃地必须不产生对环境的负面影响才能够长期保存下去。

（三）城市工业废弃地生态恢复的意义

城市工业废弃地的生态恢复不仅仅是改变一块废弃地的面貌，保留城市建设的遗迹，也不仅仅是艺术、生态等处理手法的运用，它在社会、经济、自然三个方面都具有重要的意义。

城市工业废弃地的生态恢复为城市发展带来的社会与环境问题寻找到了一个新的出路。对一些工业旧址进行生态恢复带来了洁净的水、新鲜的空气和良好的户外空间，为城市的居民提供了良好的休憩、娱乐场所；一些建筑旧址的生态恢复一方面承袭了历史上辉煌的工业文明，另一方面又将工业遗迹融入现代生活之中，揭露了城市发展过程中深刻的历史内涵，为城市居民提供了了解城市的窗口。

城市工业废弃地的生态恢复也提高了城市的景观水平，一方面对城市开展旅游等第三产业有所帮助，另一方面良好的城市环境也为城市招商引资提供了很好的环境背景。

城市工业废弃地的生态恢复还改变了原有废弃地的污染状况，将它们变成绿地。一方面改善了地区的生态环境，另一方面将原本隔离的城市区域联系起来，满足人们对绿色的需求，完善了城市生态系统的功能。

三、城市工业废弃地生态恢复实践

城市工业废弃地的生态恢复在国外和国内都有一些成功的例子。在美国，早在 1971 年，景观设计师理查德·海格就提出利用西雅图的煤气工厂遗址建成市民休闲公园，该公园于 1975 年开放。20 世纪 90 年代，人们在德国最重要的工业基地鲁尔区，建成了对世界产生重大影响的国际建筑展埃姆舍公园，巧妙地将过去的工业区改建成公众休闲、娱乐的场所，并且尽可能地保留了原有的工业设施，创造了独特的工业景观。针对始建于 20 世纪 50—60 年代的中国广东省中山市粤东造船厂，人们在充分利用现有榕树、厂房和机器的基础上，设计了成一个开放的休闲场所。目前，由于城市工业废弃地的增多，生态恢复正渐渐受到人们越来越多的关注。

第八章
退化土地修复方法

　　土地退化是指土地受到人为因素、自然因素或人为、自然综合因素的干扰，原有的内部结构、理化性状被破坏而改变，土地环境日趋恶劣，该土地逐步减少或失去原先所具有的综合生产潜力的演替过程。按照联合国的统计口径，陆地生态系统的退化，即农田、森林、草地和山地生态系统的退化均属土地退化，也就是说，沙漠化、盐渍化、水土流失和农田化学物理污染等均属土地退化。引起土地退化的因素包括人类活动和自然灾害，人类活动引起的土地退化包括不合理的农业土地利用和对土壤与水资源缺乏管理、森林砍伐、自然植被破坏、过度使用重型机械、过度放牧以及不合理的粮食轮作与农业灌溉等；自然灾害引起的土地退化包括干旱、洪涝和滑坡等。土地退化是一个渐进的过程，但其危害是持久和深远的。它不仅对当代人产生影响，还将祸及子孙后代。土地退化的后果包括生产能力下降、人口迁移、粮食不安全、基本资源和生态系统遭到破坏，以及由于物种和遗传方面的生境变化而造成的生物多样性遗失。随之而来的便是农牧业的减产，相应带来巨大的经济损失和一系列的社会恶果，退化土地的修复也因此被提上日程。人类修复已退化的土地采取两种方式：复原与恢复。复原是将一片土地恢复到其自然状态，恢复在人类破坏之前存在的所有物种。但恢复更加实际，它的目标是使土地具备生产力，可供人类利用。

第一节　退化农田修复

　　农业是人类文明的发端，农田是人类创造的最早人工生态系统。伴随科学技术的进步和人口数量激增，人类干扰系统的频度与强度前所未有，由此导致耕地内在理化性质改变，生物区系贫化和功能衰退。其外部征象是土壤的荒漠化、盐碱化、污染化及贫瘠化。修复受损的农田生态系统成为经济可持续发展的关键。

一、荒漠化农田修复

　　荒漠化是一种在人为或自然双重因素作用下导致的土地质量全面退化和有效经济用地数量减少的过程。荒漠化的直接结果是农田生产力退化，如耕地理化性质改变、生物量减少、生产力衰退、生物多样性降低及表现出不利于生产的地貌形态（沙丘、侵蚀沟等）。

荒漠化的农田，其修复可通过生态恢复的工程技术和生物技术。

（一）荒漠化农田生态恢复的工程技术

工程治理是利用杂草、树枝以及其他材料，在沙丘上插设风障或覆盖在沙面上。凡此一类的措施都属于工程治理。工程治理的优点是能够立即奏效，但成本高、费工大、不能长期保存。工程治理因材各异，种类繁多，一般最常见的有草方格沙障、篱笆墙沙障、立式沙障、平铺沙障、卵石固沙、黏土沙障及沥青乳液固沙等十余种，其中最常用的是草方格沙障和黏土沙障。

（1）草方格沙障。

草方格沙障是用麦草、稻草、芦苇等材料，在流动沙丘上扎成方格状的挡风墙，以削弱风力的侵蚀。施工时，先在沙丘上激好施工方格网线，使沙障与当地的主风方向垂直。再将修剪均匀整齐的麦草或稻草等材料横放在方格线上，用板锹之类的工具置于平铺的草料中间用力插下去，插入沙层内约15cm，使草的两端翘起，直立在沙面上，露出地面高20～25cm。再用沙掩埋草方格沙障的根基部，使之牢固。草方格沙障有截留降雨的作用，能提高沙层的含水量，有利于沙生植物的生长，又增加了沙地表面的粗糙度，削减风力使之无力携走疏松的沙粒。此法用于保护交通干线尤为成功。

（2）黏土沙障。

黏土沙障是将黏土在沙丘上堆成高20～30m高的土埂，间距1～2m，走向与风向垂直。黏土固沙施工简单，节省劳力，固沙效果和保水能力都比较好，但需要大量的黏土。工程治理是临时性防沙措施，对流沙的危害仅仅起到固沙的"治表"作用。若要"治本"还必须采取植物的治理措施。

对流动沙丘迎风坡上部、丘顶和背风坡部位设置结构紧密的油蒿网格沙障，在迎风坡中下部和平缓地部位设置结构疏透的油蒿带状沙障（表8-1）。

表8-1　油蒿沙障设置技术规格

沙障类型	结构	用材料量/（kg/m）	条长/cm	埋深/cm	规格/m
网格	紧密	1.5	40～60	20～30	2.5×2.5
带状	疏透	0.75	30～50	15～25	3（行距）

在工程技术中也采用"引水拉沙"技术。所谓"引水拉沙"是指利用沙区的河流、湖泊或地下水开渠，将沙丘冲开、拉散、摊平，使高低起伏的沙漠变成平坦而湿润的沙地。"引水拉沙"要勘察水源，计算用水量，在水源不足的地方可先筑坝蓄水或利用季节性洪水来进行拉沙。

荒漠化土地中，水是最大的限制性因子，植物因缺水而不能成活或成活后难以生存，进行节水灌溉是一项极为重要的工程措施，滴灌技术在荒漠化土地的恢复过程中是一项关键性技术。滴灌不受地形条件限制，不受风力影响，不开沟，不平地，灌水均匀，节水、节能、省工，投资少、见效快，可使沙生植物生长速度快、成活率高。滴灌系统一般由机井、过滤控制系统、主管、干管、支管、毛管、滴头七部分组成。过滤控制系统由过滤器和控制阀门组成，气管、干管、支管、毛管采用 PE 管材，滴头采用长流道管式滴头，一般每棵沙生植物 2 个滴头。主管、干管、支管全部埋没，埋没深度 70cm，毛管也全部埋没，埋没深度 45cm，滴头置于地表以便查出水情况。

（二）荒漠化农田生态恢复的生物技术

不同的沙漠化土地利用类型，由于其沙漠化程度的不同和利用途径的差异，其治理模式、治理指标是不同的。要根据当地的自然气候特点、地形、地貌、立地类型、土地利用现状、社会经济情况等，科学而合理地布局多林种、多树种，宜灌则灌、宜乔则乔、宜果则果、宜草则草，形成多层次、多功能、生物学稳定的生物群落，使之形成带、网、片、块、线、点有机联系的生态恢复系统。

1. 树种的选择与林带结构树种选择的标准

①适生沙地环境、易繁、速生；

②耐风蚀沙埋、灌丛大、阻沙；

③生物生产力高；

④萌发力强，耐牲畜啃食与践踏；

⑤耐风沙干旱、耐瘠薄、生长稳定、寿命长。

沙漠地种植的树种一般有：合作杨（*Populus opera*）、沙枣、柠条锦鸡儿（*Caragana korshinskii*）、花棒（细枝岩黄耆，*Hedysarum scoparium*）、羊柴（*Hedysarum mongdicum*）、沙木蓼（*Atraphaxis bracteata*）、霸王（*Sarcozygium xanthoxylon*）、沙拐枣（*Calligonum mongolicum*）、中间锦鸡儿（*Caragana intermedia*）等。

林带结构一般有三种：紧密结构林带；疏透结构林带；通风结构林带。

2. 营造技术

去干沙栽湿沙覆干沙措施。栽时首先将干沙层扒开，将苗木栽于深层的湿沙中，踏实，然后将干沙覆上，可减少沙地水分蒸发，比对照区含水率提高 73.9%，土壤温度提高 0.46℃。试验证明：苗木成活率为 80%～95%，保存率在 85% 以上，当年生长量在 80～160cm（羊柴、山竹子、沙木蓼）。而对照区成活率为 8.5%～11.8%，保存率 1.5%。

①适当深栽。沙地 40～60cm 处，含水量及土温较稳定，春季沙层含水率在 4.8% 左右，土温为 14℃ 左右，故栽植深度 50cm 左右，利于苗木成活及生长。

②大苗，风蚀地深栽，沙埋地适度浅栽。沙地造林要求苗高 70cm 以上，根长 40cm 以上。风蚀地区栽深 60～70cm；沙埋地区栽深 40～50cm。以防苗木被风吹出和沙压，影响其成活。

③种植密度。乔木树种单株定植，灌木树种每穴定植 2～3 株（或 2～3 个插条）。各灌木树种的造林密度为 1m×3m、2m×2m、2m×3m 3 种，乔灌混交林造林密度为 4m×5m，都为春季造林。如作为灌草型饲料林，栽植密度宜大。

3. 设计防护林体系

（1）干旱区绿洲防护体系。

绿洲防护林体系是指在绿洲与沙漠毗连处建立封沙育草带、绿洲边缘营造防沙林带、绿洲内部营造护田林带，对绿洲内部零星分布的流沙，则营造固沙片林，以此形成一个完整的防护体系，这是防治风沙危害绿洲的重要措施。其防护体系主要由三部分组成：一是绿洲外围的封育灌草固沙带；二是骨干防沙林带；三是绿洲内部农田林网及其他有关林种。

（2）沙地农田防护林。

沙地农田防护林除具有一般护田林的作用，最重要的任务是控制土壤风蚀，确保地表不起沙，这主要取决于主林带间距即有效防护距离，该范围内大风时风速应减到起沙风速以下。因自然条件和经营条件不同，主带距差异很大，根据实际观测和理论要求，主带距大致为 15～20H（H 为成年树高）。乔灌混交或密度大时，透风系数小，林网中农田会积沙，形成驴槽地，不便耕作。而没有下木和灌木，透风系数为 0.6～0.7 的透风结构林带却无风蚀和积沙，为最适结构。林带宽度影响林带结构，过宽要求紧密。按透风结构要求不需过宽，小网格窄林带防护效果好，有 3～6 行乔木，5～15m 宽即可。常说的"一路两沟四行树"就是常用模式。

半湿润地区降雨较多，条件较好，可以乔木为主，主带距 300m 左右。干旱地区为半荒漠、荒漠绿洲，条件更严酷，以风沙危害为主，所以采用小网格窄林带。

（3）沙区牧场防护林。

树种选择可与农田林网一致，但要注意其饲用价值，东部风沙区以乔木为主，西部风沙区以灌木为主。主带距取决于风沙危害程度。危害较轻的可以 25H 为最大防护距离，危害严重的主带距可为 15H，病幼母畜放牧地可为 10H。副带距根据实际情况而定，一般为 400～800m，割草地不设副带。灌木主带距 50m 左右，主带林带宽为 10～20m，副带林带宽为 7～10m。

营造护牧林时，草原造林必须进行整地。为防风蚀，可带状、穴状整地。整地带宽为 1.2～1.5m，保留带依行距而定。整地必须在雨季前，以便尽可能积蓄水分。造林在秋季或初春。开沟造林效果好，先用开沟犁开沟，沟底挖穴。用 2～4 年大苗造林，3 年保护，旱时尽可能地灌水，夏天除草、中耕蓄水。灌木要适时平茬复壮。在网眼条件好的地方，可营造绿伞片林，既为饲料林，又可作避寒暑风雪的场所。有流动沙丘存在时要造固沙林，以后变为饲料林。在畜舍、饮水点、过夜处等沙化重点场所，应根据畜种、数量、遮阴系数营造乔木片林保护环境。饲料林可提高抗灾能力，提高生产稳定性，应特别重视。在家畜转场途中的适当地点营造多种形式林带，提供保护与饲料补充。

牧区其他林种如薪炭林、用材林、苗圃、果园、居民点绿化等都应合理安排，纳入防护林体系之内。

二、盐碱化农田修复

由于对农田的不合理灌溉，如大水漫灌，有灌无排，少水季节抢水用，多水季节阻碍上游地区排水，加上农田水利设施老化失修，导致盐分在土壤表层积累，使盐碱耕地面积增加，次生潜育化发展较快，农田生产力降低。因此，对盐碱化农田也急需采用相应的工程技术和生物技术进行修复。

（一）盐碱化农田生态恢复的工程措施

水是盐碱地形成中的关键因子。盐碱土绝大部分是在地下水或地下水与地表水双重的影响下形成的，改良盐碱土地，淋洗和排除土体中的盐分需要水利工程措施。

1. 排水工程

排水是盐碱地脱盐的关键，盐能与水一起离开土体，土壤中的盐分才能降低。修建排水系统，可有效地控制地下水位，排水沟越深，控制地下水位的作用越大，土壤脱盐越明显。

（1）排水沟的深度。

排水沟的深度一般在1～3m。合理的排水沟深度，能有效地控制恢复地段的地下水位和排走过多的土壤盐分。

（2）排水沟的间距。

排水沟的间距要合理。过大，地块中间不易脱盐；过小，浪费土地、劳力和成本。轻质土壤沟深为1.7～3.5m时，排水沟单侧土壤脱盐范围为沟深度的60～100倍；黏质土壤沟深为1.2～2.0m时，排水沟单侧土壤脱盐范围为沟深的80～100倍，据此得出末级排水沟深与沟距的关系如表8-2所示。

表8-2　末级排水沟沟深与沟距

排水沟	土质							
	黏质土				轻质土			
沟深/m	1.2	1.4	1.6	1.8	2.1	2.3	2.5	3.0
沟距/m	160～200	220～260	280～320	340～380	300～340	360～400	420～470	580～630

（3）排水沟断面。

排水沟断面应满足改良盐碱化设计沟深的边坡稳定和排水通畅。

（4）排水体系的规划与排水沟的管理养护。

排水体系应进行总体规划，与灌溉、道路等农田基础设施进行配套，同时在地理空间范围内进行总体布局，有利于区域的水平衡与利用。排水沟容易被人为或自然损坏，因此需要经常性的维护与管理，保持沟内畅通，不发生堵塞，引起排水不良。

2. 种稻恢复工程

目前我国不同盐渍地区，不同类型的盐渍土上，凡是水源充足的地方，利用种稻的方法改良利用恢复盐碱地，均取得良好效果，它是一种利用与恢复相结合的办法。

水稻是一种需水量较多的作物，整个生长期内要经常保持一定的水层，水能持续地淋洗土壤盐分，逐渐加深土壤脱盐层。盐渍土种稻，除了淋洗盐分，还能改良土壤的碱化程度，同时还能改变盐分离子的组成。

表8-3列出了种稻以后，土壤及地下水含盐量的变化情况。

表8-3　种稻以后，不同年限土壤及地下水含盐量情况（河北举粮城灌区）

深度/cm	含盐量/（g/kg）					
	荒地	种稻1年	种稻3年	种稻7年	种稻19年	种稻40年
0～5	59.3	3.0	3.3	2.4	0.7	1.0

（续）

深度/cm	含盐量/（g/kg）					
	荒地	种稻1年	种稻3年	种稻7年	种稻19年	种稻40年
5～10	17.3	4.3	5.0	2.4	5.9	1.7
10～20	14.2	6.3	1.4	1.9	2.6	2.7
20～50	17.0	2.2	1.6	1.5	1.2	1.5
50～100	25.2	3.1	1.4	3.3	1.4	1.9
100～150	28.8	4.9	2.0	5.7	2.5	2.1
150～200	28.1	13.1	3.9	9.0	4.9	3.3
200～250	23.0	13.6	7.1	13.3	6.3	—
250～300	22.5	10.9	9.0	13.3	8.3	—
地下水埋藏深度/cm	110	100	160	100	50	70
地下水矿化度/（g/L）	65.6	9.4	10.4	12.5	2.7	3.0

种稻恢复盐碱土地，应建立完善的排水系统，做到井渠结合，保证灌溉水源，要因地制宜，合理布局，并实行水旱轮作。种稻恢复工程的主要技术如下。

（1）田间工程布局。

田间工程包括灌溉渠和排水沟，一般要求末级灌排渠系分设。田间毛渠应修成半挖半填式，毛渠水位不宜过高，防止大水漫灌，浪费水资源和抬高地下水位而引起土壤次生盐渍化。

毛排则是起排泄稻田退水和汛期涝水的作用，而稻田表层盐分主要也是通过毛排排出。一般来说，毛排间距采用40～60m为宜。对于碱化土壤，则要求毛排浅而密，在种稻期间，为了加快土壤表层脱盐，必须勤灌勤排，保证稻田地面水的pH不超过8.5。

稻田田块大小，视盐碱轻重、地势高低及水源条件而定。

（2）稻田灌溉技术。

一般采用大小水间灌的方法。插秧初期要深灌，田间保持水层7～10cm，深水层水温低，盐分浓度小，对水稻的危害小，而静水压力大，有利于盐分淋洗。水稻返青时要浅水勤浇，保证田面不断水，以利发棵，也避免表土干后返盐造成秧苗死亡。分蘖前期浅灌促分蘖，后期深灌抑制无效分蘖。拔节、抽穗、扬花期是水稻需水最多的时期，要深灌。为保证水稻后期不倒伏，在抽穗前烤田一次，促进根系发育，秸秆坚实。后期水层宜浅，实行间歇性浅灌，收割前10d田面落干。

3. 基塘系统工程

基塘系统是经过人为加工而形成的水陆交互系统，是种植业和养殖业的有机结合体，是指根据因地制宜、用中求治的原则，采用挖鱼塘、建台田的生态工程措施。一方面使低温洼地的浅层地下水地表化，解决基塘系统的水源问题，同时由于挖塘土抬田，台田填高相对降低了地下水的高程，抑制了台田土壤的次生盐碱化，同时洼地池塘养鱼改碱治水，使原来偏微碱水质达到适合水产养殖高产稳产的水质条件，改变了洼地原有的自然状况，并且向良性转化。基塘系统工程的主要技术有以下几种。

（1）鱼塘与台田的设计。

鱼塘一般深1～2m，台田高1.5～2.0m，鱼塘和台田面积相同，间隔排列。实践表明，在浅层地下水矿化度为2g/L左右的低湿地建立基塘系统，鱼塘水位与台田的高差宜在2.5～3.0m，使台田土壤的地下水埋深控制在1.5m以下，可有效地防止台田土壤的次生盐渍化。

（2）鱼种的选择。

水是养鱼生产的基本环境，各种鱼类生活习性不同，对水环境的要求也不尽相同。矿化度在1～3g/L范围内，可放养鲤（*Cyprinus carpio*）、鲫（*Carassius auratus subsp. auratus*）、鲢（*Hypophthalmichthys molitrix*）、草鱼（*Ctenopharyngodon idella*）、罗非鱼（*Oreochromis mossambicus*）、白鲢（*Hypophthalmichthys molitrix*）、革胡子鲶、罗氏沼虾（*Macrobrachium rosenbergii*）、河蟹等；矿化度在3～5g/L范围内，可放养鲤、鲫、罗非鱼、短盖巨脂鲤（*Piaractus brachypomus*）、鲈、梭鱼等。

（3）养殖方式。

池塘养鱼方式有两种：一种是池塘散养式；另一种是鱼池配置网箱养鱼与散养相结合的办法。前一种养鱼方式包括主养吃食性鱼类，配养滤食性鱼类，或主养滤食性鱼类，配养吃食性鱼类。这一方式的优点是鱼类活动空间大，觅食范围广，但主养鱼类单一，底层鱼类起捕困难。在池塘进行配置网箱养鱼，箱内养吃食性鱼类，箱外养滤食性鱼类，是一种新的养殖方式。

（4）池泥肥田。

在养鱼生产过程中，每年需要向池中施放一定数量的有机肥，养吃食性鱼类的池塘还要天天投喂人工配合饲料。鱼的残渣剩饵及排泄粪便落入池底，鱼池周围农田中的有机物随着雨水冲入池中，这些有机物进入鱼池沉积池底，年复一年，逐年增多。每隔3～5年要把池底多余的污泥清除一次，过多的池泥对养鱼来说是废弃物，但施用到台田土壤可起到改良土质的作用。所以，池塘底泥又是台田农作物的肥源之一。

（5）池水灌溉。

池水可做台田的灌溉水源之一。在盐碱地区，农田灌溉用水来源于河水或降雨。北方地区的河流基本上是季节性的，经常是既无河水流入，又无雨水降淋。此时，可用适量的池水灌溉台田农作物。为了使鱼池发挥多功能的生态作用，可采用大鱼池小台田格局，即鱼池和台田的比例为2∶1或3∶2。在干旱季节，采用喷灌节水技术。鱼池水质较肥，利用池水灌溉农田，还能起到肥田的作用。鱼池为台田农作物的水源之一是可行的。

（二）盐碱地生态恢复的生物措施

生物措施主要是指用种树、种草等办法来改良利用盐渍土。其共同作用就是保护地面，减少蒸发、降低地下水位和阻碍土壤水和盐分向上迁移的速度和强度。另一方面，很多盐生或耐盐生植物在其生长过程中可以吸收不少盐分，有些也能随即排出体外。这些植物中的盐分，有些随着植物的收获转移了地方，有的可能枯落于当地，盐分就地累积。

1. 种草

种草可以恢复和改良盐碱土。草本植物枝叶茂盛，可以防止太阳直射地面和降低近地面的气温，同时降低地面风速，减少地面蒸发，抑制土壤返盐。

种草，尤其种植豆科牧草，能提高土壤肥力，增加土壤有机质和有效养分含量。种草对土壤盐分含量和土壤肥力的影响如表8-4所示。

表8-4　苜蓿的改土培肥作用

种植年限	有机质/（g/kg）	全氮/（g/kg）	水解氮/（mg/kg）	容重/（g/cm³）	孔隙度/%
未种	2.3	0.14	11	1.44	45.7
1年	4.4	0.22	16	1.41	46.8
3年	5.6	0.40	30	1.34	49.5
4年	9.3	0.46	30	1.34	49.5

由表8-4可见，绿肥翻压后，土壤中的有机质及有效养分显著提高。牧草不仅改善土壤的物理性质，如容重减轻、孔隙增多，同时氨量增加，土壤有机质含量增加，盐碱地得以较好地恢复。主要技术措施有以下几种。

（1）选择适宜盐碱地种植的草种。

适宜的草种主要有一年生冬绿肥品种，如苕子（*Vicia tetrasperma*）、野豌豆（*Vicia sepium*）、金花菜（*Medicago polymorpha*）、紫云英（*Astragalus sinicus*）；一年生夏绿肥品种，如田菁（*Sesbania cannabina*）、柽麻（*Crotalaria juncea*）；多年生品种有紫花苜蓿（*Medicago sativa*）、沙打旺（*Astragalus adsurgens*）、白三叶草（*Trifolium repens*）、草木樨（*Melilotus officinalis*）、紫穗槐等。

（2）采用多种绿肥混播。

（3）开塘换土，分株移栽。

（4）种植双季绿肥。

（5）适时播种，避开积盐盛期。

（6）实行农牧结合的草田轮作制。

2. 植树

树木一般都有深且庞大的根系，可吸收其下的地下水供叶面蒸腾。种树还能改善农田小气候，调节空气温度和湿度，减少地面蒸发，抑制地表返盐。

并不是所有的树种都能在盐碱地种植，只有部分耐盐性强的品种能在盐碱地中生长。常见的树种耐盐程度见表8-5。

表8-5　常见树种耐盐程度（0~50cm土层平均值）

树种	生长良好		受抑制		死亡	
	含盐/（g/kg）	CO₃²⁻/（me/100g）	含盐/（g/kg）	CO₃²⁻/（me/100g）	含盐/（g/kg）	CO₃²⁻/（me/100g）
柽柳	<3.5	—	7.8	—	—	—
沙枣	<3.5	<0.2	3.5~6.7	0.20~0.47	>6.7	>0.47
旱柳	<3.0	<0.15	3.0~6.0	0.15~0.26	>6.0	>0.76
小叶杨	<2.5	<0.15	2.5~5.0	0.15	>5.0	—

（续）

树种	生长良好		受抑制		死亡	
	含盐/（g/kg）	CO_3^{2-}/（me/100g）	含盐/（g/kg）	CO_3^{2-}/（me/100g）	含盐/（g/kg）	CO_3^{2-}/（me/100g）
白榆	<2.0	<0.25	2.0～4.8	0.25～0.50	>4.8	>0.50
刺槐	<2.0	<0.18	2.0～5.0	0.18	>5.0	—
箭杆杨	<2.0	—	2.0～4.0	—	>4.0	痕迹
国槐	<1.5		1.5～4.0		>4.0	—
杏	<1.5	—	0.5～3.0	—	>3.0	痕迹

从表 8-5 可见，树种的耐盐性一般高于农作物，因此在盐碱较重、作物难以立苗之地，可以先种树。植树的技术有以下几种。

（1）整地。

整地方式一般采用全面整地和穴状整地两种，全面整地要求翻地深度 20cm，起 60cm 宽的垄，穴状整地穴面直径 50cm，深 20cm。

（2）换土。

先用铁锹掏出含盐多的土壤，换上肥土，或者第一年不植树，而种植耐盐性较强的夏绿肥品种，翌年春季再植树。

（3）扦插或移栽。

根据树种的特性，可分别采取扦插或移栽的方法，进行植树。密度根据林带的方式而不同。

（4）幼林抚育。

在幼林时，对死苗进行补栽，进行浇水、施肥、除草、治虫等栽培管理，促进幼林的成活和生长，提高林苗的成活率。

三、污染农田修复

农田污染主要来自以下几个方面。第一，工业污染。未经处理的工业"三废"造成农田污染。主要表现在工业排放的废弃物及烟尘中，汞（Hg）、铅（Pb）和铬（Cr）等重金属造成耕地污染；SO_2 等形成的酸雨使土壤酸化；工业和城市生活污水灌溉农田恶化土壤，污染农产品等。第二，化肥农药超标使用。农业生产中，化肥、农药使用不当或用量过多造成农田污染。第三，有害微生物。由于生活污水、粪便、垃圾、动植物尸体不断进入农田，加速了某些病菌在土壤中的传播，造成农田污染。第四，放射性物质。人类活动排放出的放射性污染物，使土壤的放射性水平高于天然本底值，使土壤生物区系贫化。对于受污染的农田，应该有针对性地采用化学技术、植物技术、农艺技术进行修复。

（一）污染农田化学修复技术

化学修复技术是利用水力压头推动清洗液通过污染土壤，从而将污染物从土壤中清洗出去。例如采用合适的络合剂清洗土壤中的重金属元素，用表面活性剂或有机溶剂清洗土壤中的有机污染物等。对重金属污染地的化学调控主要是向土壤投入改良剂，使其改变土壤的酸碱性、土壤氧化还原条件或土壤中离子的构成情况，进而对重金属的吸附作用、氧化-还原作用、拮抗或沉淀作用产生影响，最终降低重金属的生物有效性。该技术关键在于选择经济有效的改良剂，常用的改良剂有石灰、沸石、碳酸钙、磷酸盐、硅酸盐和促进还原作用的有机物质，不同改良剂对重金属的作用机理不同。

对于受重金属污染的酸性土壤，施用石灰或碳酸钙，主要是提高土壤酸碱度，促使土壤中镉（Cd）、铜（Cu）、汞（Hg）、锌（Zn）等元素形成氢氧化物或碳酸盐等沉淀。在重金属污染严重的土壤中施用含硫物料，能使土壤中的 Cd、Hg 形成硫化镉和硫化汞沉淀。关于磷酸盐和硅酸盐固化土壤重金属的技术，一般认为该物质可使土壤中重金属形成难溶性的沉淀，如向土壤中投放硅酸盐钢渣，对 Cd、镍（Ni）、Zn 离子具有吸附和共沉淀作用，水田土壤中的 Cd 以磷酸镉的形式沉淀，磷酸汞的溶解度也很小。

有机肥不仅可以改善土壤的理化性状、增加土壤的肥力，而且可以影响重金属在土壤中的形态及植物对其吸收。研究表明，向 Cd 污染土壤中加入有机肥，可促进土壤中的重金属离子与其形成重金属有机络合物，增加土壤对重金属的吸附能力，提高土壤对重金属的缓冲性。已有试验证明，土壤中适宜的 Cd、Zn 比，可以抑制植物对 Cd 的吸收，因此，可以通过向 Cd 污染土壤中加入适量 Zn，调节 Cd、Zn 比，降低 Cd 在作物体内的富集。

化学修复技术受到土壤类型、重金属种类、污染程度及所选化学试剂等的影响。在污染土壤的实际调控过程中，应根据实际情况，将化学措施和其他措施，特别是生物措施相结合，制订切实可行的治理方案，以求达到最佳的治理效果。

（二）污染农田植物修复技术

植物修复技术适用于大面积、低浓度污染，不但可去除环境中重金属与放射性元素，还可去除环境中的农药。该技术是利用超积累植物吸收、降解、挥发、过滤、固定等作用，净化土壤和水体中金属元素、有机污染物、放射性核素等的环境修复技术。植物修复技术包括积累与超积累植物对重金属等有害物的耐毒和解毒机理、植物修复现场环境调控及根际处理技术等。利用植物吸收并通过收割以去除重金属元素和放射性核素，是治理土壤和水体中此类污染物的有效途径。因而，积累与超积累植物对于土壤金属污染修复具有异乎寻常的意义。

目前已发现有 400 多种植物能够超积累各种重金属，一些超积累植物能同时积累多种重金属。研究证实，在中国湖南、广西等地大面积分布的蕨类植物蜈蚣草对砷（As）具有很强的超富集功能，其叶片含 As 量高达 0.8%，大大超过植物体内的氮磷养分含量。羊齿类铁角蕨属对土壤 Cd 的吸收能力很强，吸收率可达 10%（一般植物为 1%～2%）。羽叶鬼针草和酸模能够富集重金属 Pb，对 Pb 有很好的耐性，能把绝大部分的 Pb 迁移到茎叶，可以作为先锋植物去修复被 Pb 污染的土壤。香蒲植物、绿肥植物，如无叶紫花苕子对 Pb、Zn 具有强的忍耐和吸收能力，可以用于净化 Pb、Zn 矿废水污染的土壤。印度芥菜对 Cd 也表现出很强的适应能力或耐性。狼把草（*Bidens tripartita*）、龙葵地上部 Cd、Zn 的富集系数均>1，且地上部分 Cd、Zn 的含量大于根部 Cd、Zn 的含量，具备了重金属超富集植物的基本特征。

（三）污染农田农艺修复技术

农艺修复技术主要包括两个方面。一是农艺修复措施。包括改变耕作制度，调整作物品种，种植不进入食物链的植物，选择能降低土壤重金属污染的化肥或增施能够固定重金属的有机肥等措施，来降低土壤重金属污染。二是生态修复。通过调节诸如土壤水分、养分、pH 和土壤氧化还原状况及气温、湿度等生态因子，实现对污染物所处环境介质的调控。

对重污染区，一方面可种植非食用植物，如繁育花草、苗木，既净化了土壤、美化了环境，又大大减少了进入食物链的污染物；另一方面可种植抗污染且能富集重金属的植物加以去除。虽然过程较缓慢，但投资成本低，对环境扰动少，还可净化大气和水源。中度污染区种植大田作物，安全和轻度污染区种植蔬菜品种。

在水田中镉离子易形成难溶性化合物而减轻毒害，因此，控制土壤水分状况及土壤氧化还原状况，使土壤在作物壮籽期有一个相对较稳定的水淹期，可减少重金属镉离子进入植物体内的含量，即减少进入果实和籽实中的含量。而 As 则相反，在水田中可形成比砷酸毒性更强的亚砷酸。有机氯农药在旱作土壤中的残留期可长达数年，而在水田中厌氧微生物群体的作用下，只需 2～3 个月即可基本消失。因而可根据这些作用原理调整耕作制度，以减轻土壤污染的危害。

四、肥力下降农田修复

为了缓解人口激增与土壤锐减的矛盾，不少地方的农业均以高产量和高利润为目标，耕作强度高、单一种植、持续耕作及农产品的持续输出，使养分回归土壤的正常生物地球化学循环遭到破坏，导致土壤肥力不断衰减，甚至丧失。对于这些肥力下降、土壤质量退化的农田，也急需进行修复，急需进行培肥和改良。具体可从以下几点入手。

（一）秸秆还田利用，提高有机肥施用量

应在充分利用好现有粪尿肥、堆肥、绿肥等有机肥资源的基础上，应用秸秆直接还田技术，大力推行将农作物秸秆作为有机肥资源还田，促进农田生态系统养分的良好循环。在西部地区同样存在有机肥施用量偏少的问题，而农作物秸秆绝大多数作为农村燃烧能源或废弃物未被充分利用，实施秸秆直接还田可以充分利用有机肥资源，达到增加土壤有机质、改良土壤的目的。对部分农村可采取鼓励农民恢复使用沼气这一传统能源利用方式，将秸秆用作沼气发酵材料再行还田，以解决能源缺乏与秸秆直接还田的矛盾。

（二）平衡施肥技术运用，提高肥料利用率

有机肥和无机肥搭配使用，提高优化配方施肥技术的水平。优化配方施肥技术在提高肥料利用率，充分发挥施肥的增产效应、土壤培肥效应等方面有着重要作用。生产中应搞好有机肥和无机肥的搭配使用。除此之外，由于复混肥是肥料生产和施用的基本方向，属于氮（N）、磷（P）、钾（K）大量元素及某些中微量元素等的掺混肥料，生产制作技术简单，在西部地区应根据不同生态区、不同土壤类型、不同作物等特点生产有针对性的复

混肥，达到平衡施肥和提高优化配方施肥技术水平的目的。

（三）新型农用物资推广，增强土壤可持续生产能力

农用物资的使用是保证和促进农作物高产稳产的物质基础，但低品质农用物资的不恰当使用又将对土壤生态环境产生不良的后果，影响到退化土壤的修复进程。目前应大力推广使用无公害农药、降解农膜等新型农用物资，减轻农药残留、白色垃圾、重金属对土壤的污染。土壤生产能力的充分发挥不仅可满足人们对农产品的需求，又可加快退化土壤修复与重建的步伐，应将模式化栽培、节水灌溉、配方施肥、病虫害防治等行之有效的实用农业新技术进行合理的组装、集成、配套，实现农业高产、优质、高效并持续发展的目的。

第二节　退化湿地修复

一、湿地的概念及退化的原因

湿地是一种介于水、陆之间的特殊生态系统，被誉为"地球之肾""人类基因库"和"生物多样性的保护神"。1971年，《关于特别是作为水禽栖息地的国际重要湿地公约》（Convention on Wetlands of Interna-tional Importance Especially as Waterfowl Habitat）（简称《湿地公约》或《拉姆萨尔公约》）签署，其中《湿地公约》对湿地的定义是："湿地系指天然或人工、永久或暂时之死水或流水、淡水、微咸水或碱水、沼泽地、湿原、泥炭地或水域，包括低潮时不超过 6m 的海水区。湿地三要素为：水、土壤和植物。湿地包括湖泊、河流、沼泽（森林沼泽和草本沼泽）、滩地（河滩、湖滩和沿海滩涂）、盐湖、盐沼，以及海岸带区域的珊瑚滩、海草区、红树林和河口等。湿地具有多种功能与效益，如水资源功能，抵御自然灾害的功能，滞留与降解污染物功能，生物多样性保护功能，以及新闻、娱乐、科研等社会功能。

湿地退化是自然生态系统退化的重要组成部分，表现为湿地生态系统的功能和结构以及与生态系统相联系的生境的丧失和破坏。湿地的退化主要是指由于自然环境的变化，或是人类对湿地自然资源过度及不合理利用而造成的湿地生态系统结构破坏、功能衰退、生物多样性减少、生物生产力下降，以及湿地生产潜力衰退、湿地资源逐渐丧失等一系列生态环境恶化的现象。由此还可能导致水资源短缺、气候变异、各种自然灾害频繁发生等。湿地生态系统一旦退化，要想恢复已遭破坏的生态环境和失调的生态平衡是非常艰难的。

二、退化湿地修复的基本策略

在湿地功能优先性的基础上，结合湿地生态系统的类型和湿地生态工程的目标，确定应采取的基本策略。

不同的湿地类型，相应采取的策略亦不同（表8-6）。对沼泽湿地而言，考虑到其提供工农业资源、调蓄洪水、滞纳沉积物、净化水质、美学景观等功能，进行生态恢复工程

时必须考虑调整和配置沼泽湿地的形态、规模和位置，根据不同沼泽湿地的生态、经济和社会价值，运用科学的策略和生态设计，合理地恢复和重建具有多重功能的沼泽湿地。对于泥炭沼泽不仅要注重恢复其生境、调节径流、涵养水源、控制污染等自然功能，还要考虑恢复泥炭沼泽的成炭机制，提高炭和营养物质的积累等经济功能。对湖泊而言，既要采取措施提高湖泊水体面积和容量，还要治理和控制水体污染，提高水质。然而，湖泊是静水水体，自净作用很弱，水质恢复困难，仅仅通过切断污染源是远远不够的，因为水体尤其是底泥中的毒物很难自行消除，不但要进行点源、非点源污染控制，还需要进行污水深度处理及其生物调控技术。就河流及河缘湿地来讲，比湖泊恢复要容易得多。一方面可以通过疏通河道、河漫滩湿地自然化来增强调节洪旱的能力；另一方面可以通过增强水流的持续性，控制侵蚀或沉积物进入河道，切断污染源以及加强非点源污染的净化使河流水质得以改善。对于红树林湿地而言，红树林生态系统是陆地过渡到海洋的界面生态系统，处于生态环境脆弱带。系统内部及毗邻区域不断承受着频繁的侵蚀与堆积，种群可被代替概率大，竞争程度高，应禁止乱砍滥伐，控制不合理建设等。

表8-6　不同湿地恢复策略

湿地类型	恢复的表现指标	恢复策略
低位沼泽	水文（水源、水文、水周期） 营养物（N，P） 生物量 植被（盖度、优势种） 动物（珍稀及濒危动物）	减少营养物输入 恢复高地下水位 恢复对富含钙（Ca）、铁（Fe）的地下水的排泄 草被迁移 割草及清除灌丛
河流、河缘湿地	河水水质 鱼类毒性 浑浊度 沉积物 河漫滩及洪积平原	疏浚河道 增加非点源污染的净化带 切断污染源 河漫滩湿地的自然化 防止侵蚀沉积
湖泊	溶解氧 水质 富营养化 沉积物毒性 鱼体化学含量 外来物种	减少点源、非点源污染 迁移富营养沉积物 增加湖泊的深度和广度 清除过多的草类 生物控制
红树林湿地	潮汐波 碎屑 生物量 溶解氧 营养物循环	严禁滥伐 减少废物堆积 控制不合理建设 禁止矿物开采

三、退化湿地的生态恢复工程与技术

退化湿地的生态恢复工程与技术主要包括自然湿地恢复和人工湿地构建。前者是指通过生态技术或生态工程对退化或消失的湿地（主要是沼泽、湖泊、河流）进行修复或重建，再现干扰前的结构和功能，以及相关的物理、化学和生物学特性，使其发挥应有的作用。主要方式有：提高地下水位来养护沼泽，改善水禽栖息地；增加湖泊的深度和广度以扩大湖容，增加鱼的产量，增强调蓄功能；种植沉水植物、浮叶植物、挺水植物，提高植物净化能力；迁移湖泊、河流中的富营养沉积物及有毒物质以净化水质；恢复泛滥平原的结构和功能以利于蓄纳洪水，提供野生生物栖息地，同时也有助于水质恢复。后者主要指由人工建造和监督控制，充分利用湿地系统净化污水的能力，利用生态系统中的物理、化学和生物的三重协同作用，通过过滤、吸附、沉淀、离子交换、植物吸收和微生物分解等来实现对污水的高效净化。

（一）步骤与基本原则

1. 步骤

通常生态恢复工程需要经过以下 7 个步骤：①确定对象和系统边界；②分析退化原因；③确定工程目标；④技术分析和选择；⑤方案评价及优化；⑥可行性分析；⑦试验、示范和推广等。

2. 基本原则

湿地生态系统恢复工程与技术应遵循的基本原则如下。

（1）适用性和复合性原则。

在进行湿地生态系统恢复工程与技术设计时，首先应该强调适用性，体现系统设计的主要目标，如洪水控制、废水处理、非点源污染控制、野生生物的改进、渔业提高、土壤替代、研究和教育等。其次要考虑复合性。湿地是一个具有多层次、多级别结构的立体生态系统，进行湿地的开发、利用和保护规划时要使尽量多的生物种群按其本身的生态位、代谢类型去充分占领各种空间，以获得对湿地各类生态资源最有效的利用，有效发挥环境功能。

（2）整体性和综合性原则。

湿地是一个完整的自然、生态、社会系统，各子系统之间是相互关联的。为了保证湿地开发和利用获得最大、最优的经济效益、生态效益和社会效益，就必须坚持总体规划和统一管理。湿地生态工程设计涉及生态学、地理学、经济学、环境学等多方面的知识，具有高度的综合性。

（3）地域性和可持续性原则。

不同区域具有不同的环境背景，为此在湿地生态工程设计中，要因地制宜，具体问题具体分析，将湿地融入自然的景观中，而不是独立于景观之外。此外，要注重湿地功能的有限性，即一切都应该在环境安全承载力的范围内进行。同时，要把湿地的开发、利用与保护、建设统一起来，以保证湿地资源的可持续利用。

（4）生态美学原则。

湿地生态工程设计一般具有多种功能和价值。在湿地构建中，除考虑恢复湿地生物多样性、水鸟栖息地和生态系统结构与功能主要目标外，要特别注重对美学的追求，同时兼顾旅游、科研价值和科普宣教等，体现出湿地的清洁性、独特性、愉悦性和可观赏性等。

（二）基本目标

根据不同的地域条件，不同的社会、经济、文化背景要求，湿地生态系统恢复工程与技术的基本目标也会不同，有的目标是恢复到湿地原来的状态，有的目标是重新获得一个既包括原有特性，又包括对人类有益的新特性状态，还有的目标是完全改变湿地状态，重新构建一个新的湿地生态系统等。一般来说，湿地生态恢复工程的基本目标主要取决于湿地的受损程度和对湿地先前特性的了解程度。此外，由于生态恢复工程实施过程中受水文状况、地形地貌、生物特性、当地气候及环境背景变化等多种因素的制约，而且这些因素在不同历史时期内不尽相同，因而湿地恢复的过程及结果常常具有不确定性，可能会有多种选择的机会。

（三）基本内容和方法

总体来说，恢复退化或受损的湿地生态系统的过程等同于减少或者去除使湿地退化或受损的因素，再对湿地加以有利的人为干扰，构建出湿地生态系统的完整结构，改善湿地生态系统的功能。湿地需要恢复的对象主要有三个——湿地生境、湿地生物与湿地生态系统结构和功能。针对不同类型的湿地，结合其退化或受损程度，同时还要考虑经济与技术条件，制定不同的恢复目标，并使用不同的恢复技术与方法。

湿地生态恢复方法主要有工程技术与生物技术两个方面，一般的恢复项目会将工程技术和生物技术结合使用。工程技术多应用在土壤恢复以及对自然干扰的消除等方面，特别是对于退化极其严重的湿地，首先要通过工程技术使其恢复到生物技术能够有效实施的程度。此技术主要针对引起湿地退化或损害的原因，人工设计恢复方案，并对整个过程实施无害化处理，以在改善环境的同时减少工程本身对环境带来的不利影响。工程技术可以看作是生物技术的前提与保障，适当地采取工程技术可以加速生态恢复的进程。生物技术多种多样，包括物种选育和培植技术、物种引入技术、群落技术、种群动态调控技术、种群行为控制技术、群落结构优化配置与组建技术、群落演替控制与恢复技术等。不同类型的湿地生态系统在恢复时应选取合适的生物技术，但不管选择哪一种生物技术，都可以实现对环境与生物的双重恢复，生物多样性提高，生态系统功能得到恢复，系统的物质可以循环，能力可以流动。

四、退化湿地的生境恢复技术

湿地生境恢复技术主要是指利用各种工程技术来提高环境的稳定性与异质性，包括湿地基底恢复技术、土壤恢复技术以及水文与水质恢复技术等。

（一）基底恢复技术

利用工程技术，提高基底稳定性，维持湿地面积，同时对湿地的地形地貌进行改善与适度重建。基底恢复技术又可细分为湿地基底改造技术、防侵蚀技术、淤泥疏浚技术及生态驳岸技术等。

1. 基底改造与防侵蚀技术

基底恢复的一个重要目标就是创建出沉水植物适宜的生存场所。在基底恢复工程设计中，根据水生植被恢复目标应首先对基底进行改造，尽可能使原来陡峭易侵蚀的基底平缓化，此工程能够与底泥疏浚工程并列作业。同时基底是挺水植物、浮叶植物以及沉水植物等具根植物的营养来源，起着固定湿地植物的重要作用，对植物的萌发、生长及繁殖过程具有重要影响。基底如果受到侵蚀，不但植物生长所需的营养盐得不到有效补给，而且植物的根系会因基底侵蚀而暴露受损，失去固着点，生长位置发生改变，进而使湿地植被受到严重破坏。目前国内外采用的防侵蚀技术主要包括水下土工管、丁字坝、拦沙堰技术等，这些技术通过改变湖泊水文条件，促进泥沙淤积，从而达到防侵蚀的目的。

2. 淤泥疏浚技术

淤泥疏浚技术是湿地基底恢复中非常关键的手段，此技术可以消除水体中具有高营养盐含量的表层沉积物与营养物质集合成的絮状胶体、浮游藻类及植物残枝落叶等，从而达到降低内源污染的目标。

目前国内外相关的疏浚技术主要包括干法疏浚技术与湿法疏浚技术。干法疏浚是通过在近岸湿地设置围堰，将围堰内水体抽干来疏浚底泥的方法，该方法的缺点是对原有的生态系统和环境影响较大，投资也大；但优点是疏浚的可控性好，可较为彻底地去除污染底泥，疏浚深度易于准确控制，可方便进行水下地形重塑。

湿法疏浚包括生态疏浚和传统抓斗式疏浚，其中生态疏浚采用 GPS 精准定位以绞吸式方法去除湿地底泥，该方法的优点是疏浚深度精度高，对湿地生态环境影响相对较小；缺点是投资较大，疏浚区易受非疏浚区的流泥的污染，造成疏浚不彻底。此外过程控制较难，技术工艺较复杂，设备要求高，且需要大面积排泥场，余水量较大。

3. 生态驳岸技术

对于堤岸的恢复，应使用合理的护岸方式，一方面要能够抵抗水流冲刷、降低堤岸的水土流失，防止崩塌现象的发生；另一方面，结合水生植物植被带的建设，使堤岸能够调蓄洪水、截留沉积物、净化水质，最终建成一个能和环境和谐共处的生态堤岸。

对于不同深度的堤岸有不同的处理方法。对于处在常水位以下的堤岸，可以使用网笼、笼石或者生态混凝土来对岸坡进行保护。这样的处理既能够使堤岸具有较强的抗冲刷能力，又能利用本身生态性的材料与结构为湿地生物提供适宜的生境。对于处在平滩水位以上的堤岸，可以通过种植根系发达且易于成林的植物来消减风浪，还能发挥植物本身的护岸防洪功能，成为堤岸上的绿色卫士。对于处在滩涂地带的堤岸，要尽量多种植植物物种，提高生物多样性，为湿地动物提供适宜的栖息环境，形成稳定的湿地生态系统。

（二）土壤恢复技术

主要包括土壤改良技术、退耕还湿与生态农业技术、坡面工程技术等。

1. 土壤改良技术

盐碱性湿地亟须通过土壤改良技术来减少盐碱地的高含盐量。具体可利用作物秸秆还田、种植绿肥、改土培肥等农艺方法来改善土壤的组分与结构，从而达到改善盐碱土的目的。除了农艺方法，还能够利用化学方法来改良盐碱土，但应注意防止化学物质的二次污染。

2. 退耕还湿与生态农业技术

将被开垦的湿地退耕还湿，减少对环境的破坏，是湿地修复和重建的先决条件。退耕除了能够还地于湿，还能够显著增加土壤肥力，增强湿地植物的生长能力。而对于无法完全舍弃农业的区域，要鼓励发展生态农业，降低农业生产过程中产生的污染和对环境造成的危害。

3. 坡面工程技术

坡面工程主要是在坡面挖设水平沟与鱼鳞坑，它们能够改善微地形，拦截地表径流，提高土壤含水量，为植物的恢复提供合适的环境。

（三）水文恢复技术

湿地的水位高低、风浪大小都会对水生植被的恢复产生一定的影响，特别是水位高低能够直接影响水生植物的生长，不同植物在生长过程中需要不同的水位，对水位的适应能力也各不相同。当水位出现深浅变化时，水生植物群落很可能会根据新形成的水环境梯度产生新的优势群落。但如果遇到强烈的风浪冲击，会使水中的沉积物再次悬浮，降低水质的同时还会使植物表面已经形成的附着层被破坏，造成植物的损伤。因此水文恢复技术须包含对水位的控制以及对风浪的消减技术。

1. 水位控制技术

强化对水资源的统筹规划以及统一调配，以实现对水资源的优化配置，是保护湿地水资源、控制水位的关键方法。在湿地范围内及周边区域要严禁开采地下水，以此阻止地下水位的降低，同时建立健全湿地补水机制，使湿地水位变化控制在一定范围之内。对于滨海湿地，可以引蓄淡水，补充湿地淡水资源，恢复地表径流，改变水源的咸淡比例。其他方法，如节约淡水资源、跨流域调水等，也可以补充湿地水资源，控制湿地水位，实现湿地的水文恢复；还可以使用工程措施来调控水位，如利用筑坝拦截蓄水，同时能够增加湿地的过水面积，增加湿地蓄水能力；设计引水闸和排水闸，实现对湿地水源的控制，提高调蓄量，有效阻止洪水的冲击。

需要特别注意的是，多数湿地水文恢复只能依靠水位调控，对于在多个地点同时进行水文恢复时，应当首先确定水位调节对每个地点的湿地植物的生长与恢复可能产生的影响，以此为据，选择植被恢复所要栽植的植物种类。

2. 消浪技术

实践证明通过工程技术对风浪实施控制具有重要意义，在湿地生态恢复的前期过程中常实施的方法包括建立围堰、防波堤、消浪带等，这些设施能够降低风浪对湿地恢复过程的影响与破坏。

3. 廊道建设技术

不管是河流湿地、湖泊湿地还是滨海湿地，廊道建设都有利于增加湿地生物多样性与景观异质性，同时能够改善水文，促进整个区域内生态系统各过程的有序进行。具体的廊道建设包括深挖水塘、拓宽水体、疏通水系等，通过这些方法可以提高湿地的纳水量，将湿地水系连为一个整体，使湿地生态系统内的各组分能够顺畅地流动以及交换，恢复湿地水文。

（四）水质恢复技术

沉水植物由于完全浸没于水中，因此对水质的要求极高，对水质的变化非常敏感，可以说水质的好坏将直接决定沉水植物的恢复是否成功，一般将水质的改善看作是水生植物恢复的前提与保障。水质改善技术包括水体富营养化控制技术、污染控制技术、污水处理技术、植物浮岛技术等。

1. 水体富营养化控制技术

在富营养化水体中，营养物质浓度的升高会造成水生植物的大面积死亡。因此，降低水体 N、P 等营养盐含量也就成为湿地恢复尤其是湿地植被恢复的重要内容。学者徐新洲在其博士论文《无锡蠡湖湖滨湿地植被修复与景观重建研究》中详细介绍了针对湿地水体中的 N、P 污染物的去除技术。这些技术主要有生态浮岛-生物膜技术、仿生植物-脱氮细菌技术、释放通道阻隔技术、浮游动物培育技术、滤食性鱼类净化技术、人工促降技术、水生植物吸收存储技术、聚磷吸收沉降技术、底泥氮磷释放技术等。这些技术与措施能够去除和控制湿地水体的 N、P 含量，并能够进一步改善水质环境，从而为开展湿地植被生态恢复创造良好的生长环境。

如果湿地水体中已经出现了较严重的富营养化现象，通过引水冲洗的方法能够破坏藻类的生长——释放 P 的循环模式，降低水中 P 含量，抑制藻类生长，同时也可以使水中 pH 随之下降，进一步减缓基底 P 的释放。当引水中富有较多钙离子与重碳酸根离子时，易产生 $CaCO_3$ 沉淀，也能够降低水体的 pH。除此之外，引水冲洗还能够迅速提高透明度，改善水质，促进沉水植物的生长与湿地生态系统的恢复。

2. 污染控制与污水治理技术

对于污染的控制，可在河流或湖泊入水口处安置沉淀池，以沉淀的方法减少进入湿地水体的泥沙与漂浮物，结合建设拦污网，拦截去除漂浮杂物。湿地功能恢复以后，还可以进行湿地净化污水的相关试验，详细地记录数据，分析湿地的处理能力，根据具体的湿地净化情况，逐渐增加用于净化污水的湿地面积，这样可以降低对人工处理污水的依赖，最终完全依靠湿地净化污水。

3. 植物浮岛技术

植物浮岛技术是指在水体上建造一种载体，人工将高等水生植物或改良的陆生植物种植到富营养化水域面上，营造水上景观，通过植物根部的吸收、吸附消减富营养化水体中的 N、P 及有害物质，从而净化水体。建立起来的植物浮岛相当于植物带，一方面能够吸收水中营养物质，加速漂浮物的沉淀，改善水质；另一方面，可以降低风浪对堤岸的冲击，为堤岸营造出一个相对平静的缓冲带，为水生动植物提供适宜的栖息环境。

在建设植物浮岛时主要涉及两个关键技术，一是植物遴选技术。植物浮岛主要依靠植物来实现其在水上漂浮，因此建设植物浮岛时所选用的植物既要能够适应当地环境，又要具有较大的生物量，最大限度地吸取水中的营养物质，净化水质。同时在配置时要注意景观美感，营造出多样的景观环境。选用较多的植物有美人蕉（*Canna indica*）、空心菜（蕹菜，*Ipomoea aquatica*）、旱伞草（风车草，*Cyperus alternifolius*）、黄菖蒲（*Iris pseudacorus*）、芦苇、变叶芦竹、黄花鸢尾（*Iris wilsonii*）、香蒲（*Typha orientalis*）、千屈菜（*Lythrum salicaria*）、水葱等。二是浮床制作技术。浮床一般多选用耐久、经济、高浮力的材料。从一开始的泡沫浮床逐渐发展到了现在的生物浮床，整体在向着环境友好型方向发展。目前建设较多的植物浮岛属于湿式浮岛，主要由一个浮盆构成。浮盆具有三部分，外围是聚乙烯框架，框架中有聚苯乙烯泡沫板，中间为圆形种植孔，孔内种植植物。浮岛组建完成后，人力拖至水域，岸边的多使用锚钩式或绳索牵拉式固定，水域中心的则使用重物下沉式固定。

五、退化湿地的生物恢复技术

湿地生物是湿地生态系统中至关重要的组成成分，其中湿地植物能够通过吸收、过滤、沉降和根区微生物的分解作用净化水质；湿地中的微生物和部分以藻类等浮游植物为食的水生动物在一定程度上也能缓解水资源的富营养化。但现在所说的湿地生物恢复一般均是指湿地植被恢复。湿地植被能够为湿地的生物多样性打下基础，保证湿地生态系统中各过程的有序展开，它以自身的形态来反映环境特征，并能及时地对环境的变化做出相应的调整，促进湿地生态系统的发育与演替，维持着湿地生态系统的稳定和平衡。因此，湿地生物修复和重建工程中最重要的一步就是恢复湿地植被。湿地植被恢复使用的技术有物种选育及栽种技术、物种繁殖技术、种群动态调控技术、种群行为控制技术、群落结构优化配置及组建技术、群落演替控制技术等。

（一）物种恢复技术

物种恢复指的是物种的引入、栽种以及保护管理，物种恢复技术包括物种选育技术、物种栽植技术、种子库技术、水生植物恢复技术等。

1. 物种选育技术

要进行植被恢复，第一步就是要确定所要栽植的植物物种。选择植物物种，要遵循生态适应性和生态安全性，易繁殖、抗逆性高，具有保持水土能力及景观性和经济性等原则。常用于湿地植被恢复的植物包括以下几种：①挺水植物，如芦苇、菱白（*Zizania latifolia*）、菖蒲（*Acorus calamus*）、香蒲、水葱、李氏禾、长芒稗（*Echinochloa caudata*）、再力花（*Thalia dealbata*）、梭鱼草（*Pontederia cordata*）、千屈菜、泽泻（*Alisma plantago-aquatica*）、华夏兹姑（*Sagittaria trifolia var. sinensis*）、池杉（*Taxodium ascendens*）、乌桕、河柳（*Salix chaenomeloides*）等物种；②浮叶、浮水植物，如薹草（*Carex*）、野菱（*Trapa incisa var. quadricaudata*）、莲（*Nelumbo nucifera*）、水鳖（*Hydrocharis dubia*）等物种；③沉水植物，如苦草（*Vallisneria natans*）、刺苦草（*Vallisneria spinulosa*）、密刺苦草（*Vallisneria denseserrulata*）、金鱼藻（*Ceratophyllum demersum*）、狐尾藻（*Myriophyllum verticillatum*）、眼子菜（*Potamogeton distinctus*）、黑藻（*Hydrilla verticillata*）、菹草（*Potamogeton crispus*）、红线草（*Potamogeton pectinatus*）等物种；④浮岛植物，多选择根系发达的美人蕉、菱白、葱、旱伞草、李氏禾及粉绿狐尾藻（*Myriophyllum aquaticum*）等物种，引用外来种粉绿狐尾藻时应慎重，防止疯狂生长，影响物种多样性。对于特殊环境的湿地，则需要根据具体的受损状况

或环境条件选择不同于一般湿地恢复所选用的植物。筛选完栽植物种后有时 还需要对物种的种苗进行培育。

2. 物种栽植技术

依据湿地植被恢复的原理选取湿地植物直接种植到受损湿地中，种植方法多种多样，应根据具体物种及环境特点选择合适的种植技术，以此提高植物的成活率。

（1）直接播种技术。

具有成本低、效率高、播种时间弹性强（每个月均可，最好是每年 10 月至第二年的 3 月播种）、易于大面积作业等优点，但其恢复的成功率比较低、受环境影响程度比较大。

（2）繁殖体移植技术。

主要是针对无性繁殖的植物物种，能够有效提高其移植成活率。此技术使用根茎植物的根或者茎作繁殖体，然后将其直接移植栽种。这个方法的缺点是需要较长的工作时间，成本又高，其中定植密度直接决定着移植成功与否。

（3）裸根苗移植技术。

裸根苗移植与直接播种相比，其受杂草竞争、啮齿动物、草食动物及浅水水涝的影响较低，容易监测、成功率高，并且具有初期生长快等优势，但裸根苗适宜的种植季节通常比较短。

（4）容器苗移植技术。

此技术具有培育时间短、种子利用率高、可以为苗木嫁接菌根、可在生长季节种植、成功率高等优势，但成本高、费时、操作困难，难以大规模种植。

（5）草皮移植技术。

草皮移植就是指利用未受到干扰区域的原始植被，移植到受损或退化的湿地中，使其作为先锋种恢复湿地植被。此技术能够人工实施，也可以借助机械实施。但在实施过程中要注意移植的草皮厚度应该大于本地优势植物的地下茎层，而且至少要达到地下水位的高度。

其他的植被栽植方式还有很多，如扦插可作为某些速生树种的种植方法，如旱柳、垂柳、杞柳（*Salix integra*）等；对于某些成活率低的树种或大树苗，可以使用树苗带土球种植；对于某些小型的水生植物，也可以使用整株移植技术，将采集到的带根植物转移到移植水域。

3. 种子库技术

广义的种子库是指土壤表面或基质中具有繁殖能力的种子、果实、无性繁殖体以及其他能再生的植物结构的总称。狭义的种子库是指存留于土壤表面及基质中有活力的植物种子的总和。不管狭义还是广义的种子库，它都是过去植物的"记忆库"，决定着植被能否自然恢复，因此对退化或是受损湿地的植被恢复意义重大，可以及时地为湿地补充新个体，使演替重新进行并最终完成，还可以根据种子库来预测未来该地区的植被类型与结构。

使用种子库恢复退化或受损湿地植被主要包括两种方法，第一种方法是直接利用本地土壤或基质中残留的种子库以及从附近环境相似的地区移植种子库；第二种方法叫做土壤种子库引入技术，就是把含有种子库的土壤通过喷洒等手段覆盖于受损湿地表层，然后利用土壤中存在的种子完成湿地植被的修复和重建，主要应用在原始植被完全消失的湿地植被恢复中。由于区域内不同植被状况以及生境类型会致使土壤种子库中所包含的植物种子的数量和种类也有很大差异，在对湿地进行植被修复和重建时应尽量选择与湿地环境状况相似或者接近的种子库土壤，这样将更加有利于植被的重建。

4. 水生植物恢复技术

水生植物是湿地植被中最重要的组成部分，水生植物的恢复也是受损或退化湿地植被能否成功恢复的关键所在。湿地功能的发挥与水生植物密不可分，而且水生植物还能净化水质、抑制水华的发生。因此应尽可能地为水生植物的恢复创造适宜的环境条件，利用多样化的技术方法，适度恢复水生植物，并同时合理配置水生植物的群落结构。

（1）沉水植物恢复技术。

水体透明度、水下光照强度以及水质污染情况等都会影响沉水植物的生长、生存以及繁殖。因此在恢复沉水植物时，应将工程技术与生物技术相结合，利用人工调控，减少湿地的内外源污染，净化水体，提高透明度与水下光照强度，在植物恢复期，注意鸟类和鱼的取食，根据植株高度合理调节水位，保证沉水植物的有效恢复。

（2）挺水植物恢复技术。

在恢复挺水植物时首先要对湿地基底进行适当改造，做平整处理后再进行地形地貌的再造，最终形成一个整体平坦、局部起伏的基底环境。在完成对基底的改造后，引入先锋物种，改善环境条件，再逐步营造其他挺水植物群落。

（3）扎根浮叶植物恢复技术。

浮叶植物较沉水与挺水植物对水质的耐受力更强，繁殖体粗壮，能够蓄积更多的营养物质，供浮叶植物生长所需。浮叶植物叶片多浮于水面，能够直接与空气和阳光接触，所以其生长与生存对水质和光照没有特殊要求，可直接种植或移栽。其中菱可以直接撒播种子种植，方法简单，且种子易收集，但需要注意初夏不易移栽幼苗。荇草的种子小，发芽率又高，但如果在水深较大的区域成活率会有所下降，种植一般使用移苗的方式。金银莲花（*Nymphoides indica*）在秋天会形成一种特化的肉质莲座状芽体，芽体掉入水中越冬后，可以在第二年春天萌发成新的植株。睡莲（*Nymphaea tetragona*）的栽种方式一般是在早春萌芽前进行块茎移栽，还能够直接移栽幼苗、开花的植株，成活率普遍较高。

（二）种群恢复技术

种群恢复技术主要包括种植密度控制技术、种群竞争控制技术、造林技术等。

1. 种植密度控制技术

种植密度在湿地植被恢复中是非常重要的，因为它影响着恢复目标的实现和成本的最小化等。为了确定达到一定苗木生存率的苗木种植密度，一个最简单的方法是通过估计达到目标植被覆盖率的目前所需幼苗密度，初始苗木的密度还必须要考虑到整地程度、种植效率、物种特性、物种存活率等因素。在实际种植中，尽管恢复区有很多苛刻的条件，如洪水淹没、食草动物啮食、强烈的种群竞争等，这些都会降低苗木的存活率，但种植密度通常是不随着这些潜在的危害条件而改变的。

2. 种群竞争控制技术

在湿地恢复中，即使物种适宜当地的环境和土壤条件，有时也必须与当地的杂草群落竞争。通常，在曾经围湿造田的土地上来自杂草植物的竞争压力会比较重。目前主要有两种种群竞争控制的方法——耕作和除草剂。耕作主要是对要进行恢复的湿地进行翻地。研究发现，翻地能够显著地提高滩涂阔叶林苗木的生存率和生长力，但有些低湿地可能会限制这种技术的应用。除草剂能够有效抑制草本植物间的竞争。目前除草剂有很多，并且大都可在恢复控制草本中使用，但使用后一般都在土壤中残留活性，因此必须在除草剂使用和苗木种植之间留出充足的时间间隔。大多数是在整地时采用全面喷洒的方法，但如果种植前有杂草丛并且它们的生长力不旺盛可以采用条带喷洒。一般必须在种植前采取控制措施，一旦种植了苗木，就没有可操作的控制措施。

3. 造林技术

不管何种类型的湿地，除了应种植各种水生植物来恢复湿地植被，在要进行恢复的湿地范围内还应尽量栽种防护林，如池杉林，使其成为湿地的"防护神"。防护林具有多重功效，它可以减缓风速，降低水分蒸发量，拦截污染物，阻止地表径流，涵养水源，为野生动植物提供适宜的栖息环境。不过防护林的蒸腾作用极强，因此对湿地的水平衡会产生一定影响。一般在栽植时，防护林会离开水边一定距离。如果已经存在草本植物的缓冲带或者结构完整的水陆交错带，可以直接栽种防护林，形成草林复合系统，更好地实现对湿地的恢复。防护林的宽度一般以 30～50m 为宜。

（三）群落恢复技术

群落恢复既包括恢复又包括对演替过程的控制，所涉及的技术包括群落空间配置技术、植被带恢复技术、群落镶嵌组合技术、功能区划技术等。

1. 群落空间配置技术

应依据湿地的形态、底质、水环境乃至气候等多重条件来确定群落的水平以及垂直结构，复合搭配各类生活型的植物物种，丰富物种多样性，加强群落的稳定性，提高群落的适应力，还可以利用优势种的季节变动性，保持湿地植物一年四季常绿。最终通过湿地植物物种的筛选及群落的配置技术，在受损或退化湿地构建出从近到远依次由陆生植物、挺水植物、浮水植物、沉水植物群落组成的植被带。物种的配置应在各个区域现有物种的基础上，根据各区域的不同情况与条件，选择适合在该区域生长、具有较大生态位宽度、与其他植物种类有较大生态位重叠的物种进行组合。

2. 植被带恢复技术

在进行植被带恢复时，首先在所选定的区域内进行先锋水草带建设。通过选用新型、高效的人工载体，将"先锋植物"放置在选定的区域中作为生态基，改善水体环境。先锋水草带的宽度为 10～15m。经过一段时间后，其上能够自然出现由各种细菌、藻类、原生动物、后生动物等形成的稳定生物群落，重现完整生物链。这种由人工基质材料构成的生态缓冲区不仅有助于提高透明度、净化水质、创造生物栖息空间、增加生物多样性，而且还有助于消减风浪对沿岸的冲刷。然后，再开始进行其他湿地植被带的恢复，主要通过构建以下三个植被带实现对湿地植物群落的修复和重建。岸带水域挺水及浮叶植物带：主要在水陆交错带进行湿生与挺水植物群落组建，以及近岸带浮叶植物群落构建。近岸水域浮叶植物-沉水植物带：待水体中透明度逐渐提高后，离开堤岸一定距离外可逐步增加栽种浮叶植物与沉水植物，浮叶植物应种植在挺水植物外围，与挺水植物相邻，栽种后浮叶植物的覆盖率不宜超过 30％，可栽植的植物物种包括睡莲、萍蓬草（*Nuphar pumilum*）、金银莲花等。离岸沉水植物带：在环境合适的范围内可以使用人工种植的方法栽植沉水植物，但环境条件逐渐变好后，可以适当扩大沉水植物的种植范围，使所种植的各沉水植物能够连为一个整体的沉水植物群落，主要种植的水草种类为苦草、刺苦草、轮叶黑藻（*Hydrilla verticillata*）、狐尾藻、金鱼藻、马来眼子菜（*Potamogeton malaianus*）、小叶眼子菜（*Potamogeton cristatus*）等物种。

除了根据不同的植被带使用不同的湿地恢复技术，由于不同淹没带植被特征、土壤特征以及干扰影响程度均有一定的差异，因此在湿地植被恢复过程中应该根据各淹没带实际情况采取不同的恢复技术。

3. 群落镶嵌组合技术

群落的镶嵌组合就是根据种群的特性，将不同生态类型的种群斑块有机地镶嵌组合在一起，构成具有一定时空分布特征的群落，时间分布的镶嵌可以保证群落的季相演替，空间上的镶嵌可以满足局部生境的空间条件差异。湿地植物多为草本类，生长期较短，一些湿地植物在衰亡季节往往会影响"景观"，有的甚至形成"二次污染"。为了在不同的季节均有植物存活生长并充分发挥其生态功能，在湿地植物恢复时，除了应注意土著性原则外，还必须考虑到在不同季节物种应镶嵌组合栽植以及乔木、灌木、草本植物间的配置比例等。

植物的季相变化在湿地生态恢复设计中也是个不可避免的问题。选择怎样的植物、怎样为选择的植物提供适宜的越冬环境，使其能在冬天存活、生长并维持良好的状态，这是亟须在湿地植被恢复中解决的问题。一般认为，水生植物的生长状况与其净化能力有一定关系。在夏秋两季，多数喜温水生植物都处在生长旺盛的时期，具有较高的净化能力，但到了秋冬两季，这些植物逐渐衰老死去，净化能力也随之下降消失。不过这种情况对于耐寒植物来说则正好相反，寒冷季节其净化能力反而会提高。综上所述，可以利用不同习性的水生植物相互搭配，再辅以一定的人工调控，来解决冬季绿化问题。

4. 功能区划技术

在对受损或退化湿地进行生态恢复时可以根据不同的植被特征与环境条件把恢复区划分成多个功能区，如保育区、恢复重建区、合理利用区、管理服务区和科普宣传区，之后再分区进行修复与重建。这样既有利于提高恢复效率，又有利于日后对湿地进行管理与监测。

（四）湿地植被恢复管理技术

对恢复后的植被进行管理，是湿地生态恢复初期不可或缺的一步。但随着植被逐渐稳定，管理也应逐渐弱化直到停止。如果一直持续对植被进行人工管理，最终恢复后的植被将无法形成天然植被，多是人工植被或者半自然植被。

1. 水位调节管理

植物栽植后，可以适当地提高水位，一方面为植物的生长提供足够的水分，另一方面可以阻止陆生杂草的出现。但水位也不能一味提高，切不可淹没栽种植物的嫩芽。随着植物的不断生长，水位可以多次适当提高。如果湿地的水资源不足，可以每隔 5～10d 对植物进行一次漫灌，保证植物生长需水。在植物生长稳定后，特别是经过了一个完整的生长季节后，可以再一次适当提高水位。经过两个生长季节后，即使遇到了短期干旱，植物也可以凭借湿地中的水分继续生存。如果遭遇了严重的干旱，植物的地上部分会死亡，但地下部分一般会保存下来，等到环境条件再次恢复，植物会恢复生长。而对于水生植物，在每年春天其发芽的时间，要保证水位不会太高，不至于淹没了刚刚萌发的嫩芽，保护水生植物顺利萌发。同时，还要使水位处于动态变化之中，这样有利于植物群落的形成与维持，特别是能够恢复湿地水环境的自然水位涨落系统。

2. 外来入侵物种与病虫害管理

要做到及时发现外来入侵物种，并在第一时间清除，不要等到它们形成种群再进行清除。一般来说，在恢复开始后的 4～6 个月内，每 15d 检查清除一次，之后可以每 3 个月检查清除一次。确保无恶性杂草、病虫害、加拿大一枝黄花、福寿螺等外来入侵物种。

水生植物的生长极易受到真菌感染、虫害侵蚀，从而造成植物表面腐烂、花叶生长畸形，这都将严重阻碍水生植物的健康生长。防治方法包括：①避免引入带病植株；②控制好栽植密度，保证良好的通风与足够的光照；③密切观察植株的生长状况，一旦发现带病植株，及时清除。如果对虫害预防失败，根据不同的致病昆虫，选用不同的方法进行灭虫，如喷洒药剂、物理去除虫卵、黑灯光诱捕等。

3. 施肥管理

施肥能够有效促进种子植物的生长。不过也有实验证明，施肥只对种子植物幼苗的生长有促进作用，对其成熟的个体无显著影响。湿地植物生态恢复时，应尽可能避免施肥，以免加重水体氮磷的含量。

4. 植物管理

湿地恢复初期每 15d 检查一次，除了检查是否有外来入侵物种外，还要检查是否有动物对新栽的植物进行采食破坏、环境是否有淤泥淤积等。发现生长状况不好的植株，应该及时清除补种；每年春季，对恢复区内的空白区域进行及时补种；每年秋季，在不影响湿地动物的前提下，对水生植物适当收割。在湿地周围的缓冲区内出现的杂草要及时去除，防止其向湿地内部扩展。在缓冲区还可以修建栅栏，阻止牲畜进入湿地。每隔一段时间还要检查栅栏的状况，及时整修替换受损栅栏。

5. 封育管理

对正进行恢复的湿地实施封育管理，能够有效加速其恢复过程。利用封育管理，可以降低人为因素对湿地的干扰，加速湿地植被恢复，提高植被覆盖度，增加生物多样性。

除了封育管理，还要注意对水生动物以及牲畜的管理。

六、湿地生态系统结构和功能恢复技术

生态系统结构与功能的恢复内容包含了对生态系统结构的优化配置、对生态系统功能的调控、对生态系统的稳定化管理、对景观的规划，以及创立生态监测体系等。

（一）生态系统自我平衡技术

生态系统是否能够健康稳定发展依赖于生态系统结构与功能是否完整，在所有的因素之中，生态链（食物链）的完整性又是其维持自我平衡的关键所在。有些湿地由于污染负荷较高，一些初级生产者一旦能够引种，生长速度和生物量往往会比较高，有些甚至会"疯长"，如凤眼莲、喜旱莲子草等。因此，必须注意在合适的时机下引种一些食草性鱼类等生物，以控制初级生产者的蔓延。还应注意选择一些附生功能菌比较丰富的土著物种，提高系统对自身生物残体的降解能力，维护系统的自我平衡机制。同时在栽植水生植物时要注意每类植物的密度，为底栖动物、鱼类等留出一些空间，充分发挥底栖动物、鱼类以及附生微生物的作用，维护生态系统的平衡。

（二）生态系统稳定调控技术

生态系统稳定调控技术是指生态系统结构和功能的优化配置与调控，生态系统稳定化控制、景观规划乃至建立对生态监测的指标体系等。生态系统的调控是将演替理论作为基础背景，对生态系统加以人工辅助，促进生态系统的结构与功能的发展趋向于人类的需求。目前系统稳定调控技术仍处于研究阶段，离实际运用还存在较大的差距。

第三节 退化草地的修复

随着国家对经济可持续发展的重视及相关工程的启动，草地在农业和生态建设中的作用日趋明显，然而草地资源正面临着日益严重的退化和沙化，草原生态系统平衡失调，这迫使人们不得不回过头来，用更多的投资和更长的时间来复壮退化草地。

一、草地退化的概念及退化的原因

（一）草地退化的概念

按土地利用类型划分，主要用于牧业生产的地区或自然界各类草原、草甸、稀树干草原等统称为草地。草地多年生长草本植物，可供放养或割草饲养牲畜。世界的草地主要分布在各大陆内部气候干燥、降水较少的地区。世界上的草地约占世界陆地面积的 20%。

草地与草原、草场极易被混淆。草原指生长草本植物或兼有灌丛和稀疏树林，可为家畜和野生动物提供生存场所的地区。草场指用于畜牧的草原、草甸等的统称。草地指覆盖着草原、草甸等植被的土地。草地属于土地资源，而草原、草场属于生物资源。

人类最初只是利用天然草地，由游牧到定居放牧，逐渐发展畜牧经济。后来，学会了开垦草地，发展种植业和畜牧业。在漫长的封建社会，由于人口增长和生产力的发展，不断扩大放牧和开垦，以及战争和自然灾害的破坏，草地资源逐渐减少。

草地退化指草地生态系统逆行演替的一种过程，在这一过程中，该系统的组成与功能发生明显的变化，原有的能流规模缩小，物质循环失调，熵值增加，打破了原有的稳态和有序性，系统向低能量级转化，亦即维持生态过程所必需的生态功能下降甚至丧失，或在低能量级水平上形成偏途顶极，建立了新的亚稳态。

草原退化以后普遍呈现的现象是可食牧草产量下降；优良牧草的数量减少，杂草增多；植物生长发育能力减弱，繁殖更新能力降低；草层的覆盖率降低；野生动物和鸟类数量减少，鼠害发生；家畜的体质变差，生产性能降低；生态平衡失调，气候干旱，降水量不平衡，年降水变率增大，暴雨集中，使沙漠化和水土流失加重。

（二）草地退化的原因

导致草地退化的因素是多种多样的，自然因素如长期干旱、风蚀、水蚀、沙尘暴、鼠害、虫害等；人为因素如过度放牧重刈、滥垦、樵采、开石等。这些因素常常是交互促进，互为因果。如开垦、樵采常导致风蚀沙化、水土流失等过程的增加，过牧会引起鼠害、虫害的加剧等，人为因素是退化的主要动因。在海拔 1 200m 以下的低中山、丘陵地区开垦对草地是毁灭性的。开垦加剧了水土流失，以致土壤肥力降低，加之广种薄收，靠天吃饭的思想态度，农民极少向开垦土地施肥，采用"倒山种地"的耕种制度，既毁坏了土地，又破坏了草场。滥挖中草药、搂草、砍柴等活动也常常引起草地的退化。在海拔 1 000m 以上的草地中，过度放牧的现象十分普遍，对草地的影响十分突出，过牧引起草场产草量下降，草质也显著下降。由于踩踏，土壤结构破坏，草地环境退化，随之也引起了严重的鼠害和虫害，有些严重到不能再作为牧场。此外，工业发展及城市化过程也导致草地退化和草地面积的缩小。

当然，强调人为因素的同时不能忽视自然因素在草地退化中的作用，比如，气候变干、变暖、风大、雨量分布不均等，也会导致草地退化。

二、草地恢复治理对策

（一）以草为本，草畜并重；建立牧区繁殖、农区肥育的新体系

在传统畜牧业生产中，重畜轻草，忽视草地在整个草地畜牧业中的基础地位，把草业附属于畜牧业，畜牧业生产只盯在牲畜头数上，对草地只利用不建设，只索取不投入，造成草畜平衡失调，畜牧业生产下降。我们必须转变观念，由传统的重畜轻草转变到以草为本、立草为业、草畜并重、草畜平衡的思想轨道上来。施行季节畜牧业，实现草畜平衡，逐步建立牧区繁殖—农区肥育的新体系。

（二）固定草地使用权

完整的草地畜牧业是人、草、畜三者有机统一的。只有牲畜责任制，没有草地责任制和建设责任制，不是完整的草地畜牧业责任制，甚至是一种有害的责任制。只有实行和完善草、畜双承包责任制，才能做到放牧有量、使用有偿、建设有责、管理有法，实现责权利统一，充分调动承包者管理、投资热情，形成一个利用、保护、管理的良性循环。

长期以来，由于草地无价，合作权亦未固定，草地资源由农民随意利用，只索取不建设，这是草地退化的重要因素之一。现在必须确立草地是重要资产的观念，实施草地承包

或拍卖到户，有偿使用。为充分调动牧民的积极性，应实行草原承包经营责任制，草原承包到户能增强农民建设草原的责任心，使他们自觉淘汰羊只，以草定畜，增加畜牧业的高科技含量，提倡舍饲育肥。

（三）实行以草定畜，以质定数，草畜平衡；大力开展草料基地建设

草地生态系统退化的最主要原因是实际载畜量太大。因此，一方面要切实抓出一些以草定畜、草畜平衡，并且由此受益的科技示范户、示范村甚至示范乡；另一方面，除严格执行《草原法》及《草原法》实施细则和国家有关法规外，可以通过一些行政手段把高载畜量压下来，以确保草地生态系统的良性循环。稳定或减少牲畜头数，提高牲畜群体质量，以质定数，提高草地畜牧业的效益。

合理地利用草地资源，除加强保护、实行合理的载畜量，还应培养改良草场，建立人工草地，要实行大面积天然草场的合理利用与一定面积的人工或半人工基地的集约经营相结合，尤其要把草原的经营重点放在充分合理地利用天然草场上。

（四）进一步增加草地建设投资

草地环境恶化的原因之一是投资仍然过低，无法使草地建设赶上畜牧业发展的需要，更使草地建设速度赶不上沙化、碱化、退化等生态环境恶化的速度。进行人工草地建设，是畜牧业发展的需要，也是保护草地生态环境的需要，它在很大程度上决定着畜牧业生产水平的高低和遏止生态环境恶化的速度。

目前推行的一家一户的草地承包经营制度，在调动广大农牧民养畜积极性、增强责任心方面，起到了一定的作用。但由于追求畜群数量增加、经营面积小、种类单调、无法进行科学利用，以致退化仍然严重。因此，必须通过各种途径和方式增加投资，进行人工草地建设。建设人工草地，不仅可以满足畜牧业的发展需求，减轻天然草地的压力，达到保护的目的，同时，进行草、灌、乔一体化建设人工草地可直接达到改善环境的目的。

（五）封育改良相结合，实行大范围的轮封轮牧制度

众多的研究表明，封育可以迅速恢复植被，提高草地的生产力，改善生态环境。草原封育后防止了随意抢牧、滥牧的无计划放牧，牧草生长茂盛，盖度增大，草原环境条件发生了很大变化。一方面，植被盖度和土壤表面有机物的增加，可以减少水分的蒸发，使土壤免遭风蚀和水蚀。另一方面，改善了土壤结构和土壤渗水能力。草原封育后，由于消除了家畜过牧的不利因素，牧草能贮藏足够的营养物质，进行正常的生长发育和繁殖。一些优势植物开始形成种子，群落的有性繁殖功能增强。特别是优良牧草，在有利的环境条件下，恢复生长迅速，增加了与杂草竞争的能力，不但能提高草原产草量，还能改善草原的质量。一般应根据当地草原面积状况及草原退化的程度进行逐年逐块轮流封育。如全年封育、夏秋季封育、春秋两季两段封育、留作夏季和冬季利用。封育草原的管理主要是为了防止家畜进入封育的草原。封育草原应设置保护围栏，围栏要因地制宜，以简便易行、牢固耐用为原则。小面积草原采用垒石墙、围篱笆等防护措施；大面积草原则宜采用围栏方法。单纯的封育措施只是保证了植物正常生长发育的机会，而植物的生长发育能力还受到

土壤透气性、供肥能力、供水能力的限制。因此，在草原封育期内需要结合如松耙、补播、施肥和灌溉等培育改良措施。此外，草原封育以后，牧草生长势得到一定的恢复，生长很快，应及时进行利用，以免植物变粗老，品质下降，营养价值降低。

划区轮牧是被国外研究与实践证明了的一种先进的放牧制度。若把封育改良和划区轮牧结合起来，则可事半功倍。如有的草场已破坏严重，仅靠封育已不能迅速恢复，必须予以补播改良，若补播不予封育，则前功尽弃，但封育后不进行划区轮牧，则要么封而不用达不到封的目的，要么用而过度，再度破坏草场。因此，必须将封育、改良、轮牧有机地结合起来。

以法管理草地，坚决贯彻《草原法》，制止滥垦、滥伐、过牧等非持续利用形式。要合理规划，实行轮牧，并严格以草定畜，不允许超载放牧。在山区，面积较大的连片草地，可以建成国家公园或自然草地保护区，以保护草地生物多样性，满足生态旅游、草地科研等需要，同时要控制山区人口。草地退化的根本原因是农区、山区人口增长速度过快，人口过密对自然环境的压力过大，在生态破坏严重的地区里，人民生活相对困难，必须从战略的高度重视人口控制问题。

（六）加速人工、半人工草场的建设

扩大饲草的来源，走兴草养畜的道路，逐步摆脱靠天养畜的被动局面。一是利用低洼地带水资源较丰富的条件，发展人工、半人工草场，种植优质牧草、青贮饲料，把这些地方建设成高产稳产的能解决冬春种畜饲料草的防灾基地；二是当前半人工草场的建设以围建形式的草库为主，搞好水、草、林、机具配套，提高草地生产力，在草库建设中，特别要防止只围不建的倾向，使草库切实起到有计划的复壮和放牧的目的。

另外，从可持续发展的角度来看，在发展畜牧业，在合理利用资源的基础上，要注意维持生态平衡。充分利用太阳能、风能等多种能源，替代秸秆、粪肥。长期以来草原牧区和半农牧区的主要能源为作物秸秆、牧畜粪便和薪材，因此尽快解决农、牧区的能源问题，也是解决草场过牧、退化的重要措施。

（七）草原松耙、施肥与灌溉、补播

在半干旱草原地区，草原退化的主要表现之一是土壤退化，土壤紧实度增加，肥力下降，通气透水性变差，因而可以通过围栏封育、轻耙松土、耕翻松土和补播优良牧草等措施进行改良，达到提高草地生产力的目的。这些措施均能增加草层的高度、密度和盖度，提高地上生物量，并可改变地上生物量的层次分布结构。这些措施均应在雨季里进行，这样不至于发生沙化现象。

1. 草原松耙

草原土壤变得紧实，土壤通气和透水作用会减弱，微生物活动和生物化学过程随之降低，直接影响牧草水分和营养物质的供应。为了改善土壤的通气状况，加强土壤微生物的活动，促进土壤中有机物质分解，应适时对草原进行松土改良。

（1）划破草皮。

所谓划破草皮是在不破坏天然草原植被的情况下，对草皮进行划缝的一种草原培育措施。在小面积草原上，可以用畜力机具划破，而较大面积的草原，应用拖拉机牵引的特殊机具（如无壁犁、燕尾犁）进行划破。划破草皮的深度，一般以 10～20cm 为宜，行距以 30～60cm 为宜。划破的适宜时间，一般在早春或晚秋。早春土壤开始解冻，水分较多，易于划破。秋季划破后，可以把牧草种子掩埋起来，有利于来年牧草的生长。

（2）耙地。

耙地是改善草原表层土壤空气状况进行营养更新的常用措施。耙地可以清除草原上的枯枝残株，松耙表层土壤，消灭匍匐性和寄生杂草。不过，耙地对草原也会产生不良影响。第一，耙地能直接将许多植物拔出，切断或拉断植物的根系；第二，耙地只能疏松土表以下 3～5cm 的土壤，不能根本改变土壤的通气状况。

一般认为，以根茎状或根茎疏丛状草类为主的草原，耙地能获得较好的改良效果，因为这些草类的分蘖节和根茎在土中位置较深，耙地时不易拉出或切断根茎，松土后因土壤空气状况得到改善，可促进其营养更新，形成大量新枝。以丛生禾本科和豆科草为主的草原，耙地对这些草损伤较大，尤其是一些下繁草，如早熟禾（*Poa annua*）、羊茅等受害更大，耙地往往不能得到好的效果。匍匐性草类、一年生草类及浅根的幼株可因耙地而死亡。密丛型禾本科草类和莎草科薹草为主的草原，耙地通常没有效果或效果不好。

耙地时间最好在早春土壤解冻 2～3cm 时进行，此时耙地一方面起保墒作用；另一方面春季草类生长需要大量氧气，耙地松土后土壤中氧气增加，促进植物分蘖。

割草地的耙地时间依割草次数而定，通常一年割一次的草原，耙地必须在割草后或放牧再生草后进行。一年割两次的草原，耙地应在第一次或第二次刈割之后立刻进行，因为此时禾本科草类的分蘖节上正在发出新枝和形成新的分芽，特别需要氧气。另外，干燥炎热季节已过，不会发生因耙地裸露根茎而旱死的情况。在有积雪的干旱草原上秋耙有利于蓄渗雪水，耙地可在秋季进行。总体而言，早春是耙地的最佳时间，秋季虽可耙地，但改良效果不如春耙明显。

耙地的机具和技术对耙地效果影响较大，常用的耙地工具有两种，即钉齿耙和圆盘耙。钉齿耙的功能在于耙松生草土及土壤表层，耙掉枯死残株，在土质较为疏松的草原上多采用钉齿耙松土机进行松土。圆盘耙耙松的土层较深（6～8cm），能切碎生草土块及草类的地下部分，因此在生草土紧实而厚的草原上，使用缺口圆盘耙耙地的效果更好。

耙地最好与其他改良措施如施肥、补播配合进行，可获得更好的效果。

2. 草原施肥与灌溉

（1）草原施肥。

施肥是加快退化草原恢复和提高草地生产力的重要措施。在无灌溉的条件下，利用雨季追施尿素，可以收到良好的效果。施氮肥主要是促使叶面积增长，使叶片光合速率增加而提高了干物质生产，从而使地上生物量明显提高，尤以喜氮的禾本科植物反应更为明显。

草原在合理施肥的基础上，才能发挥肥料的最大效果。肥料的种类很多，其性质与作用都不同，如何进行合理施肥，发挥肥料的效果，取决于牧草种类、气候、土壤条件、施肥方法和制度。

草原上施用的肥料有有机肥料、无机肥料和微量元素肥料，应根据肥料的性质进行施肥。有机肥料指人畜代谢物和各种有机腐物，是一种完全肥料，不但含有 N、P、K 三要素，而且含有其他微量元素。草原施用有机肥料，不但可以满足植物对各种养分的需要，而且有利于土壤微生物的生长发育，从而改善土壤的理化性状，有助于土壤团粒结构的形成。有机肥料效果迟缓，主要作为基肥使用。无机肥料也叫化学肥料或矿物质肥料，不含有机质，肥料成分浓厚但不完全，主要成分能溶于水，易被植物吸收利用，一般多作为追肥施用。植物生长发育除需要 N、P、K 三要素，还需要多种微量元素。主要是硼（B）、钼（Mo）、锰（Mn）、铜（Cu）、锌（Zn）、钴（Co）和稀土元素等，是植物生长发育必需的、不可缺少、不可代替的元素。因此，微量元素在草原的施用特点是用量小而适量，不可随意施用。

各类草原以其形成和利用方式不同，各具一定的施肥特点，具体如表 8-7 所示。

表 8-7　各类草原的施肥特点

草原类型	施肥特点
冲积地草原	此类草地的土壤中各种营养物质的总体含量较为丰富，相对而言，P、K 较多，N 较少。因此，这类草原施用 N 肥效果好，对其他各种肥料的反应较弱
低洼地草原	一般 N 和 Ca 的含量较丰富，P 的含量少。因此，施用 P 肥效果好
沼泽地草原	营养物质含量最缺乏，这类草原同时施用 P、K 肥效果好
坡地和岗地草原	养分易随地下水流失，加之土壤干燥，N 的含量低，P 和 Ca 也不足，这类草原施有机肥效果最好，无机肥以 N、P、Ca 等肥料效果好
水泛地草原	这类草原土壤中各种营养物质总含量较为丰富，因而对各种肥料的反应较弱。通常施 N 肥有较好效果
放牧地	放牧地的施肥应在每次放牧后进行
割草地	割草地的施肥中应注意施好追肥。追肥最好在春秋两季进行，春季应在植物萌发后和分蘖拔节时进行。秋季追肥是在割草后进行，目的在于使牧草尽快恢复绿色叶片，促进秋季分蘖，增加地下器官的可塑性营养物质，以利越冬和明年早春返青。秋季追肥应以 P、K 肥为主，但不宜施 N 肥，以免在弱光下枝叶徒长，不利于营养物质的积累，同时也消耗贮藏的营养物质，不利于越冬。秋季可施腐熟的厩肥，可使牧草免受冻害，保证来春土壤中的水分

（2）草原灌溉。

草原灌溉是为满足植物对水的生理需要，提高牧草产量的重要措施。

①水质。草原灌溉对牧草生长发育的影响，不仅表现在灌溉量上，也表现在水质上。水质主要包括溶解于水中的各种盐类及所含泥沙、有机物三方面。灌溉水中含有过多的可溶性盐类时，不仅破坏牧草的生理过程，而且会导致土壤盐碱化，恶化草原的生态环境。灌溉用水的允许矿化度应小于 1.7g/L；若矿化度为 1.7～3.0g/L，则必须对盐类进行具体分析，以判断是否适于灌溉；矿化度大于 5g/L 的水，不能用于灌溉。这种标准，应根据各地区的条件区别对待，不易透水和排水的草原，矿化度还应降低。

由于不同盐类溶液的渗透压不同，同一浓度的盐分，使植物受害的程度也不一样，在盐类成分中，以钠盐类危害最大。水中的盐类也不都是对植物有害，如碳酸钙、碳酸镁、硫酸钙均无害；而且磷酸盐还是一种肥料，用于灌溉有明显的增产效果。水中泥沙过多，妨碍输水。灌溉后，覆盖牧草，形成胶泥层，干裂时破坏牧草根系和再生。

②水温。水温对植物的生长发育也有显著的影响，灌溉的水温应与草原土壤温度接近，才适宜植物生长。水温过低或过高，都会损伤植物，应以迂回灌溉或设晒水池等方法，提高水温，一般水温在15~20℃为好，不宜高于37℃。

③水源。草原灌溉水源主要有蓄积地表径流水、地下水。蓄积地表径流水的方法如挖水平沟和鱼鳞坑蓄水、修筑土埂蓄水、修涝池、积雪。草原开发利用地下水的方法有打井、水窖、掏泉、截流等。

④灌溉方法。草原灌溉方法主要有漫灌、沟灌、喷灌。漫灌也叫浸灌，是利用水的势能作用，在草原上引水漫流，短期内浸淹草原的灌溉方式，在天然草原灌溉中浸灌较为广泛采用。如新西兰利用漫灌方法灌溉草原，使草原利用年限延长1倍，载畜量提高3倍。浸灌的优点是工程简单，投资少，收效大，有的水源带有大量有机肥料，起到增加土壤肥力的作用。缺点是耗水量大，灌水不均匀。

沟灌适用于人工草地或渗水性较好的草原。灌水时水沿水沟流动，以毛细管作用向沟的两侧渗入土壤。沟灌可以避免灌水后土壤板结，破坏土壤的团粒结构。沟灌可以减少深层渗漏，节约用水。

喷灌是一种先进的灌溉技术，它是利用专门的喷灌设备将水喷射到空中，散成水滴状，均匀浇灌在草原上。与地面灌溉方法相比，喷灌省劳力；能控制土壤水分，保持土壤肥力；不受地面限制，减少沟渠占地，提高土地利用率。喷灌的缺点就是受风力、风向影响大，而且需要机械设备和能源消耗，投资大。

3. 草原补播

草地补播是在不破坏或少破坏草原原有植被的情况下，在草群中播种一些适应当地自然条件的、有价值的优良牧草，以增加草群中优良牧草种类成分和草地的覆盖度，达到提高草地盖度和改善草群结构的目的。为了提高草地生产力，促进牧草优质和高产，对退化草地进行人工补播是一项重要的改良措施。

（1）补播地段的选择与处理。

选择补播地段应考虑当地降水量、地形、土壤、植被类型和草地退化的程度。地形应平坦些，但考虑到土壤水分状况和土层厚度，一般可选择地势稍低的地方，如盆地、谷地、缓坡和河漫滩。在多沙地区，可以选择滩与丘之间的交界地带，这样的地方风蚀作用小，水分条件也较好。此外，可选择农牧交错带的退耕还草地，以便加速植被的恢复。

补播牧草不仅生长的环境条件差，土壤紧密、沙化、干旱、空气与养分严重不足，而且补播牧草的幼苗要与原有植物竞争。因此，要使补播牧草获得成功，必须减少原有植被对补播牧草的抑制作用。

（2）补播牧草种的选择。

补播是在不破坏草地原有植被的情况下进行，除了要为补播的牧草创造一个良好的生长发育条件外，还应选择生长发育能力强的牧草品种，以便克服原有植物对它们的抑制作用。第一，最好选择适应当地土壤气候条件的野生牧草或经驯化栽培的优良牧草进行补播；第二，选择适口性好、营养价值和产量较高的牧草进行补播；第三，割草应选上繁草类，放牧应选下繁草类。以上对于补播牧草种类的选择应以牧草的适应性为首要条件，是决定补播牧草能否在不利条件下定居的关键因素。

可供补播用的牧草种类，要以当地的气候和地段为依据来选择。北方农牧交错带东段可以补播的牧草有羊草（*Leymus chinensis*）、无芒雀麦（*Bromus inermis*）、鸭茅（*Dactylis glomerata*）、猫尾草（*Uraria crinita*）、草地早熟禾、草甸羊茅（*Festuca pratensis*）、披碱草、老芒麦、黄花苜蓿（*Medicago falcata var. falcata*）、各种三叶草、紫花苜蓿、野豌豆、白花草木樨（*Melilotus albus*）和直立黄芪（*Astragalus adsurgens*）等。北方农牧交错带中段可以补播的牧草有羊茅、披碱草、冰草（*Agropyron cristatum*）、硬质早熟禾（*Poa sphondylodes*）、杂花苜蓿（*Medicago rivularis*）、锦鸡儿（*Caragana sinica*）、木地肤（*Kochia prostrata*）、冷蒿（*Artemisia frigida*）、达乌里胡枝子（*Lespedeza davurica*）等。北方农牧交错带西段地区适合补播的牧草有沙生冰草（*Agropyron desertorum*）、冷蒿、冰草、优若黎（*Eurotia ceratoides*）、木地肤等。在沙化地区补播的牧草有沙竹（*Phyllostachys propinqua*）、沙蒿（*Artemisia desertorum*）、沙拐枣、柠条锦鸡儿、花棒、羊柴、沙柳（*Salix cheilophila*）、沙生冰草、草木樨等。西南部农牧交错带地区适合补播的牧草有无芒雀麦、狗尾草、鸭茅、草地早熟禾、披碱草、老芒麦、黄花苜蓿、各种三叶草、野豌豆、白花草木樨和直立黄芪等。

（3）补播牧草种子的处理。

种子处理的主要目的是提高补播质量和种子的发芽率。野生及新收获的牧草种子无论在天然或人工栽培条件下，其萌发能力都比较弱，这是因为种子还没有完全达到正常的生理成熟。从种子形态成熟到种子生理成熟的后熟期或休眠期，对多年生牧草而言，短的需30～45d，长的需60～120d。而且很多禾本科牧草种子有芒，很多豆科牧草种子硬实率高。在种子播前要经过清选、去芒、破种皮、浸种等处理，以保证牧草播种质量和发芽率。在生产实践中，有时对补播牧草种子进行一些特殊处理，如包衣、丸衣化等，以提高种子出苗率。

（4）补播技术。

在补播前要对播床松土和施肥。松土机具一般用圆盘耙或松土铲。作业时松土宽度在10cm以上，松土深度15～25cm。松土原则上要求地表下松土范围越大越好，而地表面开沟越小越好。这样有利于牧草扎根，同时增加土壤的保墒能力，改善土壤的理化性状。

确定补播时期要根据草原原有植被的发育状况和土壤水分条件，原则上应选择原有植被生长发育最弱的时期进行补播，这样可以减少原有植被对补播牧草幼苗的抑制作用。牧草在春、秋季生长较弱，所以一般都在春、秋季补播。

补播方法主要有撒播和条播。撒播可用飞机、人工撒播，或利用羊群播种。在大面积的沙化草地地区，或土壤基质疏松的草地上，可采用飞机播种。飞机播种速度快，面积大，作业范围广，适合于地势开阔的沙化、退化严重的草地和丘陵地。若面积不大，最简单的方法是人工撒播。利用羊群补播牧草种子在生产上是比较实用的简便方法。如有的地区用废罐头盒做成播种筒挂在羊脖子上，羊群边吃草边撒播种子，边把种子踏入土内。条播主要是用机具播种，目前国内外使用的草原补播机种类很多，可根据具体情况选择使用。

种子播种量的多少决定于牧草种子的大小、轻重、发芽率和纯净度，以及牧草的生物学特性和草原利用的目的。一般禾本科牧草（种子用价为 100％时）常用播量为 15～22.5kg/hm²，豆科牧草 7.5～15kg/hm²。由于种种原因，草地补播出苗率低，所以，可适当加大播量 50％左右，但播量不宜过大，否则会造成不必要的浪费，甚至会对幼苗本身生长发育产生不利。

播种深度应根据草种大小、土壤质地决定。在质地疏松、较好的土壤上可播深些，黏重的土壤上可浅些；牧草种子大的可深些，种子小的可浅些。一般牧草的播种深度不应超过 3～4cm，常见几种牧草种子播种深度一般为：苜蓿、草木樨 2～3cm，无芒雀麦和羊草 4～5cm，冰草 1～2cm，披碱草 3～4cm，羊茅、沙打旺 0.5～1cm。有些牧草种子很小，如看麦娘（*Alopecurus aequalis*）、木地肤等，可以直接撒播在湿润的草原上而不必覆土。

牧草种子播后最好进行镇压，使种子与土壤紧密接触，以利于种子吸水发芽。但对于水分较多的黏土和盐分含量大的土壤不镇压，以免返盐和土层板结。

为保护幼苗的正常生长和恢复草原生产力，有必要进行补播地的管理。农牧交错带地区常干旱，风沙大，严重危害幼苗生长。为了保护幼苗，必须保持土壤水分，常在补播地上覆盖一层枯草或稻秆，以改善补播地段的小气候。有条件的地区，结合补播进行施肥和灌水，有利于补播牧草幼苗当年的生长发育，提高牧草产量。另外，刚补播的草原幼苗嫩弱，根系浅，经不起牲畜践踏。因此，应加强围封管理，当年必须禁牧。

第四节　退化林地的修复

一、概述

林地指生长乔木、竹类、灌木的土地，以及沿海生长红树林的土地，包括迹地，不包括居民点内部的绿化林木用地，铁路、公路征地范围内的林木，以及河流、沟渠的护堤林。林地是森林生长的基地。森林和植被以其地上多层次结构和地下发达的根系，可以大大减少降雨势能对土壤的冲刷，并起固土作用，防止风蚀和水蚀。森林和植被有着明显的防风固沙、防止荒漠化的作用。此外，森林还能在一定程度上起改良土壤的作用。这是因为森林能使土壤理化性能改善，如增加土壤有机质，形成团粒结构，增加土壤孔隙度，提高土壤渗透能力和吸附能力，提高土壤中 N、P、K 含量及各种微量元素含量。

大面积森林过伐、毁林开垦、滥樵滥猎、过度放牧等人类破坏森林的各种活动，其结果已严重威胁到全球生命支持系统的持续性，导致沙尘暴、荒漠化加剧，上游水土流失、下游河床抬高、抗洪防旱能力降低、生态环境不断恶化、生物多样性急剧下降。我国林地总量多，但人均林地面积少，切实保护、合理开发、持续利用林地资源，对改善生态环境，提高人民生活质量，实现经济社会可持续发展，具有重要的意义。本节着重从森林的生态恢复工程与技术来阐述退化林地的修复问题。

二、森林生态恢复技术

森林作为陆地生态系统的主体和重要的可再生资源，在人类发展的历史中起着极其重要的作用。由于人口多、人类活动强度大，我国现有的森林大都呈片状或孤岛状分布。而森林生态系统功能的维持一般都要达到其最小面积，森林的破碎化则使森林生态系统的面积减少，从而增加了它的脆弱性，使其容易遭受进一步的破坏。此外，我国还有大面积的人工林。虽然，人工林在很大程度上对我国的生态环境退化（尤其是一些脆弱地带）起到缓解和改善作用（如三北防护林等），但是，人工林尤其是人工纯林由于其种类组成单一、结构简单、易受干扰（如虫害等）、自我调节能力差等缺陷，功能不够完善。如此这些，都导致森林的退化。森林生态系统的退化，不仅使系统的功能衰退，而且也是其他生态环境恶化的根源。要实现森林的修复，可采取相关技术，实施生态恢复工程。

（一）次生林生态恢复技术

次生林是原始森林被多次不合理采伐和严重破坏（火灾、垦殖、过度放牧等）后自然形成的森林。次生林的显著特征是经过大面积的反复破坏，引起原生群落的大面积消失，生态环境条件发生很大变化：树种组成较单一；年龄较小，年龄结构变动大；树种传播能力强，起源多为无性繁殖；林分稳定性较低，中间竞争表现激烈，演替速度较快；生长迅速，衰退较早；林木分布不均，层次结构简单等。

次生林地的生境或生物成分仍保存着原始林的某些特征，或植被破坏而土壤尚未破坏，具有恢复原生状态的内在潜力，故其恢复的步骤是遵循自然演替规律，人为促进顺行演替的发展。次生林的形成既是采伐、开垦、火烧等破坏因素的结果，也是封山育林、更新造林等建设性因素作用的结果。

次生林的恢复技术非常广泛，如封山育林，营造混交林；林中空地的造林或补植、补播；低产林改造；定株定向培育等。

1. 次生林改造

次生林改造指改变次生林低劣林分的综合技术措施，其目的在于从根本上改变这些低劣林分状况（树种组成、林相、疏密度、起源等），即调整林分结构，增大林分密度，提高林分经济价值和林地利用率。低价值次生林指一些郁闭度很小（不到 0.3）、林木分布不均、优势树种的经济价值低，林木生长量低，成材率低，以及林分有严重病虫害的无培育前途的林分。

次生林的改造主要是通过采伐和造林工作来实现的。但是，次生林改造的采伐与一般的抚育间伐和主伐不同，它与抚育间伐的不同之处在于其采伐强度较大，不受限制，强度的大小取决于林分的状况和进行改造的要求；它与主伐的不同之处在于，常规主伐的任务是利用成熟林，而次生林采伐的目的是要改变林分组成，多半不在成熟林中进行。次生林改造的造林方法与一般造林相似，但是，在选择造林树种时，除应考虑引入树种是否适合次生林所处的立地条件外，还须考虑引入树种与原生树种可能发生的种间关系。次生林改造一般可采用以下几种方法。

（1）全面改造。

全面改造适用于非目的树种占优势而无培育前途且立地条件较好，林地生产潜力较高的林分。这种模式是将林地上的绝大多数林木采伐，只保留少数小径级的珍贵树种与目的树种的幼树，在迹地更新，进行全面造林。一般在地势平坦的山下部、土壤肥沃的河流两岸及坡麓地区可采用这种改造模式。

（2）林冠下造林改造法。

林冠下造林改造法又称伐前造林改造法，它是一种在林冠下补植、补播或促进天然更新的改造方法。它一般用于林分郁闭度小，但林分分布均匀的次生林。其补植、补播或天然更新的树种，应当是幼年期耐阴的树种，因为只有这类树种才能在林冠的庇荫和保护下迅速生长。当幼树不需保护时，再清除全部上层林木，如果不及时伐除上层大树，将会影响新造幼树的生长。在郁闭度较大的林分内应用此法时，应事先在林木层均匀疏伐并适当修枝后再进行。

（3）带状改造。

带状改造最常采用，以带状皆伐为主，适用于郁闭度 0.5 以上的次生林地。将要改造的林分作带状伐开，形成廊状空地，再在带状空地用目的树种造林，等到幼林长成后，再根据引进树种生长发育的需要，逐步伐去保留带上的立木，最终形成针阔混交林或针叶纯林（图 8-1）。

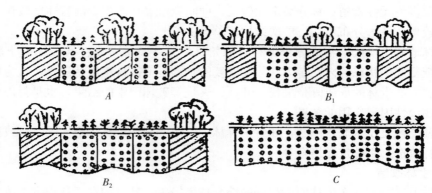

图 8-1　次生林的带状改造

（4）择伐改造。

择伐改造模式就是择伐掉上层具有不同郁闭度的近熟、成熟、过熟林木；抚育保留有生长前途的中径、小径目的树种。伐除一切不合经营要求的成熟木、过熟木、霸王木、分叉木、弯曲木、折损木、病虫害木、生长衰弱木以及其他非目的树种，清理采伐迹地后因地制宜引进目的树种。抚育改造后林分能充分利用现有的保留木作为培养对象与人工引进目的树种形成复层混交林，提高林地生产力。

（5）抚育间伐。

抚育间伐在具有培育前途、郁闭度在 0.7 以上的幼、壮龄林中进行。在林分郁闭后直至主伐期间，对未成熟林分定期而重复地采伐部分林木。抚育间伐的核心问题是根据林分的演替动向确定采伐木，从而影响间伐强度、森林环境、林分的发展方向和抚育质量。森林群落可根据树种的生态动态地位划分为主林层、演替层和更新层。更新层的高度与当地林内的灌木层高度基本一致，在 1～2m 以下；自 1～2m 开始至主林层的冠层下限为演替层，最上面为主林层。主林层、演替层和更新层的树种分布和数量，是区分进展种和衰退种的依据，然后据此确定采伐木。不同树种与不同年龄阶段的林分，抚育间伐的目的不同，主要分为透光伐和疏伐两种。

（6）栽针保阔。

在已经进行过天然更新或促进天然更新，但目的树种的数量和质量未达到更新标准，而次生阔叶树种已获得了良好更新的林地，以及郁闭度在 0.3 以下的各种强度采伐迹地都适于采用栽针保阔改造方式。栽针保阔是遵循森林自然演替规律，充分利用天然更新起来的次生阔叶树所构造的生态环境，人为地栽植耐阴的针叶树种，以形成群落合理的林分，从而加速森林向地带性顶极群落演替的进程。栽针保阔的树种必须是幼龄期需要庇荫的树种，如红松（Pinus koraiensis）、云冷杉等；在更新迹地的选择上，要求立地条件适于耐阴性树种的生长。栽针保阔更新的幼林地适应环境的能力比较弱，初期必须加强管理，及时进行除草割灌，以增强人工栽植幼树的竞争能力。

2. 次生林抚育技术

（1）上层抚育。

天然次生林存在着不同龄级的霸王木，而林下的次林层或更新层都非常好，可将胸径 30cm 以上的树木砍掉，解放次林层的树木，但在抚育采伐中应注意林分中树木分布的均匀性。

（2）下层抚育。

目的是砍伐过密的次林层树木或更新层树木，留出营养空间，促进上层的针叶树或目的树种的生长，也可专门用于培育某些大径级树木，以满足未来林业对可采木材资源的需求。

（3）综合抚育。

在同一林分中，采伐一部分径级较大的树木（15cm 以上）以供经济利用，同时伐除径级小于 7cm 的过密树木，目的是为中等树木留出营养空间。适用于林分较密，有一定数量大径木的林分。

（4）带状抚育。

天然次生林内无明显培育价值的林分，隔带进行上层、下层或综合抚育。保留带内不采取任何经营措施，以保持生物多样性的需求。经营带内采伐一定的树木，以获取木材，或促使保留木快速生长。

（5）模拟自然天窗的人工更新。

根据天然次生林林分密度不均匀的特点，采用植生组造林法，每 2～3 株为一组，组间距为 2m×2m，使天然次生林中生长一定密度的目的树种，并对其进行集约经营，目的是培育后备木材资源，同时可维持次生林结构和生物多样性。

3. 珍贵树种定株定向培育技术

珍贵树种对保存优良基因、增加生物多样性、维护生态平衡有重要意义。由于珍贵树种在天然林中多为混交和散生的状态，密度大小不均，分布各异，依靠自然选择恢复成林速度缓慢，因此对天然珍贵树种必须人为调控，加速其成活、成林、成材、稳定的目标。

（1）幼林定植。

在天然更新过程中，当幼林平均高度超过 60cm，密度超过环境容纳量时，幼树之间为争夺营养空间，展开激烈竞争，这种竞争将随着密度加大而增强，在此时应对幼林进行定植。

所谓定植，就是在幼林中，选择遗传性强，表现型好，生育健壮，可望成林的幼树，作为不断优选的对象，实质上是个优选的过程。

定植根据幼林特点而定，一般 1～2 次。当幼林高生长超过 1.5m 以上时，应进行第二次定植。第一次定植每公顷保留 5 000～6 000 株，第二次定植每公顷保留 4 000～5 000 株。其余幼树伐除。在选优的过程中，要尽量使优势木分布均匀，为幼林生长创造良好空间条件。如果在幼林中有其他非目的树种存在，在不影响幼林生长的条件下可以保留，以利于形成混交。

（2）疏伐定株。

单株培育，就是在林分进入中龄林阶段以后，每株林木所处的位置和生长状态已能充分表现出来，通过疏伐，保留满足主伐要求的优势木株数，作为定株、定向培育对象，并且创造充分的空间环境，以加速形成层细胞的分裂，促进径级生长。以定株培育对象为中心，周围保留一些辅佐木，以促进定株林木的生长。除此之外的林木，均须伐除。一般定株每公顷伐去 600～700 株。

（二）退耕还林技术

退耕还林就是从保护和改善生态环境出发，将水土流失严重的耕地，沙化、盐碱化、石漠化严重的耕地，以及粮食产量低而不稳的耕地，有计划、有步骤地停止耕种，因地制宜地造林种草，恢复植被。针对退耕还林工程的主要建设任务，大力推广提高造林成活率和乔灌草高效配置等造林技术。退耕还林实用技术主要包括：适于不同退耕区的优良树种配置和营造技术、低山丘陵生态脆弱区植被恢复技术、太行山石质山区辅助封山育林技术、黄土丘陵沟壑区退耕坡地乔灌草护坡生物工程营建技术、干热河谷困难立地造林技术、生态经济型林业经营技术等，为退耕还林和增加农民收入提供技术服务。以下主要分析三种技术。

1. 植物篱营造技术

该技术即沿等高线一定间距种植速生、萌生力强的多年生灌木或灌化乔木或草本植物混种一行或多行的植物篱，植物篱间为作物耕作带。我国称由灌木带组成的植物篱为生物地埂，在国际上称为植物篱；由乔灌草组成的植物篱称为生物坝。通过植物篱带拦截作用，在植被带上方的泥沙经拦蓄过滤沉积下来，经过一段时间，植物篱就会高出地面，泥埋树长，逐渐形成垄状。

（1）植物篱树种的选择原则。

能固氮，生长迅速，根系深，萌芽快，耐割，能满足当地的实际需求，既有良好的保持水土作用，又能用作燃料、饲料和绿肥。推荐的植物篱树种有：茶树、桑树、紫穗槐、黄荆、马桑（*Coriaria nepalensis*）、银合欢（*Leucaena leucocephala*）、刺槐、杜仲（*Eucommia ulmoides*）、金荞麦（*Fagopyrum dibotrys*）、香根草等。

（2）整地、播种或栽植。

坡耕地上每隔 4～6m，沿等高线细致整地，宽 0.4～0.6m，深 0.3m，便于播种植物篱树种种子或栽植幼苗。播种前，要对种子进行处理，通常使用的方法是浸种，时间应根据不同种子而定，有的需要几分钟，有的需要一天或更长时间。由于坡耕地保水性能差，土壤比较干燥，有些植物篱树种直接播种培植植物篱比较困难，可采用植苗造林，有些植物篱用苗必须通过建立苗圃来培育所需要的苗木。播种或栽植均为双行，行距 0.2～0.3m，株距 0.15～0.2m，三角形配置。针对不同的树种，有的株行距必须更宽一些。栽植时，根据不同树种，有的可以丛植，丛植对外界环境长期条件的抵抗力强，特别是与杂草竞争能发挥群体作用。植物篱带之间的土地，可营建高效经济林树种、药材等。

（3）抚育管理。

主要是除草、松土、补植、修剪、平茬等。定时对植物篱进行修剪，剪下的枝叶覆于坡面，能减轻溅蚀等作用，在合适的时间将植物残体埋入土壤，有利于增加土壤有机质。

植物篱营造技术是治理水土流失的一项生物技术工程措施，植物篱不但能保持水土，还可提供大量绿肥、饲料和薪材，在退耕还林工程中具有广阔的应用前景。

2. 覆膜造林技术

覆膜应略大于穴面，四边压土。覆膜时从地膜一边划破到中心，再以树干为中心覆盖栽植穴，用土将四周和划破的缝隙压实，压土宽及厚约 4cm。苗根茎与地膜之间用湿土封严压实，压土直径 6cm，做到无空隙、无透气孔。不然当土壤表面温度增高到一定程度时，热气流集中顺着幼苗根系蒸发而出，会直接灼伤苗木茎部输导组织和形成层组织，致使幼苗茎皮形成环状腐烂枯死。若造林前浇底水，栽后再浇一遍温水，然后覆膜，成活率更高，一般可达 95％～100％。

3. 整地技术

不同地类的立地条件有很大的差异，必须在充分调查、分析退耕地的条件后确定合理的整地方式。如河北根据当地条件、选用树种等情况确定整地方式，采用鱼鳞坑整地、水平沟整地、反坡梯田、穴状整地等。

参 考 文 献

Ma Y，Dickinson N，Wong M，2002. Toxicity of Pb/Zn mine tailings to the earthworm Pheretima，and the effects of burrowing on metal availability [J]. Biology and Fertility of Soils（1）：79 - 86.

（美）世界资源研究所，国际环境与发展研究所，联合国环境规划署，1990. 世界资源报告（1988—1989）[M]. 王之佳，等，译. 北京：中国环境科学出版社.

（英）莫法特，（英）麦克内尔，2001. 废弃土地的林业复垦技术 [M]. 孙凤，等，译. 郑州：黄河水利出版社.

艾云航，2007. 中国"三农"问题研究（上）[M]. 北京：中央文献出版社.

陈怀满，等，2010. 环境土壤学 [M]. 2版. 北京：科学出版社.

陈学军，2016. 旅游资源学概论 [M]. 沈阳：东北大学出版社；北京：中国人口出版社.

陈玉成，2003. 污染环境生物修复工程 [M]. 北京：化学工业出版社.

陈岳龙，2017. 环境地球化学 [M]. 北京：地质出版社.

当代绿色经济研究中心，2016. 农村垃圾处理问题研究 [M]. 北京：中国经济出版社.

邓仕槐，2014. 环境保护概论 [M]. 成都：四川大学出版社.

范拴喜，2011. 土壤重金属污染与控制 [M]. 北京：中国环境科学出版社.

方振东，2014. 电动力学修复重金属铜镉复合污染土壤的研究 [M]. 合肥：合肥工业大学.

冯雨峰，孔繁德，2008. 生态恢复与生态工程技术 [M]. 北京：中国环境科学出版社.

甘信宏，等，2015. 电芬顿泥浆反应器中羟基自由基生成影响因素分析 [J]. 农业环境科学学报（1）：44 - 49.

高鹏，2014. 电动/PRB联合修复铬、砷污染土壤试验研究 [D]. 北京：中国地质大学.

关连珠，2016. 普通土壤学 [M]. 北京：中国农业大学出版社.

郭春，2017. 环境法的建立与健全：我国环境法的现状与不足 [M]. 太原：山西经济出版社.

郭胜华，章婕，2018. 问土——您身边的土壤知识 [M]. 北京：中国环境科学出版社.

郭书海，黄殿男，2017. 污染土壤电动修复原理与技术 [M]. 北京：中国环境出版社.

何兴东，尤万学，余殿，2016. 生态恢复理论与宁夏盐池植被恢复技术 [M]. 天津：南开大学出版社.

洪坚平，2005. 土壤污染与防治 [M]. 2版. 北京：中国农业出版社.

胡宏祥，邹长明，2013. 环境土壤学 [M]. 合肥：合肥工业大学出版社.

环境保护部宣传教育中心，环境保护部环境保护对外合作中心，中国环境管理干部学院，2014. 持久性有机污染物及其防治 [M]. 北京：中国环境科学出版社.

黄国勤，2007. 农业可持续发展导论 [M]. 北京：中国农业出版社.

黄巧云，2006. 土壤学 [M]. 北京：中国农业出版社.

黄维安，2015. 油气田环境保护 [M]. 北京：石油大学出版社.

计敏惠，等，2016. 表面活性剂增效电动技术修复多环芳烃污染土壤 [J]. 环境工程学报（7）：3871 - 3876.

金均，2017. 污染场地调查与修复 [M]. 郑州：河南科学技术出版社.

黎云昆，肖忠武，2015. 我国林地土壤污染、退化、流失问题及对策 [J]. 林业经济（9）：3 - 15.

李登新，2015. 环境工程导论 [M]. 北京：中国环境科学出版社.

李亮，2017. 土壤环境的新型生物修复 [M]. 天津：天津大学出版社.

李勤奋，等，2004. 湿地系统中植物和土壤在治理重金属污染中的作用 ［J］. 热带亚热带植物学报
　　（3）：273－279.

李天杰，等，2004. 土壤地理学 ［M］. 3 版. 北京：高等教育出版社.

李向东，2016. 境污染与修复 ［M］. 徐州：中国矿业大学出版社.

李秀全，2003. 固体废物工程 ［M］. 北京：中国环境科学出版社.

李瑛，2011. 软黏土地基电渗固结试验和理论研究 ［D］. 杭州：浙江大学.

林肇信，等，2002. 环境保护概论 ［M］. 北京：高等教育出版社.

刘冬梅，2017. 生态修复理论与技术 ［M］. 哈尔滨：哈尔滨工业大学出版社.

刘抚英，2009. 中国矿业城市工业废弃地协同再生对策研究 ［M］. 南京：东南大学出版社.

刘绮，潘伟斌，2014. 环境监测教程 ［M］. 2 版. 广州：华南理工大学出版社.

龙显助，于洪涛，陈万峰，2015. 松嫩平原土壤环境背景值调查研究 ［J］. 科技与企业（2）：96.

陆晓华，成官文，2010. 环境污染控制原理 ［M］. 武汉：华中科技大学出版社.

罗思亮，2018. 广东省阳江-茂名地区土壤地球化学背景值与基准值分析 ［J］. 云南化工（6）：89－92.

吕军，2011. 土壤改良学 ［M］. 杭州：浙江大学出版社.

马德刚，等，2014. 环状固定电场对市政污泥的电脱水特性 ［J］. 中国给水排水（13）：42－45.

马放，冯玉杰，任南琪，2003. 环境生物技术 ［M］. 北京：化学工业出版社.

宁平，等，2007. 固体废物处理与处置 ［M］. 北京：高等教育出版社.

饶品华，2015. 可持续发展导论 ［M］. 哈尔滨：哈尔滨工业大学出版社.

饶戎，2008. 绿色建筑 ［M］. 北京：中国计划出版社.

任海，彭少麟，2001. 恢复生态学导论 ［M］. 北京：科学出版社.

沈宏霞，周青，2006. 退化农田生态系统的修复对策 ［J］. 生物学教学（1）：3－5.

沈渭寿，曹学章，金燕，2004. 矿区生态破坏与生态重建 ［M］. 北京：中国环境科学出版社.

盛姣，耿春香，刘义国，2018. 土壤生态环境分析与农业种植研究 ［M］. 西安：世界图书出版公司.

盛文林，2014. 极易混淆的地理知识 ［M］. 北京：北京工业大学出版社.

施维林，2018. 土壤污染与修复 ［M］. 北京：中国建材工业出版社.

宋立杰，等，2019. 农用地污染土壤修复技术 ［M］. 北京：冶金工业出版社.

宋永会，刘英，2008. 农村环保实用技术 ［M］. 北京：中国环境科学出版社.

孙慧群，2014. 环境生物学 ［M］. 合肥：合肥工业大学出版社.

孙卫玲，赵志杰，韩凌，2016. 青少年环境保护知识手册 ［M］. 苏州：苏州大学出版社.

孙秀玲，2016. 建设项目水土保持与环境保护 ［M］. 济南：山东大学出版社.

孙英杰，孙晓杰，赵由才，2008. 冶金企业污染土壤和地下水整治与修复 ［M］. 北京：冶金工业出版社.

唐艳，刑竹，支金虎，2018. 固体废物处理与处置 ［M］. 北京：中央民族大学出版社.

田胜尼，等，2004. 香根草和鹅观草对 Cu、Pb、Zn 及其复合重金属的耐性研究 ［J］. 生物学杂志（3）：
　　15－19，26.

田胜尼，等，2005. 铜陵铜尾矿废弃地定居植物及基质理化性质的变化 ［J］. 长江流域资源与环境
　　（1）：88－93.

田胜尼，等，2009. 铜胁迫对鸭跖草的生长及生理特性的影响 ［J］. 中国农学通报（9）：144－147.

田胜尼，等，2013. 铜尾矿自然定居腺柳对重金属吸收及分布的研究 ［J］. 农业环境科学学报（9）：
　　1771－1777.

王翠苹，许伟，孙红文，2013. 均匀电场下多环芳烃在土壤中的迁移 ［J］. 环境工程学报（4）：1550－1556.

王红旗，2015. 污染土壤植物-微生物联合修复技术及应用 ［M］. 北京：中国环境科学出版社.

王丽，李春梅，强亮生，等，2012. 电化学氧化活性污泥减量效能 ［J］. 哈尔滨工业大学学报（2）：116－119.

王增辉，等，2018. 巨野县土壤地球化学背景值及土地质量地球化学评价［J］. 山东国土资源（9）：60-66.

吴启堂，2015. 环境土壤学［M］. 北京：中国农业出版社.

吴桐，2013. 电动修复铬污染高岭土及铬渣污染土试验研究［D］. 北京：中国地质大学.

夏立江，王宏康，2001. 土壤污染及其防治［M］. 上海：华东理工大学出版社.

徐惠忠，等，2004. 固体废弃物资源化技术［M］. 北京：化学工业出版社.

徐伟，等，2011. 真空预压联合电渗法加固软基的固结方程［J］. 河海大学学报（自然科学版）（2）：169-175.

许丽萍，2015. 污染土的快速诊断与土工处置技术［M］. 上海：上海科学技术出版社.

杨宝林，2015. 农业生态与环境保护［M］. 北京：中国轻工业出版社.

杨慧芬，2004. 固体废物处理技术及工程应用［M］. 北京：机械工业出版社.

杨慧芬，等，2004. 固体废物资源化［M］. 北京：化学工业出版社.

杨尽，2014. 灾害损毁土地复垦［M］. 北京：地质出版社.

杨京平，卢剑波，2002. 生态恢复工程技术［M］. 北京：化学工业出版社.

杨南如，等，2003. 无机非金属材料测试方法［M］. 武汉：武汉理工大学出版社.

张宝贵，郭爱红，周遗品，2018. 环境化学［M］. 武汉：华中科技大学出版社.

张灿灿，等，2014. 焦化厂高环 PAHs 污染土壤的电动-微生物修复［J］. 环境工程（7）：150-154.

张灿灿，李凤梅，郭书海，2012. 正十六烷在电场作用下的迁移与微生物降解［J］. 环境工程（2）：515-518.

张从，夏立江，2000. 污染土壤生物修复技术［M］. 北京：中国环境科学出版社.

张芳，张恒，刘宗祥，等，2014. 西藏工布江达地区土壤环境背景值分析［J］. 中国科技纵横（14）：11-12.

张会敏，等，2015. 相思谷尾矿 8 种定居植物对重金属吸收及富集特性［J］. 生态环境学报（5）：886-891.

张静，等，2013. EDTA 螯合铜胁迫对旱柳生长和生理特性的影响［J］. 安徽农业科学（6）：2351-2353.

张军，等，2018. 土壤重金属污染联合修复技术研究进展［J］. 应用化工（5）：1038-1042，1047.

张乃明，2013. 环境土壤学［M］. 北京：中国农业大学出版社.

张学峰，等，2016. 湿地生态修复技术及案例分析［M］. 北京：中国环境出版社.

赵景联，2005. 环境科学导论［M］. 北京：机械工业出版社.

赵烨，2007. 环境地学［M］. 北京：高等教育出版社.

中国环境科学学会，2012. 中国环境科学学会学术年会论文集（2012）［M］. 北京：中国农业大学出版社.

中华人民共和国国土资源部，2017. 中国土地资源与利用［M］. 北京：地质出版社.

周疆丽，等，2010. 根生长法测定柳树对重金属的耐性研究［J］. 安徽农业科学（16）：8378-8380，8413.

朱志群，等，2011. 鄱阳湖生态经济区县区发展研究［M］. 北京：知识产权出版社.

庄伟强，2004. 固体废物处理与处置［M］. 北京：化学工业出版社.

图书在版编目（CIP）数据

土壤修复技术与方法 / 田胜尼编著. —北京：中
国农业出版社，2021.8（2023.7重印）
ISBN 978-7-109-27891-2

Ⅰ.①土… Ⅱ.①田… Ⅲ.①污染土壤—修复—研究
Ⅳ.①X53

中国版本图书馆 CIP 数据核字（2021）第 022259 号

中国农业出版社出版

地址：北京市朝阳区麦子店街 18 号楼
邮编：100125
责任编辑：刁乾超　　文字编辑：张凌云
版式设计：李　文　　责任校对：沙凯霖
印刷：中农印务有限公司
版次：2021 年 8 月第 1 版
印次：2023 年 7 月北京第 3 次印刷
发行：新华书店北京发行所
开本：787mm×1092mm　1/16
印张：13
字数：290 千字
定价：68.00 元
